전통 목조건축 유지관리 매뉴얼

전통 목조건축 유지관리 매뉴얼

인쇄 2021년 12월 27일
발행 2021년 12월 31일

저자 정기영·박연정
발행인 정성택
발행처 전남대학교출판문화원

등록 1981. 5. 21. 제53호
주소 61186 광주광역시 북구 용봉로 77
전화 (062) 530-0571~2 **마케팅** 530-0573
팩스 (062) 530-0579
홈페이지 http://www.cnup.co.kr
이메일 cnup0571@hanmail.net
저자이메일 talltimber2018@gmail.com

값 35,000원

ISBN 978-89-6849-844-2 (93540)

전통 목조건축 유지관리 매뉴얼

정기영·박연정 공저

전남대학교출판문화원

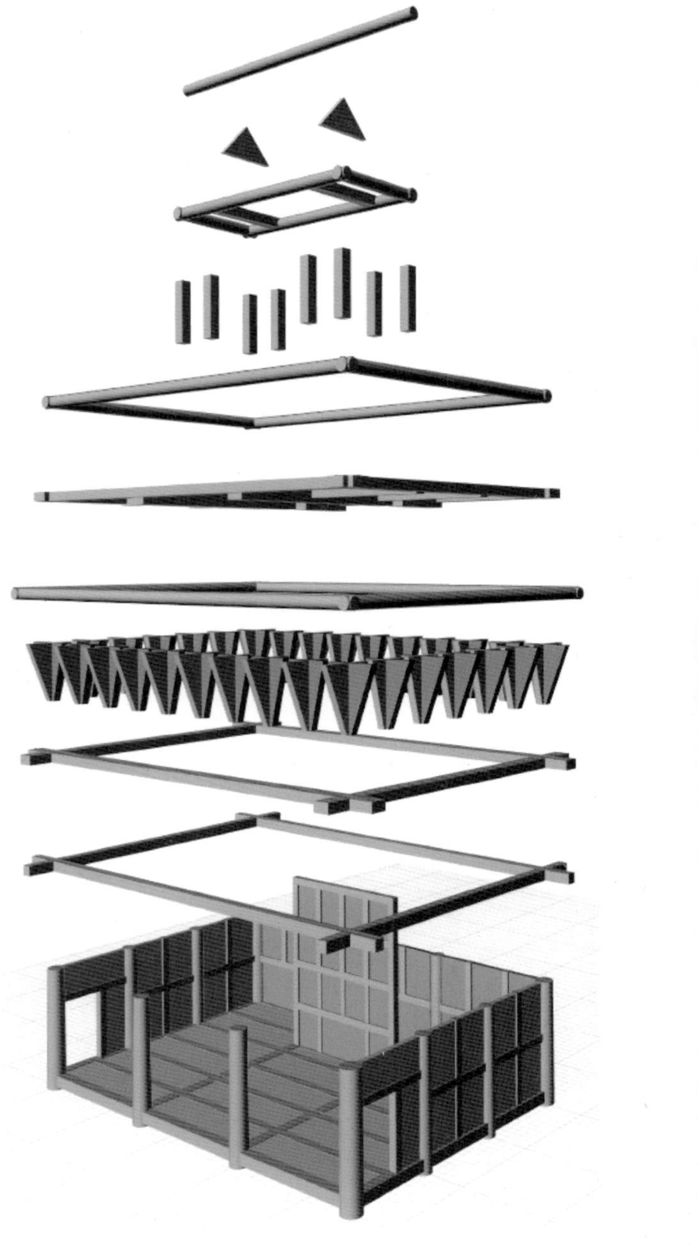

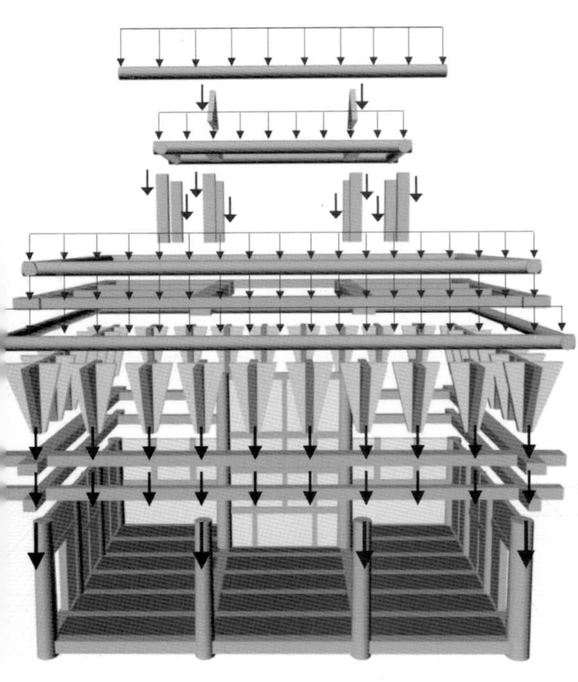

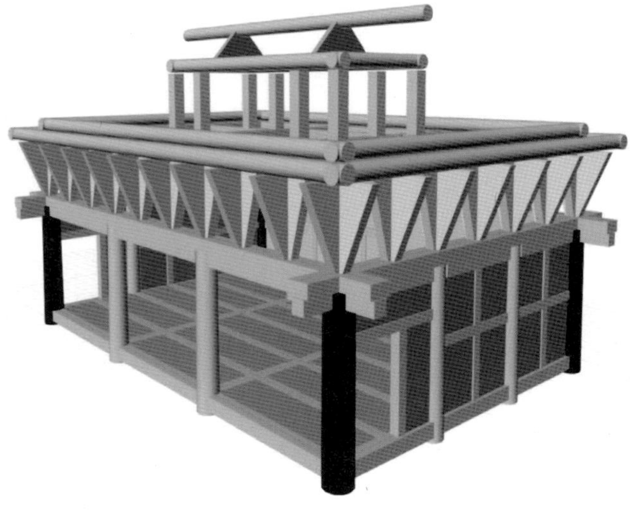

머리말

전통목조건축 유지관리 매뉴얼은 총 8개의 장으로 구성되어 있다. 1장에서는 본 매뉴얼에 사용된 용어에 대한 설명을 담았다. 2장에서는 대한민국 국보와 보물급 전통목조건축 236선 중 목조건축의 용도와 형식의 다양성을 보여주기 위하여 각 지역별 목조건축을 분류하여 소개하였다. 3장에서는 한국의 전통목조건축 형태와 형식을 보여주기 위해 삽화를 중심으로 전통 목구조 주요 구조부재의 형식에 대한 설명을 하였다. 4장에서는 시대, 지역, 용도별 목조건축 변화 및 특징에 대한 내용을 다루었다. 5장에서는 전통 목구조 구조부재와 물성을 다루었고, 6장에서는 전통 목구조에 사용되는 위치별 전통 접합부 형태와 물성자료를 담았다. 7장에서는 전통목구조 구조해석시 발생하는 힘의 흐름에 대한 수직, 수평 하중 계산관련 내용을 넣었다. 8장에서는 전통 목구조의 구조 안전성 평가를 위한 절차를 제시하고 있다.

현대건축물의 경우 확률을 바탕으로 하여 성능 내진설계를 한다. 2400년 주기에 한 번 올 지진파에 대하여 50년에 2%의 설정 지진 이상이 올 확률을 감안하여 설계를 한다. 하지만 전통 목조건축물의 경우 과연 어느 정도 규모의 지진이 몇 퍼센트의 확률을 초과하여 설계해야 할지 의문이다. 더욱이 전통목조 건축물은 우리선조의 역사와 문화가 살아 숨 쉬는 천년의 세대를 연결하는 고유 매체이다. 우리는 이를 감안하여 가급적 원형 그대로 물려 줘야 한다. 전통목조 건축물에 담겨 있는 찬란한 문화와 숭고한 정신, 그리고 건축물이 말해주는 진실과 지식을 생각하면 위험을 감수하는 확률적 설계보다 구조물의 안전성과 건전성을 확보할 수 있는 설계와 보존, 보수 대책의 준비가 중요하다.

저자의 전통목구조에 대한 인문학적 지식은 다른 사람에게 전달할 수 있는 수준이 아니다. 이에 전통목구조 목재 부재의 의장적 기능에 대한 설명은 배제하였다. 본 저서는 구조해석 관점에서 전통목구조의 안전성을 확보하기 위한 전통 목조건축을 구성하는 주요 구조부재와 힘의 흐름을 담당하는 주요부재에 대한 구성, 크기, 접합부 배열, 구조부재의 물성 및 부재력의 설명에 초점을 맞추었다. 건축 당시의 지역적 사회적 시대상과 뿌리 깊이 존재하는 문화적 정신이 건축물을 이루고 있는 모든 요소들 즉, 외관에 표현이 되지만, 전통 목조건축의 구조성능에 관한 정량적 조사에 초점을 맞추어 연구를 하였다는 점을 밝히고 싶다.

본 매뉴얼에서 따르고 있는 전통 목구조의 구조형식 상의 분류는 저자의 전통 목구조에 대한 이해와 창의적 해석에 바탕을 두고 있다. 만약 상이한 견해가 있더라도 양해를 바란다. 본 저서는 저자가 전통목구조를 몸소 찾아다니며 얻은 연구의 결과물이고, 전통 목구조의 보존과 보수가 보다 발전된 방향으로 갔으면 하는 순수한 의도에 의한 것이기 때문이다.

전통 목조건축연구의 본격적인 시작은 2014년 봄이었다. "짜맞춤 결구 설계 매뉴얼 개발" 프로젝트를 막 진행 할 때다. 전국의 전통 목조건축을 찾아다니며 전통목조건축의 결구에 대해 조사하기 시작하였다. 전통 접합부는 마치 숨은 그림 찾기처럼 흥미로웠다. 접합부가 각 지역별로 시대별로 특색을 보였기 때문에 전통 목구조에 대한 흥미가 깊어졌다. 주말과 휴일에 전국의 전통 목구조를 보기 위한 여행일정을 계획하였고, 곳곳을 찾아다니며 눈에 담고 사진으로 기록하는데 8년이라는 세월이 걸렸다.

그 여정에 소니 DSLR 카메라가 함께하였다. 처음 사용했던 카메라는 A700이라는 모델로 2009년 미국에서 박사과정을 마치고 박사후 과정을 할 때 구매하였던 카메라였다. A700 모델에 사용한 카메라 렌즈는 미놀타 28mm 렌즈였고, 목구조를 조사하기 시작한 1년 뒤쯤 16-50mm 줌렌즈를 구매 하였다. 가지고 있던 28mm 렌즈는 목조건축물을 담기엔 화각이 너무 작았기 때문이다. 16-50mm는 크롭바디인 A700에 24mm의 풀프레임 카메라 화각을 의미한다. 공간이 넓은, 즉 카메라와 전통 목조건축물 간에 거리가 충분히 확보 가능한 곳에서는 건축물을 담을 수 있지만, 건축물의 측면, 특히 배면의 경우 대부분의 전통 목조건축물이 배수로와 배면뒤 돌담과 언덕이 건축물과 가까이 있어서 24mm로는 한계가 있다. 또한 A700모델을 사용하다 보니 선명도와 샤프니스가 아쉽게 느껴졌다. 그 뒤 A900 풀프레임 카메라와 자이스 16-35mm를 중고로 구입하게 되었다. 2008년 대학원생일 때 이미 나온 모델이지만 2016년이 되서야 구입하게 되었다. A900과 자이스렌즈를 사용하니 새로운 세상이 열리는 기분이었다. 하지만 하루에 수백 킬로를 이동하고 여러 전통 목구조를 조사 하다 보니 A900의 사진 모드를 AUTO로 하거나 APERATURE우선 모드로 사용하게 되었다. 이렇게 2020년 중반까지 4년 동안 A900과 자이스렌즈가 가진 최상의 기능을 모른 채 사용하다가, 강릉 해운정을 조사하면서 매뉴얼 모드로 전환

하여 렌즈의 조리개 값과 셔터 스피드를 조정하여 정면, 배변, 측면, 그리고 실내에 맞는 각각의 값을 찾기 시작했다. 이렇게 하니 기존에 찍었던 사진보다 전통 목구조의 질감과 색감이 보다 더 사실적으로 다가오고 때때로 목재표면 자체의 질감을 오롯이 담는 경험을 하게 되었다. 8년이 지난 뒤에 이런 경험을 하게 되니 왜 그 전에 매뉴얼 모드로 시도 하지 않았을까 왜 좀 더 여유를 가지고 사진을 찍지 못했을까 하는 아쉬움이 있지만, 이것 또한 깨달음의 즐거움이라고 생각된다. 마치 4시간 운전해서 전에 가보지 못한 산골 안에 있는 목조건축을 찾았는데 출입금지 지역인 것을 알았을 때의 허탈함이랄까. 아쉬움이 많이 남지만 이 시대에 지켜져야 할 목조건축에 대한 존중이라고 생각된다.

지역에 따른 전통 목구조의 의장적 특징과 시대에 따른 구조 형식의 차이, 목적과 용도에 따른 형식의 차이를 보며 흥미로운 생각이 들었다. 비록 그 형태의 복잡성에 따라 차이가 있으나, 기능과 의도에 있어서 시대를 벗어나 전통 목구조의 구조적 기능이 발전해 가고 있음을 느꼈다. 본 책을 읽는 독자들도 매우 정적인 곳 안에서 유려한 형태를 띠는 한국 목구조의 매력을 체험할 수 있었으면 좋겠다. 시간이 지남에 따라 전통 목구조가 우리에게 설명해주는 내용이 다가오는 경험을 할 수 있다.

언제나 전통 목조건축을 보기 위해 길을 나설 때면 설레임이 앞선다. 그러나 전통 목구조에 관한 발견의 즐거움을 느끼는 것은 저자의 입장일 뿐이고, 수백 년 동안 그 자리를 지켜온 목조건축물 입장에서 저자의 느낌과 지식은 미미할 것이라 생각한다. 그 간극을 조금이라도 좁혀나가는 데에 독자가 함께해 주었으면 하는 마음이다. 그래서 본 매뉴얼을 참고하는 독자들과 함께 목조건축의 발전과 미래를 이야기 하고 싶다.

2021년 12월

광주에서

목차

CHAPTER 01

용어의 정의

CHAPTER 01

용어의 정의

전통 목구조 수리와 관련된 용어

"초창과 멀어질수록 원래 목조건축물 형태에서 다를 가능성이 큼"

- 초창(初創): 최초로 목조건축을 건설하는 것을 말함
- 중수(重修)(repaired): 대들보, 도리, 기둥, 추녀와 같이, 해체의 범위가 크고 교체되는 부재의 범위가 넓은 무거운 또는 중요한 수리를 말함
- 중건(重建)(rebuilt): 건물 전체를 해체하여 재료의 교체가 있을 뿐 원래 형태를 유지하면서 다시 지은 것을 말함
- 중축(重築), 증축(增築), 첨건(添建), 수축(修築): 기존 건물에 덧대어 추가 건물을 지어, 건물의 규모를 늘리는 것을 말함. 수리의 범위를 지나 확장하는 경우를 뜻함
- 개수(改修), 수개(修改): renovation 건축물의 용도의 필요에 의해 수리하는 것을 말함(원형과 다를 수 있음)
- 중창(重創), 재건(再建), 개작(改作)(reconstructed): 원래 목조건축물이 있는 자리에 다시 건물을 짓는 것을 말함(원형과 다를 수 있음)
- 개건(改建): 새로 건축물을 짓는 것을 말함(원형과 다름)

전통 목구조 용도와 관련된 용어

절

- 대웅전: 불교 절에서, 본존 불상을 모신 법당
- 팔상전/영산전: 석가모니 일대기를 여덟시기로 나누어 팔상을 그린 그림과 존상을 봉안

한 법당
- 약사전: 약사여래를 모신 법당
- 대웅보전: 부처를 모셔 두는 건물
- 대적광전/비로전: 절의 법당 가운데 비로자나불을 본존으로 모시는 본당
- 미륵전: 사찰에서 미래불인 미륵을 봉안하는 불교건축물
- 대장전: 대장경을 보관하기 위해 만든 전각으로 장경각·판전·법보전이라고도 하는 불교 사찰에 있는 당우를 말함
- 천불전: 천개의 불상을 모신 사찰 전각
- 응진당: 부처님의 제자들을 모신 곳으로 응진이란 '존경받을 만하다', '공양받을 만하다' 라는 의미임
- 조사당: 불교 종파의 조사 또는 사찰의 창건주를 기리기 위하여 건립한 건축물
- 극락전/극락보전: 아미타불을 본존으로 모신 법당
- 관음전/원통전: 관세음보살을 모신 법당

향교

- 대성전: 문묘 안에 공자의 위패를 모신 전각
- 명륜당: 조선 시대 성균관 안에서 유학을 가르치던 곳
- 동무: 조선 시대 문묘안 동쪽에 있던 행각
- 서무: 조선시대 문묘안 대성전의 서쪽에 두었던 행각

서원

- 강학당: 옛 유생들이 모여 경전을 가르치고 배우던 곳. 주로 서원의 일정한 공간에 세워졌음
- 서원: 선비가 모여서 학문을 강론하고, 석학이나 충절로 죽은 사람을 제사 지내던 곳
- 대장전: 절이나 서원에서 중요한 책을 보관하는 곳
- 동무: 문묘에서 유현의 위패를 모시기 위해 대성전 앞 동쪽에 세운 건물
- 서무: 문묘안 유현들을 배향하는 서쪽의 행각으로, 대성전의 서쪽 아래채 건물

루

- 정자: 경치가 좋은 곳에 놀거나 쉬기 위하여 지은 집. 벽이 없이 기둥과 지붕만 있음

전통목구조 부재와 관련된 용어

지붕부

- 장연: 중도리에서 처마끝까지 내밀어 건 긴 서까래
- 단연: 종도리에서 중도리 사이에 걸친 짧은 서까래
- 적심: 마루나 서까래의 뒷목을 보강하기 위하여 큰 원목을 눌러 박은 것
- 부연: 겹처마에서 서까래끝에 거는 짧고 방형단면인 서까래
- 사래: 겹처마의 귀에서 추녀 끝에 잇대어 얹은 서까래
- 추녀: 처마의 사면 모서리에 있는 크고 긴 서까래
- 처마: 지붕의 밑 부분으로 서까래가 기둥 밖으로 나온 부분
- 서까래: 마룻대에서 도리 또는 보에 걸쳐 지른 부재
- 적토: 산화 철을 많이 함유하여 빛이 붉은 흙
- 앙토: 서까래 위에 산자를 엮고 지붕을 이은 다음 밑에서 흙을 바르는 것 또는 그 흙
- 대공: 대들보나 종보 위에서 그 위의 종도리를 받쳐주는 짧은 기둥
- 충량: 건물 내부에서 한쪽은 측면 평주에 걸리고 다른 한쪽은 대들보에 걸리는 보
- 처마내민길이: 처마가 나와있는 길이를 말함
- 덧서까래: 지붕 물매를 만들기 위하여 기존 서까래 위에 덧걸친 서까래
- 기와: 지붕을 이는 데에 쓰기 위하여 흙 혹은 시멘트를 굳혀서 만든 지붕자재
- 숫기와: 속이 빈 원기둥을 세로로 반을 쪼갠 모양의 기와
- 암기와: 지붕의 고랑이 되도록 젖혀 놓는 기와
- 맛배지붕, 박공지붕: 건물의 측면에서도 지붕면이 용마루까지 올라가게 되어 측면에 삼각형 벽이 생기는 지붕
- 팔작지붕: 지붕 위까지 박공이 달려 용마루 부분이 삼각형의 벽을 이루고 처마끝은 우진각지붕과 같음
- 우진각지붕: 건물 사면에 지붕면이 있고 추녀마루가 용마루에서 만나게 되는 지붕 네 개의 추녀마루가 동마루에 몰려 붙은 지붕
- 사모지붕: 용마루 없이 하나의 꼭짓점에서 지붕골이 만나는 형태로, 그 모양이 사각뿔과 같다고 하여 사모지붕이라 함

도리

- 종도리: 용마루 바로 밑 최상위 중심에 있는 수평부재
- 중도리: 처마도리에 평행하고 단연과 장연을 받치는 수평부재
- 주심도리: 기둥 중심 상부 위치에서 서까래를 받치고 있는 부재
- 외목도리, 출목도리: 기둥의 중심선 바깥으로 걸리는 도리 또는 공포의 포작을 받치기 위한 수평부재
- 민도리: 도리와 장여만으로 구성된 도리로 공포가 없음
- 3량가: 서까래를 받치는 수평부재가 세 줄일 때
- 5량가: 지붕의 무게를 받는 도리가 다섯 개인 가구형식을 말함
- 7량가: 지붕의 무게를 받는 도리가 일곱 개인 가구형식을 말함
- 9량가: 지붕의 무게를 받는 도리가 아홉 개인 가구형식을 말함
- 굴도리: 도리의 단면이 둥근 도리
- 납도리: 도리의 단면이 사각형인 도리

공포부

- 주심포: 기둥머리 위에 짜 놓은 공포
- 다포: 기둥머리 위와 기둥과 기둥 사이의 공간에 짜 올린 공포
- 익공: 목조건축 양식으로 창방과 직교하여 보방향으로 새 날개처럼 뾰족하게 생긴 공포를 말한다.
- 소로: 장여나 살미·첨차·쇠서·익공 등 공포재의 밑에 받치는 됫박 모양의 네모진 나무
- 화반: 초방 위에 장여를 받치기 위하여 끼우는 널조각
- 주두: 기둥과 공포를 연결하는 부재
- 첨자: 초제공, 이제공 따위의 가운데에 어긋나게 맞추어 짬
- 살미: 공포에서 첨자와 가로지르는 부재
- 초익공: 익공쇠서가 한 개로 짜여진 공포
- 이익공: 기둥 중간에는 창방과 도리·장여 사이에 화반을 놓고 기둥머리에서는 두공과 창방에 교차되는 상하 두 개의 쇠서로 짜여진 공포
- 두공: 기둥 위에 지붕을 받치며 차례로 짜 올린 구조
- 3출목: 공포가 세 번 괴어 나와서 도리를 받친 것
- 출목수: 첨차가 기둥 중심에서 나와 도리를 받친 공포의 부재

- 헛첨자: 주심포계 공포재로서 기둥머리를 가로지르는 부재
- 내출목: 공포에서 안쪽으로 내밀어진, 기둥의 중심에서 벗어나 도리를 받치는 나무토막
- 외출목: 공포에서 바깥쪽으로 내밀어진, 기둥의 중심에서 벗어나 도리를 받치는 나무토막
- 귀공포: 처마 끝에 무게를 받치기 위하여 귀주 위로 올린 공포

보

- 종량: 대들보 위의 동자기둥 또는 고주에 얹히어 중도리와 마룻대를 받치는 보
- 대량: 작은 들보의 하중을 받기 위하여 기둥과 기둥 사이에 건너지른 큰 보
- 평방: 공포를 받치기 위하여 기둥 위 창방 위에 수평으로 올려놓은 넓적한 보
- 창방: 다포계 건물에서 기둥머리에서 기둥과 기둥을 연결해주는 보
- 개판: 서까래, 부연, 목반자 위에 까는 널빤지
- 갈모산방: 추녀 곁의 도리 위에 서까래를 걸기 위하여 한쪽 머리는 두껍고 다른 한쪽 머리는 얇게 깎아서 붙이는 삼각형의 나뭇조각
- 인방: 벽 내부 가로지르는 보
- 중인방: 벽의 중간 높이에 가로지르는 보
- 하인방: 벽의 아래쪽을 가로지른 보

기둥

- 고주: 다른 기둥보다 높게 세운 기둥
- 평주: 높이가 같은 기둥
- 우주(귓기둥): 사면 모서리에 있는 기둥
- 내진주: 건물안쪽에 위치한 기둥
- 외진주: 건물 바깥쪽에 위치한 기둥
- 활주: 지붕의 무게를 받치기 위해 첨부된 가는 외부 기둥
- 동자주(화반동자주, 포동 동자주, 제형 동자주, 인자형 동자주): 종량을 받치기 위한 짧은 기둥

벽

- 화방벽: 방화와 수분에 대한 저항 성능을 높이 위해 돌이나 전벽돌 등을 쌓아 올린 벽
- 벽: 건물의 구조부재로 외부차단과 지진이나 풍 하중에 대한 수평저항을 하기 위한 부재

기단부

- 기단: 건축물의 터를 반듯하게 다듬은 다음에 터보다 한 층 높게 쌓은 단
- 초석: 기둥 밑에 기초로 받쳐 놓은 돌

접합부

- 맞춤: 서로직교 하는 부재 간 잇는 접합
- 이음: 수평부재나 수직부재 간 길게 잇는 접합
- 주먹장이음, 맞춤: 한 부재에는 주먹장을 내고 다른 부재에는 주먹장 구멍을 파서 물리게 하는 접합
- 엇갈이산지이음: 서로 엇갈리게 홈 가공을 하여 끼워 맞춘 다음 산지로 고정하는 접합
- 나비장이음: 나비 모양의 조각을 끼워 수평이나 수직부재 간 길게 잇는 접합
- 사개맞춤: 두 엇갈이는 보와 기둥과의 접합을 말하며, 보의 경우 반턱으로 접합이 되며, 기둥의 경우 사개 가공을 하여 기둥의 사면 모서리에 네 개의 장부 안으로 보를 끼워 맞추는 접합
- 연귀맞춤: 두 가로지르는 수평부재의 측면을 45도 각도로 비스듬히 가공하여 접합하는 방법
- 반턱이음: 수평부재 간 서로 반턱이 지게 깎아 잇는 접합
- 반턱맞춤: 수직하는 수평부재 간 서로 그 높이의 반을 엇갈리게 깎아내서 잇는 접합
- 산지이음: 부재에 홈 가공을 하여 촉을 끼워 박아 고정한 이음
- 산지맞춤: 맞춤을 한 뒤 산지를 꽂아 보강한 것

건축물 규모 및 단위와 관련된 용어

- 자: 길이의 단위, 1자 = 30cm
- 치: 자의 보조단위 촌의 순수한 우리말 1치 = 3.03cm
- 칸: 기둥간 사이를 일컫는 척도
- 단층: 한 층으로 이루어진 건축물
- 중층: 위층과 아래층 사이의 가운데 층
- 옥개: 지붕 개수

건축물 결함과 관련된 용어

- 이격: 사이가 벌어진 것
- 틈: 실같이 좁고 가느다랗게 벌어진 사이
- 비틀림: 부재가 틀어져 있는 것
- 갈라짐: 재료 표면이 쪼개지거나 갈라져서 금이 간 것
- 틀어짐: 건조로 인하여 목재가 휘거나 비틀리는 따위의 변형이 발생한 상태
- 탈락: 표피의 각질층이 조각이 되어 떨어지는 현상
- 썩음/부후: 목재에 부후균이 번식하여 발생하는 목재의 연화
- 충해: 해충으로 인해 입는 피해
- 곰팡이: 균류 중에서 진균류에 속하는 미생물

구조해석과 관련된 용어

- 의장: 구조적 기능보다는 형태적인 꾸밈을 말함
- 구조재: 기초·기둥·벽·바닥 등의 건물 뼈대
- 비구조재: 건축물을 구성하는 부재중에서 외주벽, 칸막이, 개구부, 천장, 마감재 등과 같이 구조내력을 부담하지 않는 부재를 말함
- Semi-rigid: 반강접으로 모멘트를 받을 수 있는 경계조건
- Hinge: 힌지 경계조건으로 모멘트를 받을 수 없음
- Moment: 힘에 의해 회전하려는 물리적 정도
- Stress: 응력으로 단위 면적당 받는 힘
- Stress ratio: 응력비로 주어진 하중에 의해 발생하는 부재 응력과 부재의 강도 비
- Capacity: 부재가 최대로 견딜 수 있는 힘이나 물리적 성질
- Seismic resistance: 지진저항력
- 응력비: 부재의 설계강도 대 외력에 의한 응력 비
- Drift ratio: 건축물이나 부재의 상대 변위 혹은 회전으로 수평변위와 높이의 비
- 성능설계: 요구성능을 만족시키기 위해 건축물이나 건축 부품 등을 그에 맞게 설계하는 것

- 부재력: 하중 및 외력에 의하여 부재의 가상 절단면에 생기는 축방향력, 휨모멘트, 전단력, 비틀림 등을 말함
- 하중: 물체에 작용하는 외부의 힘 또는 무게
- 하중분담비: 둘 이상의 구성 요소 간에 하중 분담 비율
- DCR: Demand Capacity Ratio 요구시 하는 부재의 물리력 대 부재의 설계 물리력
- 거주가능: 구조부재의 피해가 없는 성능설계
- 인명안전: 인명피해가 없도록 성능설계
- 붕괴방지: 건축물이 무너지지 않는 성능설계
- 주기: 진동이나 파동이 일정한 간격을 두고 반복이 일어나는데 걸리는 시간 간격을 주기라 함
- Damping ratio: 어떤 계의 감쇠를 임계 감쇠(critical damping)에 대한 비율로 표시한 것
- 풍하중: 바람으로 인하여 구조물의 외면에 작용하는 하중
- 사하중: 건축부재의 자중에 의해 발생하는 고정하중
- 활하중: 건축물 용도에 따라 일시적으로 발생 가능한 하중
- 적설하중: 쌓인 눈의 중량에 의하여 구조물에 작용하는 하중
- Tributary area: 기둥 부재가 견뎌야 할 하중영역
- Tributary width: 보 부재가 견뎌야 할 하중영역
- 하중흐름: 하중의 흐름
- 축력: 축 방향으로 작용하는 힘
- 수평하중: 지진이나 바람에 의해 발생하는 하중
- 수직하중: 자중이나 눈에 의해 발생하는 수직방향 하중
- 전단: 어긋나는 힘
- 휨: 보나 기둥을 휘게 하는 힘
- 처짐: 보가 구부러지는 길이
- 압축: 수직방향 힘에 의한 재료가 눌리는 것
- 건전성: 부재나 재료의 결함에 대한 역학적 성능 비율
- 지역계수: 대한민국 지역에 따른 지진파 설계 속도
- 스펙트럼: 건축물 주기와 가속도간 상관관계
- 가속도: 단위 시간에 대한 속도의 변화율
- 지진파: 지진 때문에 생기는 탄성파

- 고유주기: 진동을 하는 물체가 한 번 완전히 흔들리는 데 걸리는 시간
- 질량참여도: 지진에 의해 건축물의 고유주기에 따른 진동모드별 건축물의 질량 참여비율
- 자중: 부재 자체의 무게
- 경계조건: 부재간 혹은 부재의 연결 상태
- Rigid diaphragm: 다이어프램의 강성이 다이어프램 아래 부재보다 강할 때, 수평하중에 의한 다이어프램 한쪽끝 임의의 점 변형이 다이어프램 평균변형량 보다 두 배 이하
- Flexible diaphragm: 다이어프램의 강성이 다이어프램 아래 부재보다 약할 때, 수평하중에 의한 다이어프램의 변형이 다이어프램 평균변형량 보다 두 배 초과
- 함수율: 재료의 수분 함량
- 팽창계수: 1%함수율 변화에 대해 늘어나는 척도
- 수축계수: 1%함수율 변화에 대해 줄어드는 척도
- 변화길이: 변화된 길이

CHAPTER 02

대한민국 국보 보물급 전통목조건축 236선

CHAPTER 02

대한민국 국보 보물급 전통목조건축 236선

2.1 전통목조건축 시대, 지역, 용도, 규모

대한민국의 전통 목조건축물을 유지관리하기 위해서는 건축물에 대한 이해가 선행돼야 한다. 천 여년 역사를 가진 전통 목구조의 시대적 문화적 지역적 이해를 바탕으로, 현대 목구조의 공학적 해석이 곁들여져야 한다. 본 연구에서는 그 첫 번째 과정으로 국내 전통 목구조물이 가지고 있는 시대적 배경과 지역적 성향을 바탕으로 형태학적인 분류를 시도 하였다. 분류대상은 전국의 국보급, 보물급 문화재 236건으로 지붕, 공포, 기둥, 보 등 대표적인 형식에 따라 건축물을 분류하였다.

가장 오래된 전통목조건축은 봉정사 극락전(1363)과 부석사 무량수전(1376)이다. 불교건축물로 고려시대에 지어져, 수차례의 보수를 거쳐 현재에 이르고 있다. 봉정사 극락전은 사각형 평면에 1층 건물로 맞배지붕, 도리방향 3칸, 보방향 4칸, 3고주 1열 1고주 7량가 건물이다. 부석사 무량수전은 사각형 1층건물로 팔작지붕, 도리방향 5칸 보방향 3칸, 평주 11량가 2열 내고주 건물이다. 두 건물은 경상북도 안동시와 영주시에 각각 위치하고 있다.

대한민국의 전통 목구조는 전국에 분포하지만, 2021년 현재 가장 많은 전통 목구조가 있는 지방은 경상북도로 65개 보물급 이상의 목조건축을 보유하고 있다. 그 다음으로 가장 많은 지역은 서울로 33개의 목조건축을 보유하고 있다. 세 번째로 가장 많은 지역은 전라남도와 북도로 각각 23개의 목조건축을 보유하고 있다. 그 외 지역은 경상남도 18개, 경기도 19개, 충청남도 15개, 강원도 13개, 대구 10, 충청북도 6, 부산 4, 인천광역시 3, 제주도 2, 대전 1개 순이다.

전통목구조의 용도는 종교기관으로 불교를 전파하기 위한 목적의 건축물(불전), 교육기관(향교, 서원), 왕실건물(궁전, 종묘), 통치와 전쟁을 대비하기 위한 건축물(망루, 관아), 조선시대 주로 상위층이 생활했던 건축물(가옥, 누정), 왕실 숭배를 위한 건축물(사우)이 있다.

전통목구조의 규모는 도리방향 최대 규모인 27칸 종묘와 최소규모 1칸인 송광사 약사전, 관룡사 약사전, 여주 신륵사 조사당, 보방향 최대규모인 12칸 경복궁 자경전과 최소규모 0칸인 범어사 조계문이 있다. 도리의 개수로 규모를 말하자면 최대 13량가인 덕수궁 중화전과 최소 3량가인 해인사 동사간판전, 서사간판전, 송광사 종루, 수선루, 도산서원 상덕사, 도사서원 삼문, 경주향단 행랑채, 양동 관가정 안채, 행랑채, 상주 양진당, 안동 체화정 한벽루 익루, 수원 방화수류정, 청평사 회전문이 있다. 층수로 말하자면 주로 1층 규모와 옥개층을 포함한 2층, 3층, 5층 규모가 남아 있다. 최대규모의 층수는 법주사 팔상전이다.

2.2 각 지역별 대표 목조건축 소개

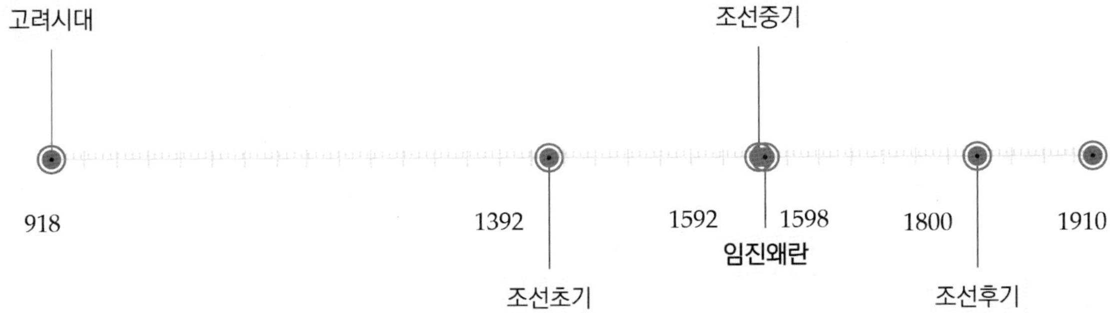

Period	Year
고려시대	918-1392
조선초기	1392-1592
조선중기	1592-1800
조선후기	1800-1910

전국에 분포하는 보물급, 국보급 목조건축 개수(2021. 12. 25)

지역	국보	보물	개수
서울특별시	6	27	33
인천광역시	0	3	3
경기도	0	19	19
충청북도	1	5	6
충청남도	1	14	15
대전광역시	0	1	1
전라북도	2	20	22
전라남도	5	20	25
강원도	1	12	13
경상북도	6	59	65
대구광역시	0	10	10
경상남도	3	15	18
부산광역시	0	4	4
소계	**국보급 문화재**	**보물급 문화재**	**총 개수**
	25	**210**	**236**

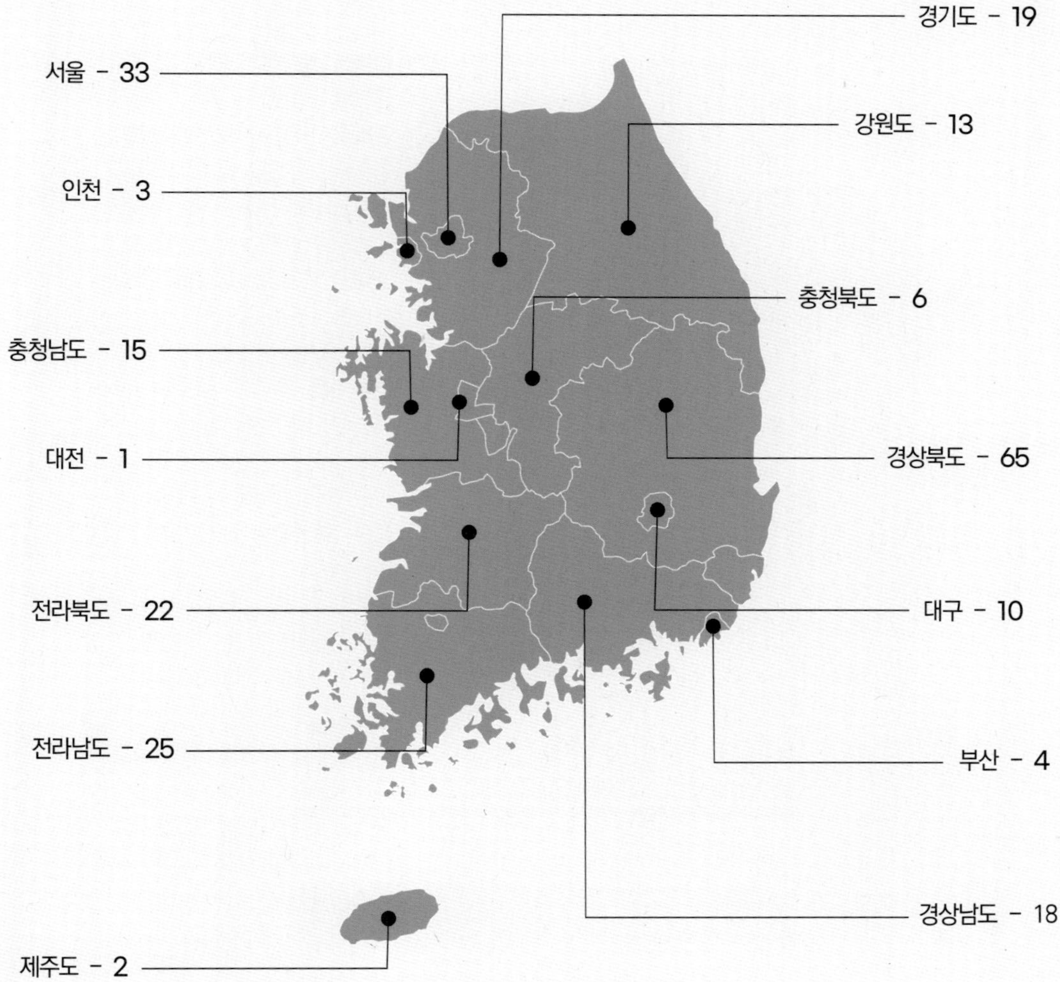
경기도 - 19
서울 - 33
강원도 - 13
인천 - 3
충청북도 - 6
충청남도 - 15
대전 - 1
경상북도 - 65
전라북도 - 22
대구 - 10
전라남도 - 25
부산 - 4
경상남도 - 18
제주도 - 2

서울

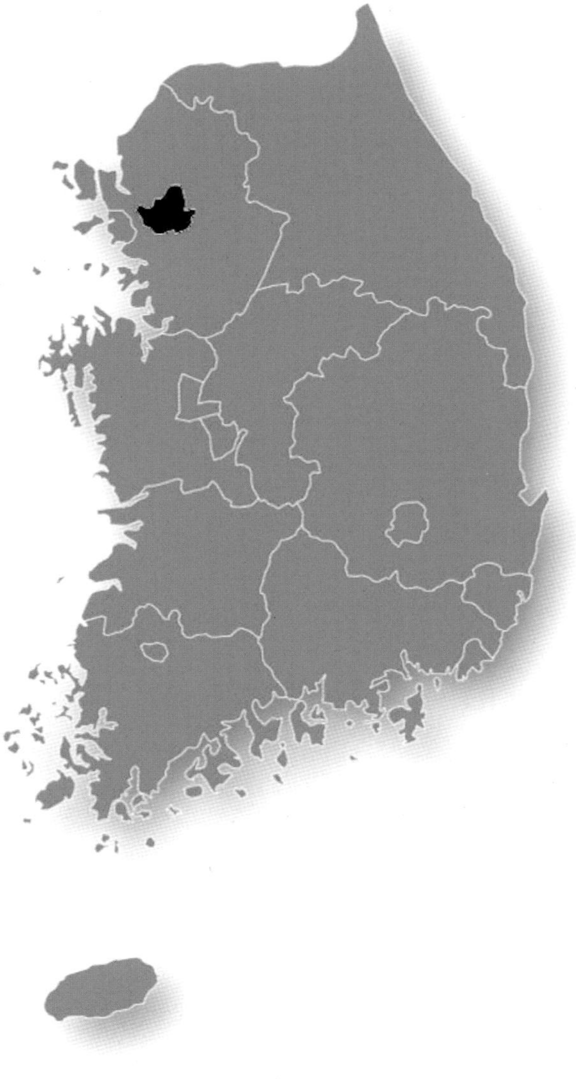

경복궁 경회루(국보 제224호)
경복궁 근정문 및 행각(보물 제812호)
경복궁 근정전(국보 제223호)
경복궁 사정전(보물 제1759호)
경복궁 수정전(보물 제1760호)
경복궁 자경전(보물 제809호)
경복궁 향원정(보물 제1761호)
사직단 대문(보물 제177호)
서울 동관왕묘(보물 제142호)
서울 문묘 및 성균관(보물 제141호)
서울 창의문(보물 제1881호)
서울 흥인지문(보물 제1호)
종묘 영녕전(보물 제821호)
종묘 정전(국보 제227호)
종친부 경근당과 옥첩당(보물)
창경궁 명정문 및 행각(보물 제385호)
창경궁 명정전(국보 제226호)
창경궁 통명전(보물 제818호)
창경궁 홍화문(보물 제384호)
창덕궁 낙선재(보물 제1764호)
창덕궁 대조전(보물 제816호)
창덕궁 돈화문(보물 제383호)
창덕궁 부용정(보물 제1763호)
창덕궁 선원전(보물 제817호)
창덕궁 선정전(보물 제814호)
창덕궁 연경당(보물 제1770호)
창덕궁 인정문(보물 제813호)
창덕궁 인정전(국보 제225호)
창덕궁 주합루(보물 제1769호)
창덕궁 희정당(보물 제815호)
덕수궁 중화전 및 중화문(보물 제819호)
덕수궁 함녕전(보물 제820호)
서울 숭례문(국보 제1호)

경복궁 근정전 국보 제223호, 조선후기 궁전, 초창 1394년, 재건 1867년, 사각 평면, 2층 5칸, 11량가 팔작지붕, 다포식

종묘 정전 국보 제227호, 조선후기 사우, 초창 1395, 여러 차례 보수 1546-1836
최종 중수년도 1836, 평면은 'ㄷ' 자형, 규모는 1층 27칸, 맛배지붕, 익공식,
무고주 7량가

창덕궁 낙선재 보물 제1764호, 조선후기, 주거용 건물, 초창 1847,
평면은 "ㄱ"자 형태, 1층 6칸, 팔작지붕, 익공식, 무고주 5량가

충북

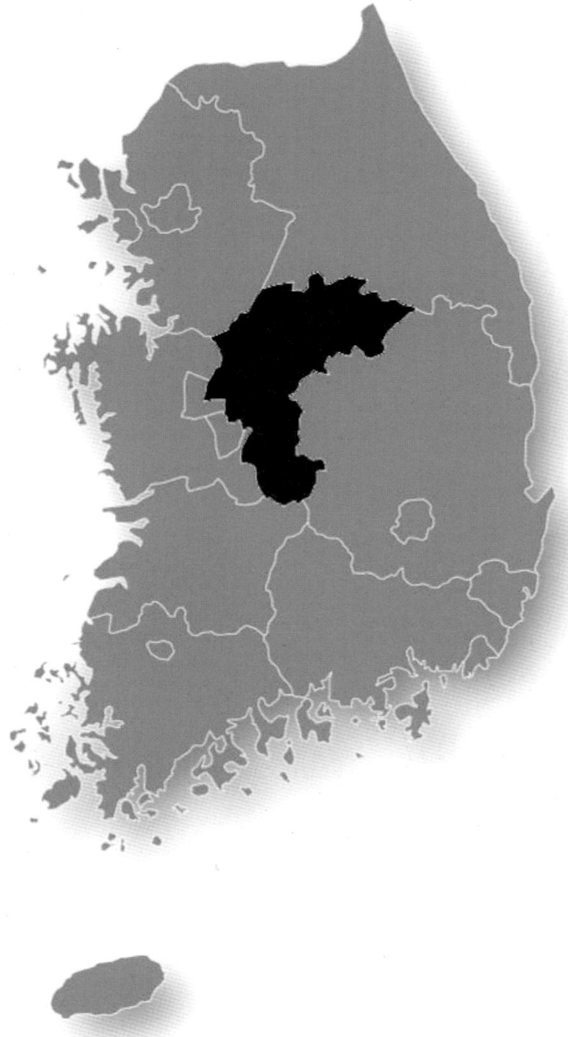

보은 법주사 대웅보전(보물 제915호)
보은 법주사 원통보전(보물 제916호)
보은 법주사 팔상전(국보 제55호)
옥천 이지당(보물 제2107호)
제천 청풍 한벽루(보물 제528호)
청주 안심사 대웅전(보물 제664호)

보은 법주사 팔상전 국보 제55호, 조선중기, 불전, 1626년, 사각 평면,
옥개 5층, 사모지붕, 5칸 6량가 주심포 형식(1-4층), 다포식(5층)

제천시 청풍 한벽루 보물 제528호 조선중기 루, 본루와 익루로 구성되어 있음.
초창 528년 이후 여러 차례 중수와 재건(1287-1634)을 함.
본루 7량가 팔작지붕 4칸 익공식, 익루 3량가 맛배지붕 3칸 익공식

충남/ 대전

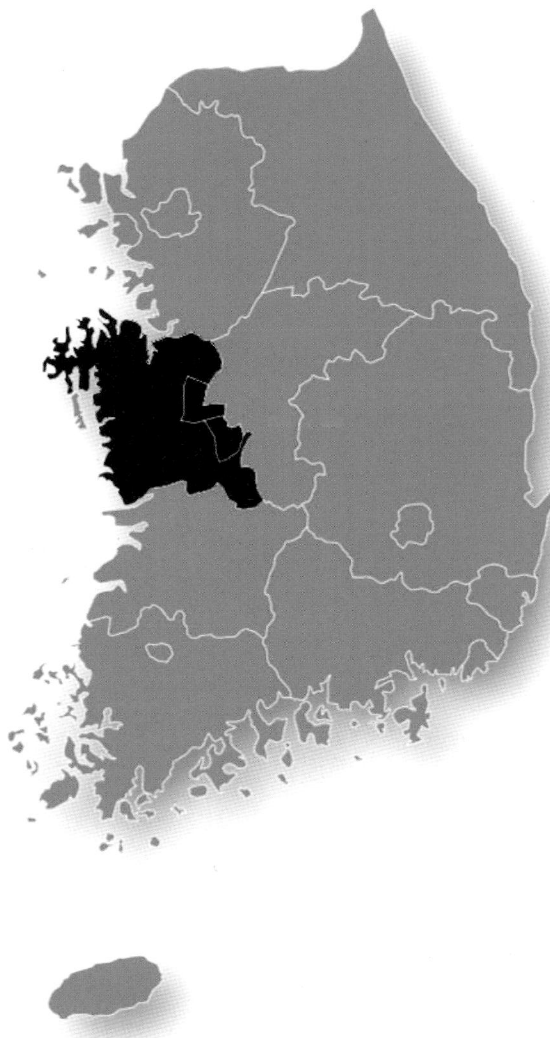

공주 계룡산 중악단(보물 제1293호)
공주 마곡사 대광보전(보물 제802호)
공주 마곡사 대웅보전(보물 제801호)
공주 마곡사 영산전(보물 제800호)
공사 갑사 대웅전(보물 제 2120호)
논산 노강서원 강당(보물 제1746호)
논산 돈암서원 응도당(보물 제1569호)
논산 쌍계사 대웅전(보물 제408호)
대전 회덕 동춘당(보물 제209호)
부여 무량사 극락전(보물 제356호)
서산 개심사 대웅전(보물 제143호)
세종 비암사 극락보전(보물 제2119호)
예산 수덕사 대웅전(국보 제49호)
청양 장곡사 상 대웅전(보물 제162호)
청양 장곡사 하 대웅전(보물 제181호)
홍성 고산사 대웅전(보물 제399호)

논산 쌍계사 대웅전 보물 제408호, 조선중기 불전, 1738, 1972년 수리, 사각평면,
1층 팔작지붕, 다포식, 5칸 9량가

대전 동춘당 보물 제209호, 조선중기 주거건물, 1649년, 사각평면 1층 3칸, 5량가 팔작지붕, 민도리 형식

부여 무량사 극락전 보물 제356호, 조선중기 불전, 1633년, 사각평면, 2층, 팔작지붕, 다포식, 5칸 7량가

수덕사 국보 제49호, 고려시대 불전, 초창 1308년, 사각평면, 1층 맞배지붕, 주심포, 3칸, 9량가

전북

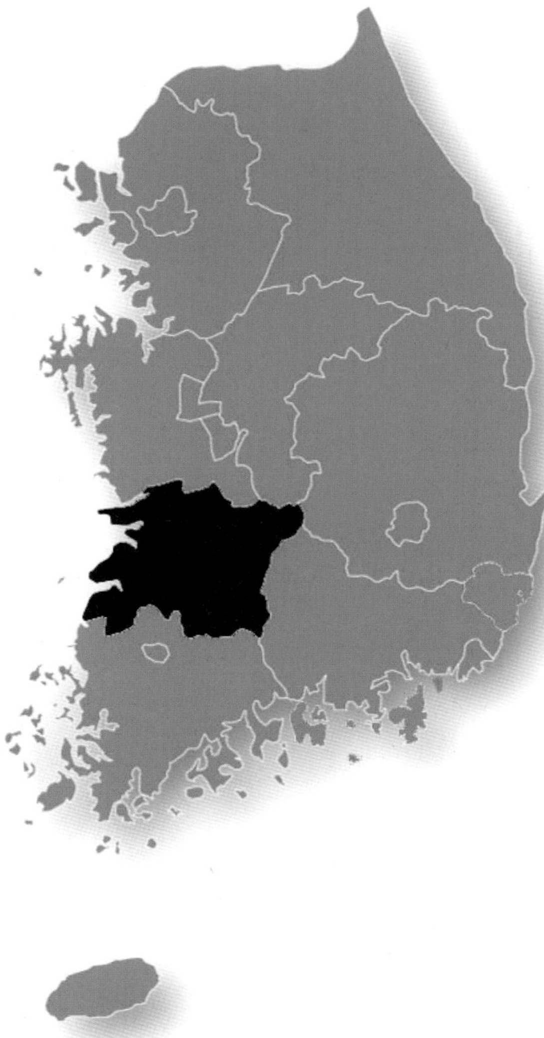

고창 선운사 대웅전(보물 제290호)
고창 선운사 만세루(보물 제2065호)
고창 선운사 참당암 대웅전(보물 제803호)
김제 귀신사 대적광전(보물 제826호)
김제 금산사 대장전(보물 제827호)
김제 금산사 미륵전(국보 제62호)
남원 광한루(보물 제281호)
무주 한풍루(보물)
부안 개암사 대웅전(보물 제292호)
부안 내소사 대웅보전(보물 제291호)
완주 송광사 대웅전(보물 제1243호)
완주 송광사 종루(보물 제1244호)
완주 위봉사 보광명전(보물 제608호)
완주 화암사 극락전(국보 제316호)
완주 화암사 우화루(보물 제662호)
익산 숭림사 보광전(보물 제825호)
장수향교 대성전(보물 제272호)
전주 경기전 정전(보물 제1578호)
전주 풍남문(보물 제308호)
전주 풍패지관(보물 제583호)
정읍 피향정(보물 제289호)
진안 수선루(보물 제2055호)

김제 금산사 미륵전, 국보 제62호, 조선중기 불전, 1635년, 사각평면,
옥개 3층 팔작지붕, 다포식, 5칸 5량가

완주 화암사 극락전, 국보 제316호, 조선중기, 불전, 1605년, 사각평면, 1층, 맞배지붕, 다포식, 3칸, 5량가

완주 화암사 우화루 보물 제662호, 조선중기 불전, 1711, 사각평면, 2층, 맞배지붕, 다포식 3칸 5량가

장수 장수향교 대성전 보물 제272호, 조선중기 향교, 초창 1407년,
최종 중수 년도 1686, 사각평면, 1층, 맞배지붕, 주심포 3칸, 7량가

전남/광주

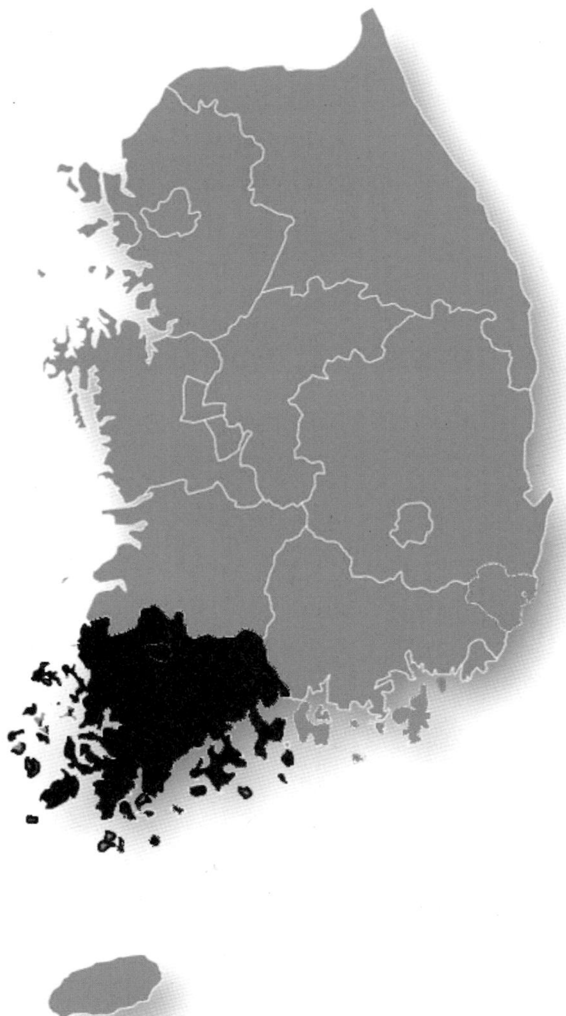

강진 무위사 극락보전(국보 제13호)
고흥 능가사 대웅전(보물 제1307호)
구례 천은사(보물 제2024호)
구례 화엄사 각황전(국보 제67호)
구례 화엄사 대웅전(보물 제299호)
나주 금성관(보물 제2037호)
나주 불회사 대웅전(보물 제1310호)
나주향교 대성전(보물 제394호)
담양 창평향교 대성전(보물 제2099호)
담양 창평향교 명륜당(보물 제2100호)
순천 선암사 대웅전(보물 제1311호)
순천 송광사 국사전(국보 제56호)
순천 송광사 약사전(보물 제302호)
순천 송광사 영산전(보물 제303호)
순천 송광사 하사당(보물 제263호)
순천 정혜사 대웅전(보물 제804호)
순천향교 대성전(보물 제2101호)
여수 진남관(국보 제304호)
여수 흥국사 대웅전(보물 제396호)
영광 불갑사 대웅전(보물 제830호)
영암 도갑사 해탈문(국보 제50호)
영암 영보정(보물 제2054호)
해남 대흥사 천불전(보물 제1807호)
해남 미황사 대웅전(보물 제947호)
해남 미황사 응진당(보물 제1183호)

나주 금성관 보물 2037호, 조선후기 관청, 초창 1487년,
여러 차례 중수(1617, 1775, 1976), 사각평면, 1층 팔작지붕, 익공식, 5칸, 7량가

순천 송광사 국사전 국보 제56호, 조선초기 불전, 초창 1369년, 중수 1501년, 사각평면, 1층 맞배지붕, 주심포식, 4칸, 7량가

여수 진남관 국보 제304호, 조선중기 관청, 초창 1598년, 중수 1718년 사각평면, 1층 팔작지붕, 익공식, 15칸, 9량가

해남 미황사 대웅전 보물 제947호, 조선중기 불전, 재건 1578,
여러 차례 중수(1660-1754, 1982, 2007), 사각평면, 팔작지붕, 다포식, 3칸 5량가

강원도

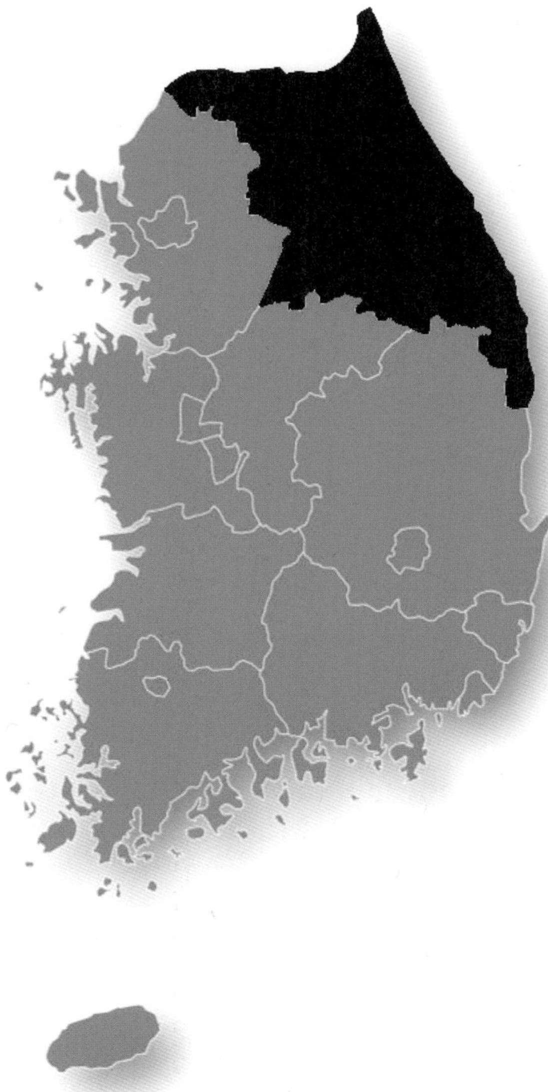

강릉 경포대(보물 제2046호)
강릉 오죽헌(보물 제165호)
강릉 임영관 삼문(국보 제51호)
강릉 칠사당(보물)
강릉 해운정(보물 제183호)
강릉 향교 대성전(보물 제214호)
강릉 향교 동무, 서무, 전랑(보물 제2089호)
강릉 향교 명륜당(보물 제2088호)
삼척 죽서루(보물 제213호)
속초 신흥사 극락보전(보물 제1981호)
원주 강원감영 선화당(보물)
춘천 청평사 회전문(보물 제164호)
평창 오대산 중대 적멸보궁(보물 제1995호)

강릉 임영관 삼문 국보 제 51호, 고려시대 관청 문, 초창 1390년,
사각평면, 1층, 맞배지붕, 주심포식 3칸 5량가

삼척시 죽서루 보물 제213호, 조선초기 루, 1403년, 사각평면, 팔작지붕,
주심포식 7칸 5량가

경기/인천

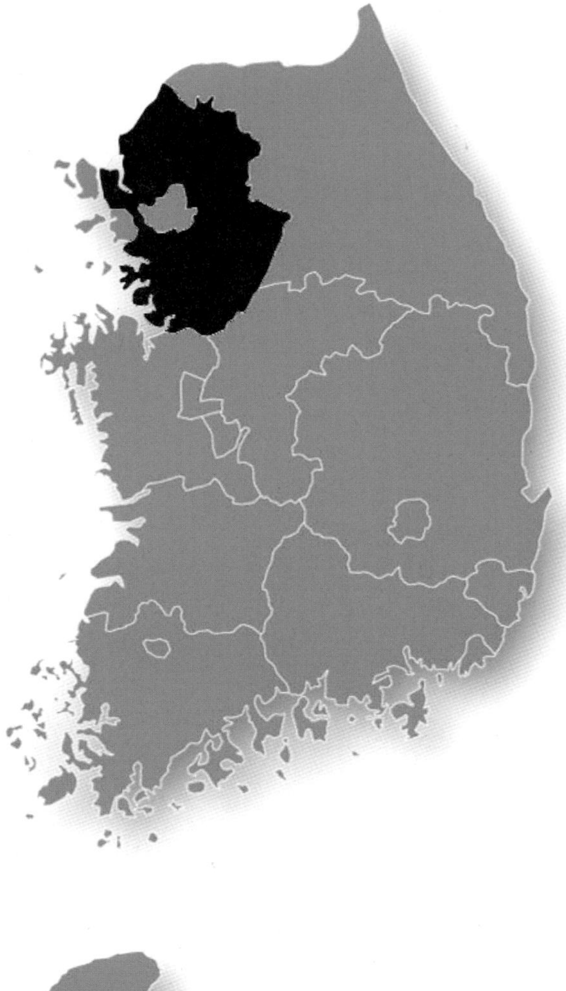

강화 전등사 대웅전(보물 제178호)
강화 전등사 약사전(보물 제179호)
강화 정수사 법당(보물 제161호)
남한산성 수어장대(보물)
남한산성 연무관(보물)
구리 동구릉 건원릉 정자각(보물 제1741호)
구리 동구릉 목릉 정자각(보물 제1743호)
구리 동구릉 숭릉 정자각(보물 제1742호)
수원 방화수류정(보물 제1709호)
수원 서북공심돈(보물 제1710호)
수원 팔달문(보물 제402호)
수원 화령전 운한각, 복도각 이안청(보물 제2035호)
수원 화서문(보물 제403호)
안성 객사 정청(보물)
안성 석남사 영산전(보물 제823호)
안성 청룡사 대웅전(보물 제824호)
안성 칠장사 대웅전(보물 제2036호)
안성 향교 대성전(보물 제2091호)
안성 향교 풍화루(보물 제2092호)
여주 신륵사 조사당(보물 제180호)
여주 효종 영릉재실(보물 제1532호)
화성 용주사 대웅보전(보물 제1942호)

동구릉 건원릉 정자각 보물 제1741호, 조선초기 사우, 초창 1408년,
여러 차례 보수(1764, 1784, 1879, 1899), 현재 형태 1586년, 사각평면,
맞배지붕, 1층, 익공식 4칸 5량가

화서문 보물 제 403호, 조선 중기 관청, 1794년, 사각평면, 1층 팔작지붕,
주심포식 3칸 7량가

수원 방화수류정 보물 제1709호, 조선후기 정자, 초창 1794, 중수 1848,
'ㄱ' 자형, 1층, 팔작지붕, 민도리, 4칸 3량가

경북

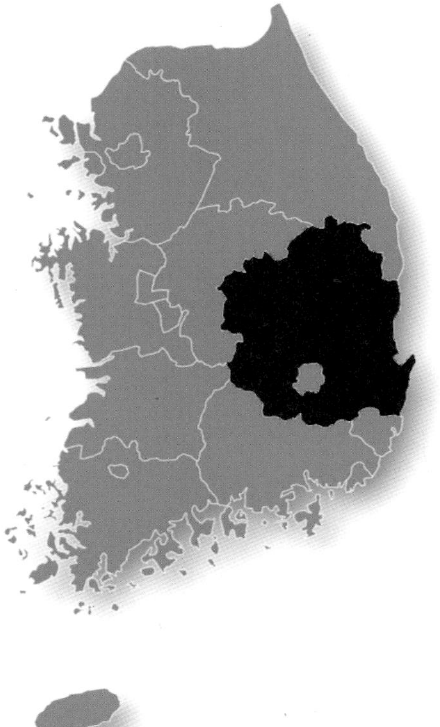

안동 개목사 원통전(보물 제242호)
안동 도산서원 농운정사(보물 제2106호)
안동 도산서원 도산서당(보물 제2105호)
안동 도산서원 상덕사 및 삼문(보물 제211호)
안동 도산서원 전교당(보물 제210호)
안동 병산서원 만대루(보물 제2104호)
안동 봉정사 고금당(보물 제449호)
안동 봉정사 극락전(국보 제15호)
안동 봉정사 대웅전(국보 제311호)
안동 봉정사 화엄강당(보물 제448호)
안동 봉황사 대웅전(보물 제2068호)
안동 소호헌(보물 제475호)
안동 예안이씨 충효당(보물 제553호)
안동 의성김씨 종택(보물 제450호)
안동 임청각(보물 제182호)
안동 청원루(보물 제2050호)
안동 체화정(보물 제2051호)
안동 하회 양진당(보물 제306호)
안동 하회 충효당(보물 제414호)

경산 환성사 대웅전(보물 제562호)
경주 귀래정(보물 제2052호)
경주 기림사 대적광전(보물 제833호)
경주 독락당(보물 제413호)
경주 불국사 대웅전(보물 제1744호)
경주 양동 관가정(보물 제442호)
경주 양동 무첨당(보물 제411호)
경주 양동 향단(보물 제412호)
경주향교 대성전(보물 제1727호)
경주향교 동무, 서무, 신삼문(보물 제2098호)
경주향교 명륜당(보물 제2097호)
구미 금오서원 상현묘(보물 제2103호)
구미 금오서원 정학당(보물 제2102호)
구미 대둔사 대웅전(보물 제1945호)
김천 방초정(보물 제2047호)
김천 직지사 대웅전(보물 제1576호)
문경 봉암사 극락전(보물 제1574호)
봉화 한수정(보물 제2048호)
상주 양진당(보물 제1568호)
상주향교 대성전, 동무, 서무(브물 제2096호)
성주향교 대성전 및 명륜당(보물 제1575호)
영주 부석사 무량수전(국보 제18호)
영주 부석사 조사당(국보 제19호)
영주 성혈사 나한전(보물 제832호)
영주 소수서원 강학당(보물 제1403호)
영주 소수서원 문성공묘(보물 제1402호)
영천 숭렬당(보물 제521호)
영천 은해사 거조암 영산전(국보 제14호)
영천 은해사 백흥암 극락전(보물 제790호)
영천향교 대성전(보물 제616호)
예천 야옹정(보물 제1917호)
예천 용문사 대장전과 윤장대(국보 제328호)
예천권씨 초간종택 별당(보물 제457호)
울진 불영사 대웅보전(보물 제1201호)
울진 불영사 응진전(보물 제730호)
의성 연수전(보물 제2078호)
의성 대곡사 대웅전(보물 제1831호)
의성 대곡사 범종루(보물 제2121호)
의성 만취당(보물 제1825호)
청도 대비사 대웅전(보물 제834호)
청도 대적사 극락전(보물 제836호)
청도 운문사 대웅보전(보물 제835호)
청송 대전사 보광전(보물 제1570호)
청송 보광사 극락전(보물 제1840호)
청송 찬경루(보물 제2049호)
포항 보경사 적광전(보물 제1868호)

안동시 도산서원 전교당 보물 제210호, 조선초기 서원, 초창 1574, 보수 1969,
사각평면, 1층, 팔작지붕, 민도리, 4칸 5량가

안동시 봉정사 극락전 국보 제15호, 고려시대 불전, 초창 1363년,
여러 차례보수(1625, 1972), 사각평면, 1층 맞배지붕, 주심포식, 3칸 7량가

영주시 부석사 무량수전 국보 제18호, 고려시대 불전, 초창 1376년, 보수 1608년,
사각평면 1층 팔작지붕, 주심포식, 5칸 11량가

예천군 용문사 대장전과 윤장대 국보 제 328호, 조선중기 불전, 초창 1173, 중수 1665, 1층 사각평면, 맞배지붕, 다포식 3칸 5량가

대구

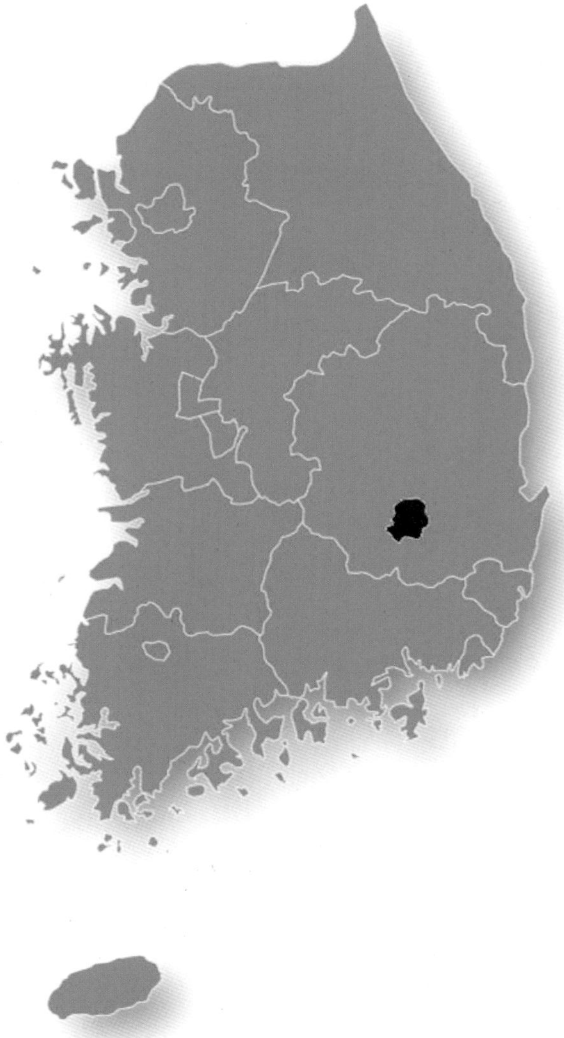

경상감영 선화당(보물)
도동서원 중정당·사당·담장(보물 제350호)
동화사 극락전(보물 제2132호)
동화사 대웅전(보물 제1563호)
동화사 수마제전(보물 제2133호)
북지장사 지장전(보물 제805호)
육신사 태고정(보물 제554호)
송림사 대웅전(보물)
파계사 원통전(보물 제1850호)
하목정(보물 제2053호)

동화사 대웅전, 보물 제1563, 조선중기 불전, 1732년, 사각평면, 1층 팔작지붕, 다포식 3칸 5량가

육신사 태고정, 보물 제554호, 조선중기 주거건물, 초창 1479년, 중수 1614년, 사각평면, 1층 팔작지붕, 민도리 4칸 5량가

경남/부산

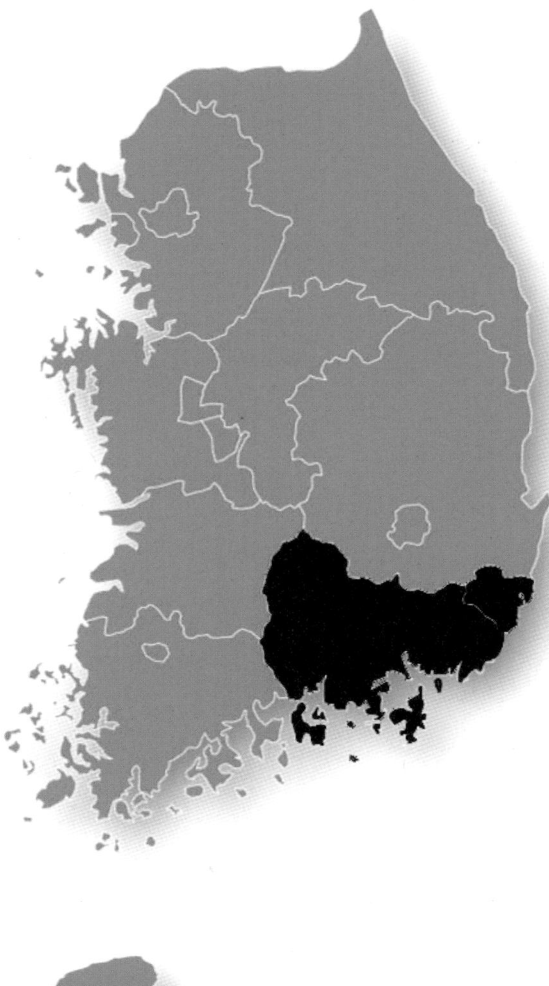

거제 기성관(보물)
남해 용문사 대웅전(보물 제1849호)
밀양 영남루(보물 제147호)
밀양 향교 대성전(보물 제2094호)
밀양 향교 명륜당(보물 제2095호)
부산 범어사 대웅전(보물 제434호)
부산 범어사 조계문(보물1461호)
부산 운수사 대웅전(보물 제1896호)
부산 장안사 대웅전(보물 제1771호)
산청 단성향교 명륜당(보물 제2093호)
산청 율곡사 대웅전(보물 제374호)
양산 신흥사 대광전(보둘 제1120호)
양산 통도사 대광명전(보물 제1827호)
양산 통도사 대웅전 및 금강계단(국보 제290호)
양산 통도사 영산전(보물 제1826호)
창녕 관룡사 대웅전(보물 제212호)
창녕 관룡사 약사전(보물 제146호)
통영 세병관(국보 제305호)
하동 쌍계사 대웅전(보물 제500호)
합천 해인사 장경판전(국보 제52호)
합천 해인사 홍제암(보물 제1300호)

밀양 영남루 보물 제 147호, 조선후기 루, 초창 1364년, 1844년 재건, 사각평면, 팔작지붕, 익공식, 5칸 5량가

부산 운수사 대웅전, 보물 제 1896호, 조선중기 불전, 초창 1655, 중수 1771, 사각평면, 1층 맞배지붕, 주심포식 3칸 5량가

해인사 장경판전(동사간판전, 서사간판전, 법보전, 수다라장전) 국보 제52호
여러 차례 보수(1457, 1488, 1622, 1624), 1488년(조선 초기), 불전
수다라장전, 법보전 1층 우진각지붕, 익공식, 15칸 5량가
동사간판전, 서사간판전 1층 맞배지붕, 민도리, 2칸 3량가

수다라 장전

법보전

수다라 장전

법보전

해인사 장경판전(동사간판전, 서사간판전, 법보전, 수다라장전) 국보 제52호
여러 차례 보수(1457, 1488, 1622, 1624), 1488년(조선 초기), 불전
법보전, 수다라장전은 1층 우진각지붕, 익공식, 15칸 5량가
동사간판전, 서사간판전은 1층 맞배지붕, 민도리, 2칸 3량가

서사간판전

동사간판전

제주

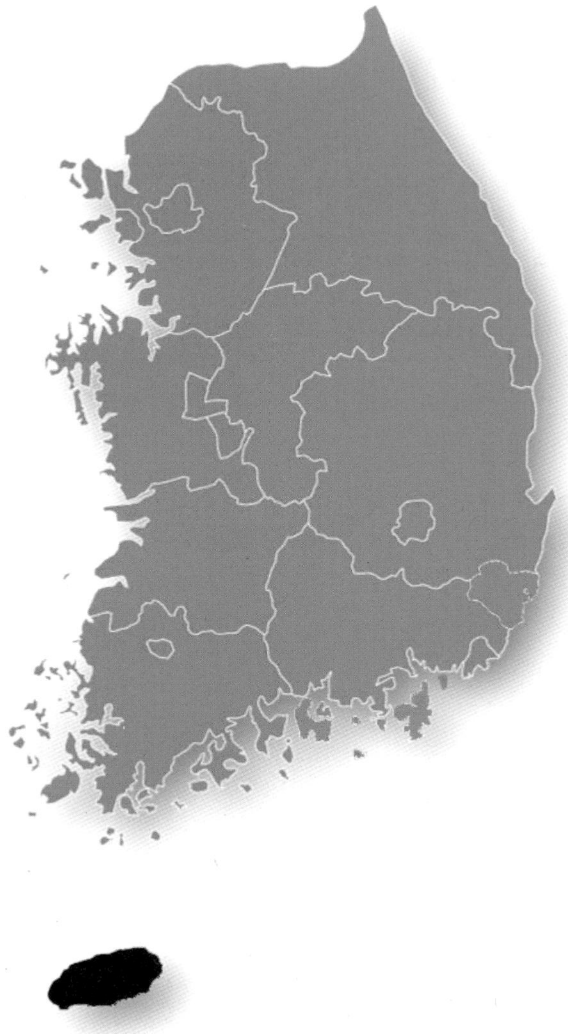

제주 관덕정(보물 제322호)
제주향교 대성전(보물 제1902호)

제주 관덕정 보물 322호, 조선후기 루, 초창 1448년, 중수 1882년, 보수 1969,
사각평면, 팔작지붕, 익공식 5칸 7량가

제주 향교 보물 1902호, 조선후기 향교, 초창 1394, 이건 1827년, 사각평면, 1층 팔작지붕, 익공식 5칸 7량가

CHAPTER 03

전통 목구조 형태와 형식

CHAPTER 03

전통 목구조 형태와 형식

3.1 목조건축 형식

대한민국의 전통 목구조의 형식은 현대건축물 기둥과 보 구조형식으로 비추어 보았을 때 중목구조라고 볼 수 있지만, 주요 구조를 이루는 구조부재의 독특함은 단순이 중목구조 형식으로 분류하기에는 구조공학적 관점에서 많은 제한점을 가지고 있다. 건물의 구조 안전성을 평가하기 위한 첫번째 단계가 구조형식의 이해라고 볼 때 전통목구조의 독창적이며 상이한 구조형식을 체계적으로 분석할 필요가 있다. 이러한 시도는 기존 문헌들을 통해 확인할 수 있다. 하지만, 본 저자는 구조 해석시 요구되는 구조시스템, 수직, 수평저항 구조 부재 관점을 바탕으로 전통목구조 형태를 시대, 지역, 용도, 규모, 형식을 주요 변수로 생각하여 전통목구조의 형식을 분류하고자 한다.

현시대에 축조된 건축물의 경우 설계 코드와 규격화된 건축재료를 바탕으로 건축하기 때문에 구조형식에 대한 정의가 이루어지고, 구조 부재의 물성과 크기가 정량적으로 계산되며, 예측가능하다. 또한 평면도와 입면도에서 건축물의 부재 배치에 의한 건축물의 부재와 강성, 강도의 규칙성에 의한 평면 정형/비정형과 수직 정형/비정형을 정의 할 수 있다. 콘크리트, 강구조, 미국식 경량 목조 구조형식에 따른 내진설계 조정인자가 표로 정리되어 있으며, 이를 활용하여 설계지진에 대한 구조물의 탄성, 비탄성거동을 예측할 수 있다. 이러한 로직에 의해 건축물의 안전성에 대한 분석방법과 평가에 대한 흐름을 각 구조형태별로 제시할 수 있다. 하지만, 전통 목구조의 경우 위의 구조공학을 바탕으로 한 설계 로직을 따를 수 없다. 따라서, 애초에 기존 구조공학적 지식과 프로세스가 다른 전통 목구조의 구조 안전성을 분석하기 위한 새로운 구조 공학적 접근이 요구된다.

다음의 그림은 대한민국 전통목구조의 3D 모식도를 보여준다. 비록 이 모식도가 다양한 형태의 전통 목구조의 상세를 대표할 수 없지만, 전통 목구조의 개략적인 주요 구조형식을 보여준다.

먼저 최 상층부인 지붕부 그리고 중간부인 축부, 구조물을 지지하는 기단부로 분류 할 수 있다. 지붕부의 경우 지붕과 공포를 포함한다. 축부는 기둥과 보 그리고 벽체를 포함한다. 기단부는 초석과 기단을 포함한다.

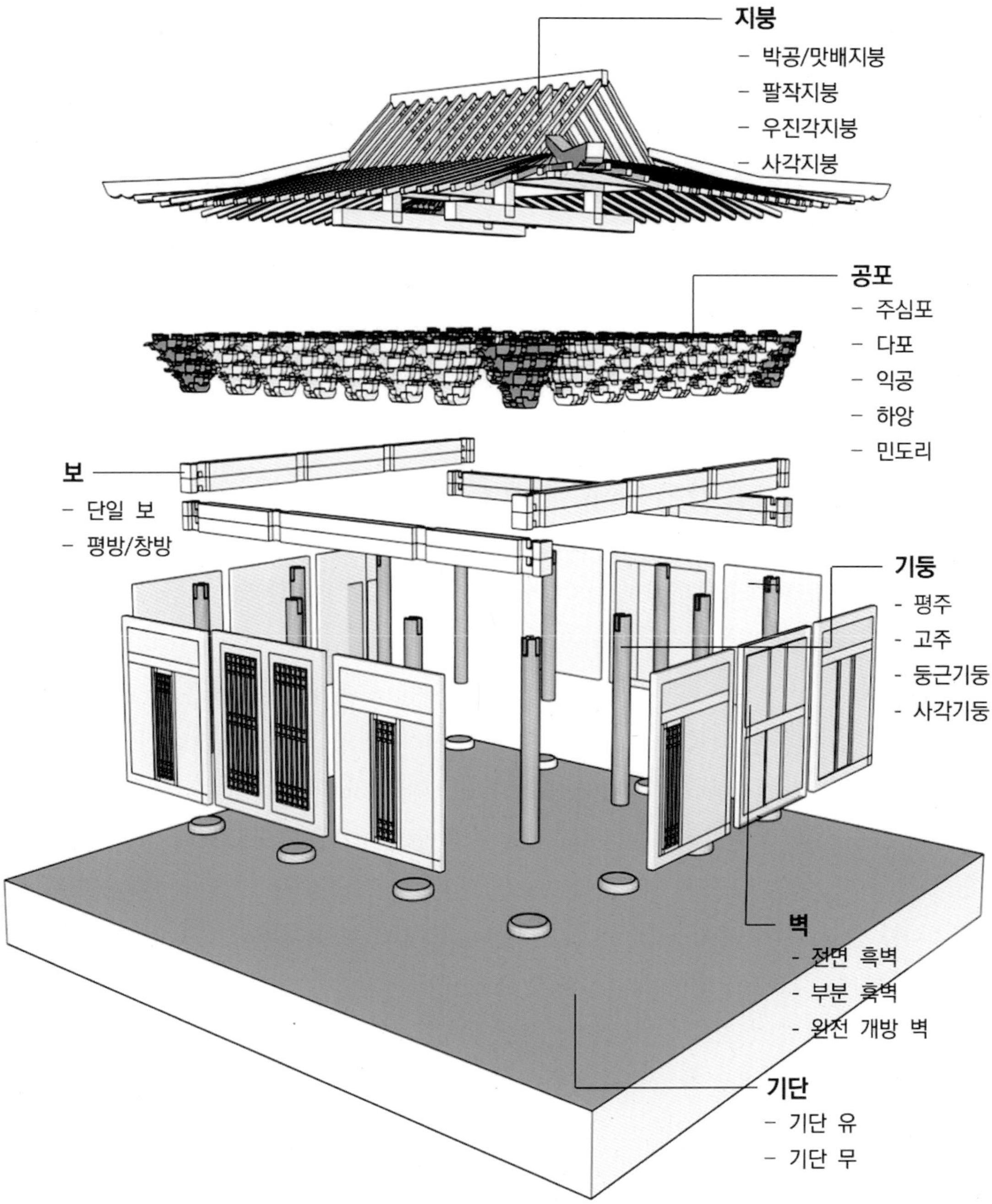

그림 3-1. 전통목조건축의 주요부재 3D 모식도

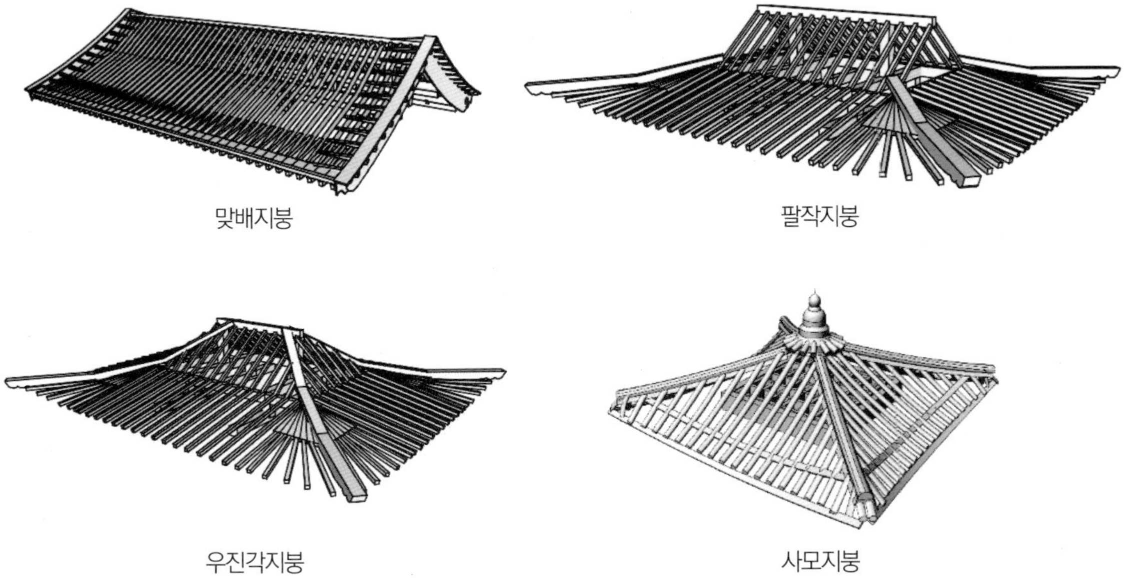

그림 3-2. 전통목조건축 지붕형태

지붕의 형태는 맞배지붕, 팔작지붕, 우진각지붕, 사모지붕으로 분류할 수 있다. 그 외 오각형, 육각형, 팔각형 지붕은 사모지붕을 좀 더 세분화한 경우로 간주하여 사모지붕으로 분류하였다. 지붕의 형태는 구조물의 중량뿐만 아니라 구조형식과 밀접한 상관관계를 가진다. 예를 들어 맞배지붕의 경우 측면에 고주를 사용함으로 인하여 공포가 생략되며, 측면 보의 경우 귓기둥에서 고주까지 연결되거나 그 사이까지만 있는 구조 형식이다. 팔작지붕의 경우 다포 형태를 사용하며, 평방과 창방으로 이루어진 두개의 보를 사용하며, 측면에 고주는 사용하지 않는다.

공포의 형태는 주심포, 다포, 익공, 하앙식과 공포가 존재하지 않는 민도리식이 존재한다. 공포의 기능은 크게 그 기능적인 면과 그 시대상을 반영한 계층분류를 위해 사용되었다고 볼 수 있다. 공포의 기능은 건축물의 높이를 올리고, 즉 층고를 높이는 기능을 한다. 또한 지붕의 서까래를 좀 더 길게 뽑기 위함이 있다. 지붕의 무게를 보와 기둥으로 전달하는 역할을 한다. 다양한 형태의 공포는 건축물의 용도의 중요성과 사용자의 계급을 표현하는 목적으로도 사용되었다. 주심포와, 다포, 익공, 하앙의 공포구조는 계층사회였던 고려시대와 조선시대상을 반영한다고 볼 수 있다. 왕실건물, 불교건물, 양반 가문 중 그 업적이 탁월한 가문의 집에 사용되었다. 민도리의 경우 공포가 없이 보와 기둥이 직접 맞닿은 형태로 주로 일반 민가에서 사용한 형태이다.

다음 그림은 다양한 공포의 형태에 대한 모식도를 보여준다. 주심포와 익공식은 기둥위에만 존재하는 공포형태이며 다포는 기둥 위 뿐만 아니라 기둥과 기둥사이에도 공포가 존재하는 형태이다. 주심포계의 특징으로 주두가 있으며, 외출목은 있으나 내출목은 없다. 행공첨자로 단장여의 특징을 보인다. 기둥에 끼워져 있는 헛첨자가 있을 수 있다. 공포사이 화반이 존재하며, 창방은 있으나 평방은 없다. 다포계의 특징으로 주두가 있으며, 외출목가 내출목이 있다. 외출목의 경우 3출목까지 있다. 공포를 받치는 평방과 창방이 존재한다. 하앙포계의 특징은 외출목은 있으나 내출목이 없다. 창방이 존재하며, 평방은 없다. 익공계의 특징은 익공보아지가 존재하여 기둥에 끼운다. 주두가 존재하며 이익공의 경우 재주두가 있을 수 있다. 외출목이 있을 수 있고 출목이 없을 수도 있다. 내출목은 없다. 기둥 위 익공 사이에 화반이 존재하며 행공첨자가 있다. 창방은 있으나 평방은 없다.

축부의 주요 부재로는 기둥과 벽 그리고 보를 들 수 있다. 기둥이 전통목구조 외면에 위치하면 외진주 내면, 내부에 위치하면 내진주, 그리고 귀퉁이에 위치하면 우주(귀주)로 분류한다. 기둥 형태에 따라 사각 기둥(육모 기둥)과 둥근 기둥(배흘림, 민흘림, 통흘림)으로 분류 할 수 있다. 본 도서에서는 구조안전성을 고려한 구조해석에 중점을 두어 기둥의 형식을 단순화하여, 크게 둥근기둥과 사각기둥으로 나누었다. 기둥의 높이에 따라 고주와 평주로 분류가 가능하다. 건축물의 바깥쪽 측면에서 본 외고주의 존재와 개수를 분류하였다.

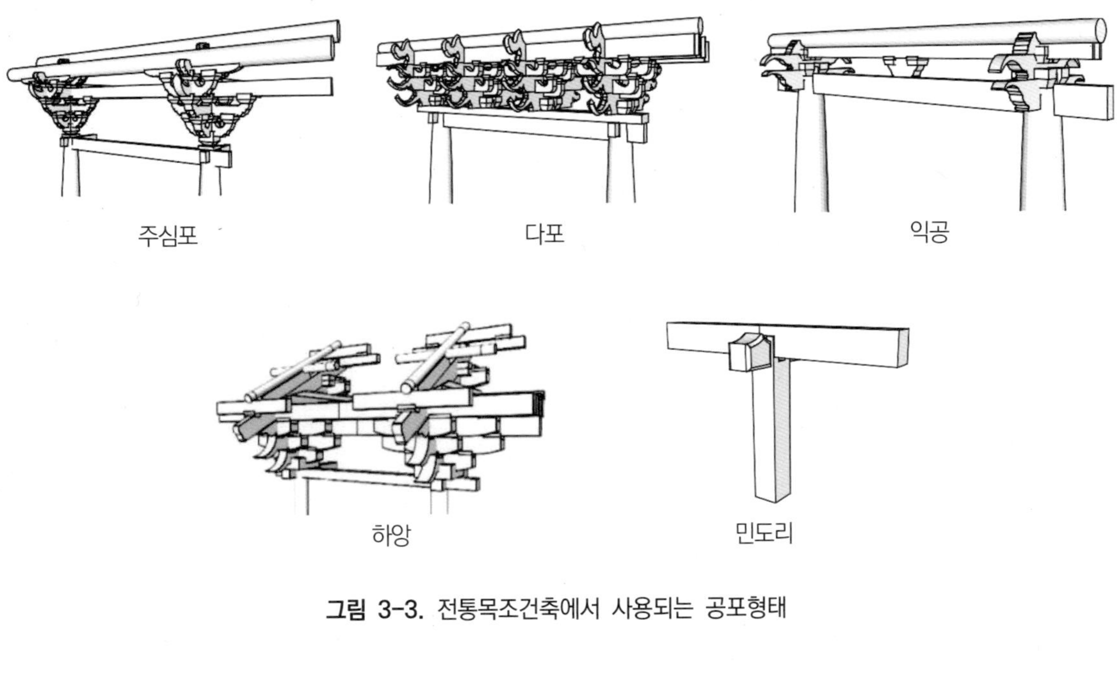

그림 3-3. 전통목조건축에서 사용되는 공포형태

아래의 그림에서 외진주 우주(귀주), 평주와 고주 위치와 내진주 위치를 보여준다.

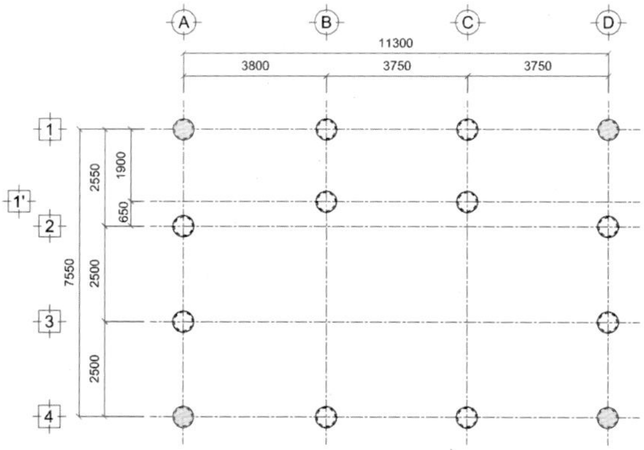

외진주(우주/귀주)

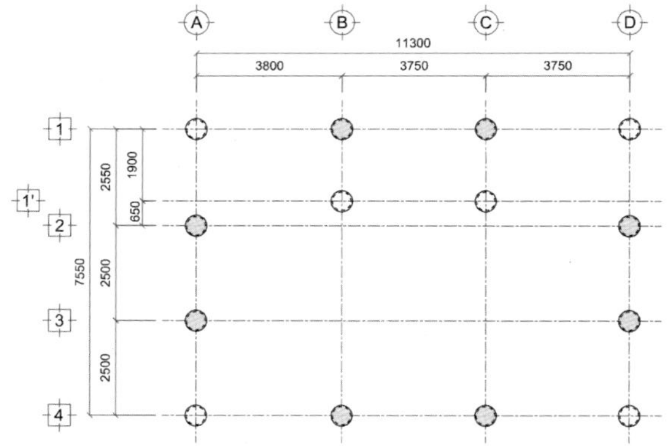

외진주(평주)

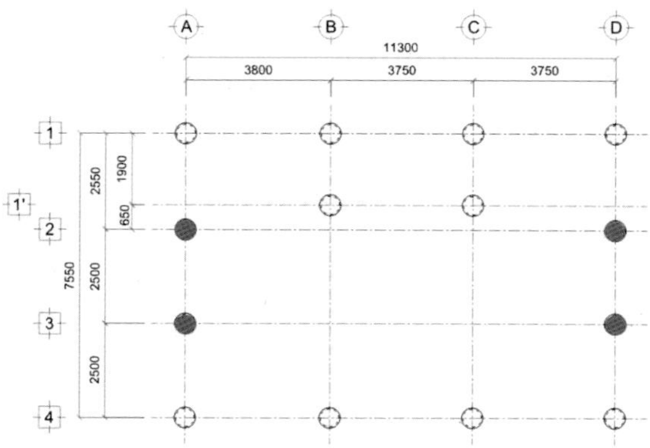

외진주(고주 위치)

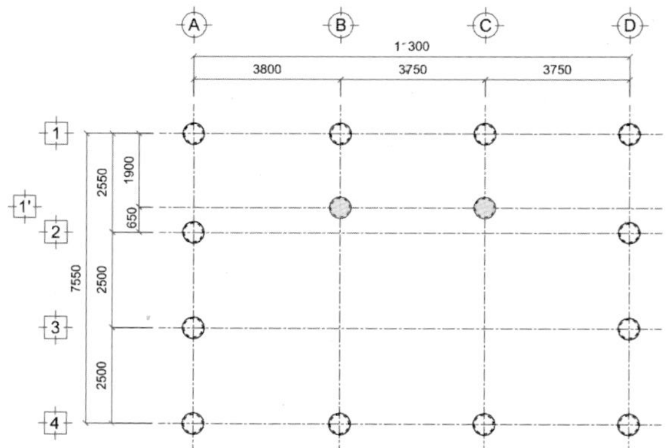

내진주

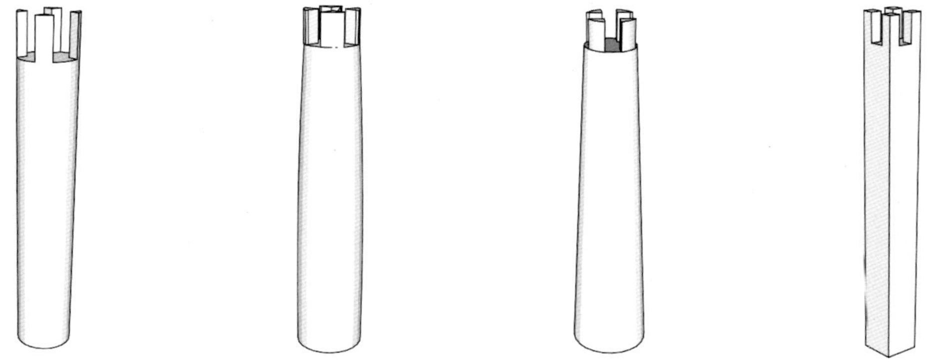

a. 원통형기둥 b. 배흘림 c. 민흘림 d. 사각기둥

그림 3-4. 기둥의 형태

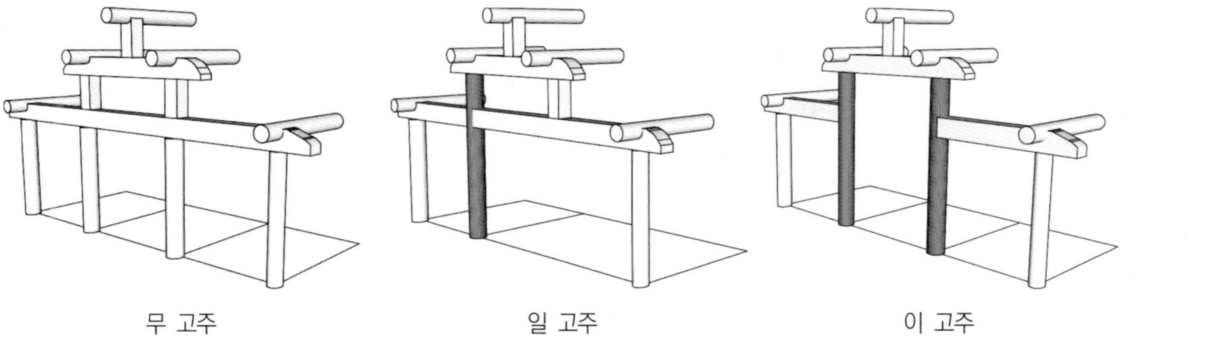

그림 3-5. 고주와 평주 사용 형태

벽의 경우 그 형식면에서 26개의 형태가 있으며, 다음 표에 정리하였다. 벽은 그 형태면에서 그림 3-6과 같이 매우 다양한 형태의 벽을 구성하고 있지만, 구조성능면에서 채움의 정도와 보강부재 개수와 위치, 벽의 상태에 따라 세분화 분류가 가능하다. 구조부재로써 벽은 수평 전단력을 지지하는 주요부재로 벽의 형식에 따른 저항력을 고려할 수 있다. 전통 목조건축에서 벽의 경우 그 용도에 따라 다르지만 대체로 전면에는 개구부를 포함한 열린공간 즉 창으로만 이루어져 있거나, 벽이 없는 경우가 대부분이며, 측면의 경우 대부분 흙벽으로 채워진 내력벽과 개구부 형태로 존재 하며, 배면의 경우 흙벽으로 채워진 내력벽과 개구부의 혼합형으로 존재 한다.

구조적 기능과 성능을 바탕으로 분류하면 5개의 형식으로 분류가 가능하다.

여기서 5개의 벽체 형식은

- 완전 개방 벽(full opening) - 벽과 인방이 없는 개구부 형태
- 큰 개구부가 있는 벽(big opening) - 두 기둥 사이에 수평 인방과 문선으로 보강되어 있는 형태
- 작은 개구부가 있는 벽(partially closed wall) - 개구부 주위로 벽이 채워져 있는 형태, 수평 인방과 문선이 있는 형태
- 전면 벽(closed wall) - 벽이 채워져 있지만 수평 중인방이 없는 형태
- 인방 보강 전면 벽(closed wall with lintel or bracing) - 벽이 채워져 있고 수평 인방과 문선, 가새 등으로 보강되어있는 형태

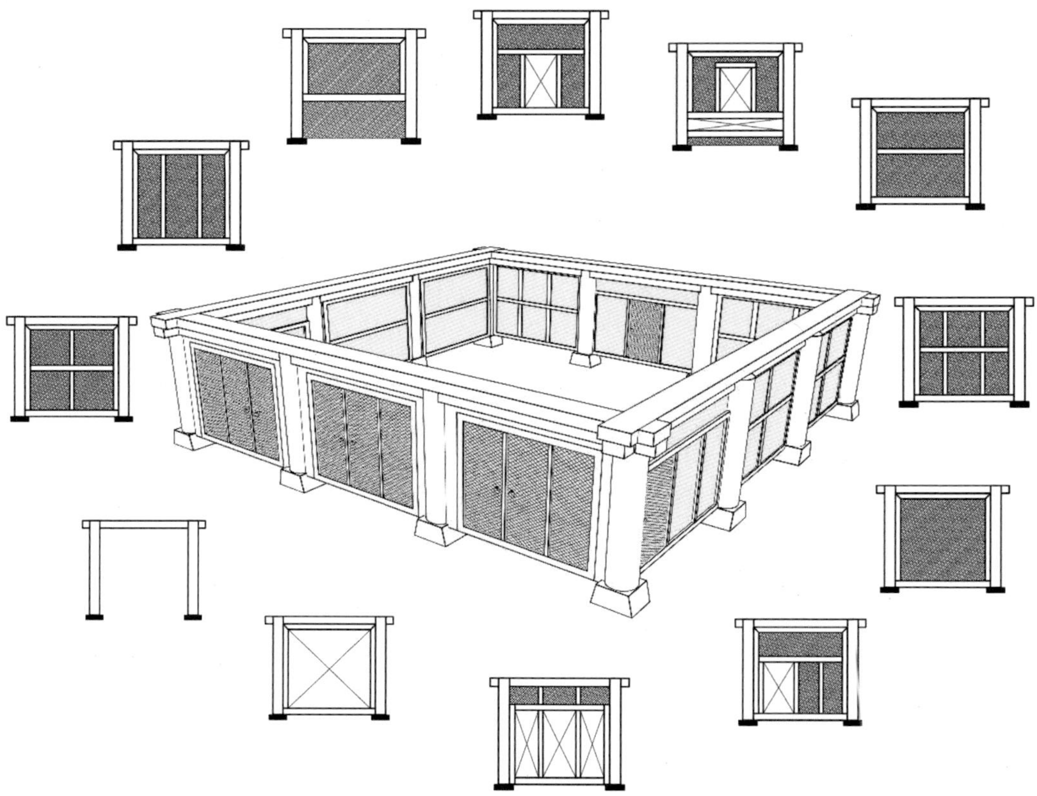

그림 3-6. 전통 목조건축에 사용된 다양한 형태의 벽의 단면

가구형식을 구성하는 수평부재의 경우 크게 도리와 보 부재로 나눌 수 있다. 도리 부재의 경우 지붕을 지탱하는 역할을 하며 도리 부재의 개수에 따라 3, 4, 5, 7, 9량가로 구별 되어 진다. 공포의 형태에 따라 기둥 위, 기둥과 체결되는 도리방향의 보의 개수가 달라지며, 다포계의 건물의 경우 창방과 평방으로 사각 보 부재가 2개 즉 T형을 이루고 있으며, 주심포계와 익공계의 경우 도리 방향의 보가 기둥 안쪽으로 끼워진 1개의 보를 이루고 있다. 보의 경우 단일보 형태와 평방과 창방으로 구성된 두개 보로 크게 나눌 수 있다.

도리방향 보 부재 형태에 따라 사각형 도리(납도리)와 원형 도리(굴도리)로 구별될 수 있다. 대들보 부재의 경우 도리방향 보 부재와 직접 짜맞춤으로 연결된 대량과 대량 위 동자기둥 위에 놓인 종량으로 구별될 수 있다.

기초부의 경우 기초를 이루는 초석과 기단으로 구분되어 지는데 기초의 경우 자연석으로 이루어진 독립기초와 지면에서 어느 정도 거리를 두어 건축물을 위치하기 위한 기단이 존재한다. 기단은 기단석 쌓는 방법에 따라 여러 형태가 존재하지만, 기단이 있는 형태와 없는 형태로 나눌 수 있다.

■ 벽체 형식

Wall style

W1

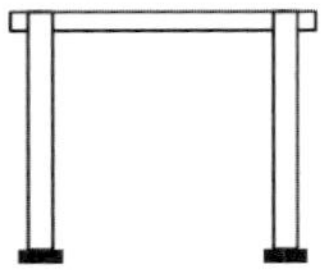

W2

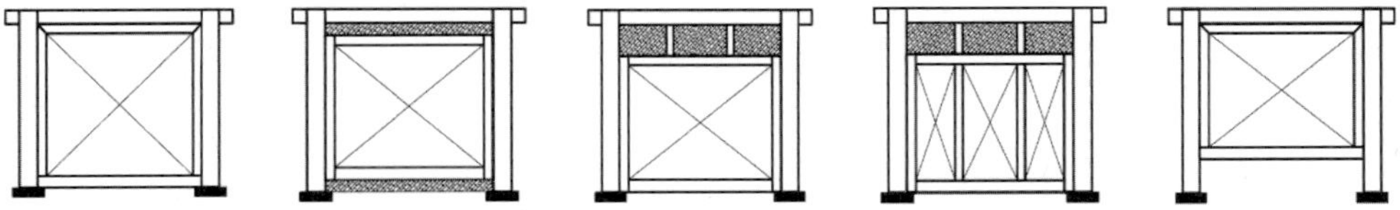

W3

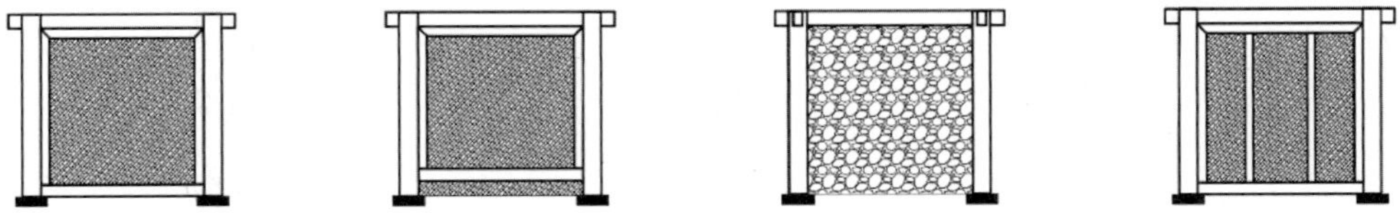

W4

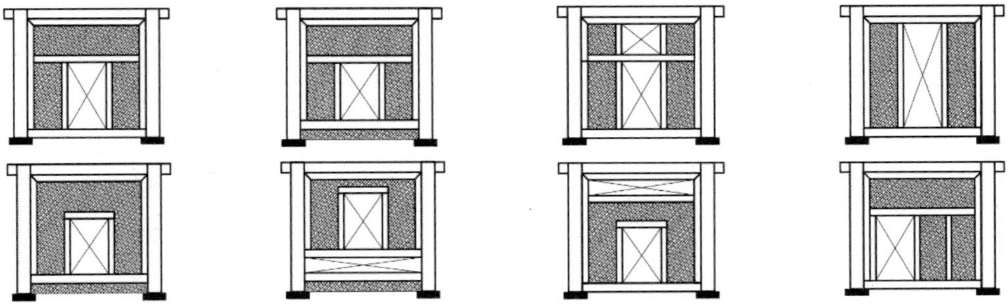

W5

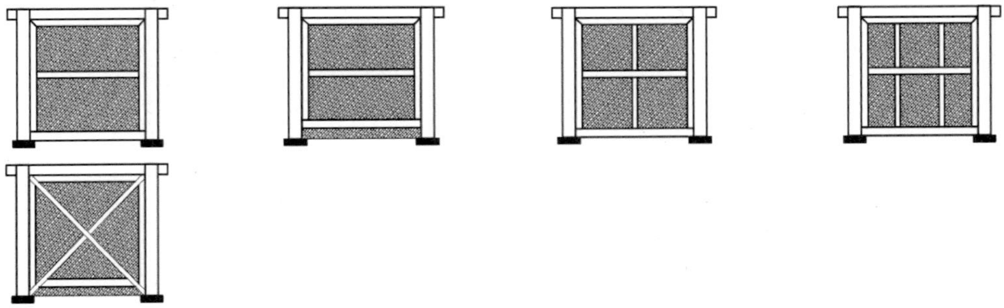

W6

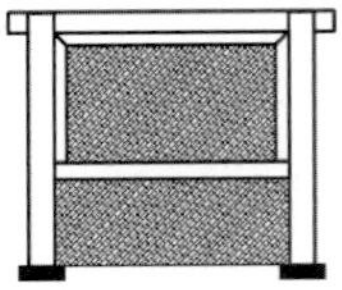

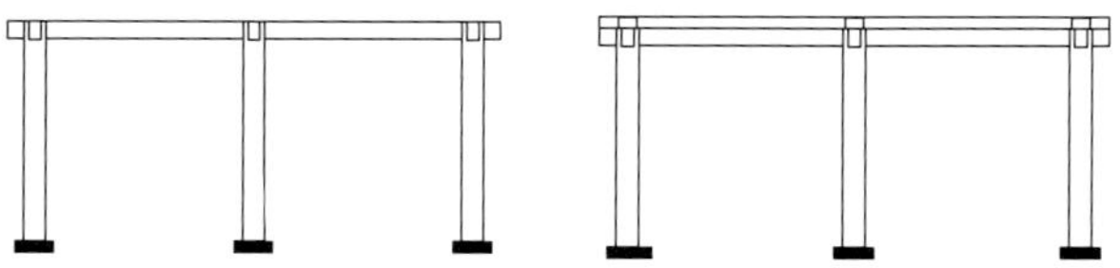

그림 3-7. 보의 개수에 따른 분류

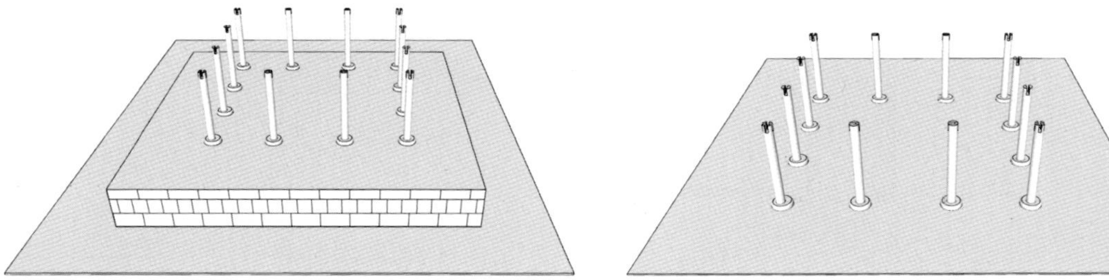

기단과 초석

초석

그림 3-8. 기단의 존재 유무

3.2 목조건축 규모와 평면

현존하는 전통목구조의 규모는 가로 길이인 칸의 개수와 높이의 개념인 층수로 나눌 수 있다. 칸의 경우 단일 평면에서 최대 규모인 27칸 종묘가 최대 규모이며, 15칸인 진남관이 그 다음이다. 높이로는 대부분 전통 목구조는 1층 규모 이며, 화엄사 각황전, 광한루, 무량사 극락전 등은 2층, 금산사 미륵전은 3층, 5개의 옥개를 가진 법주사 팔상전이 가장 높은 층으로 남아 있다.

전통목조건축 평면형식은 다음의 그림과 같다. 평면으로는 직사각형 평면과 정사각형 평면이 주를 이루며, 용도에 따라 아래와 같이 다양한 형태의 평면을 가지고 있다. 전통 목구조에 사용된 벽체의 배열(강성의 배열)과 평면도(형태의 비정형)를 보면 전통 목조건축은 현대의 구조공학적 해석으로 볼 때 비정형 건물에 속한다.

평면은 크게 12개의 형식으로 분류가 가능하다. 먼저 직사각형 평면, 정사각형 평면, "ㄱ" 자 평면, "ㅁ" 자 평면, "凵" 자형 평면, "ㅜ" 자 형 평면, 육각형 평면, "ㅛ" 자 형 평면, 십자형 평면으로 크게 나눌 수 있으며, "ㅁ" 자 평면을 바탕으로 한 "ㅁ" "ㅜ" 자가 합쳐진 평면, "ㅁ" 직사각형 평면이 합쳐진 평면, "ㅁ" 자 두 개가 합쳐진 평면으로 대표할 수 있다.

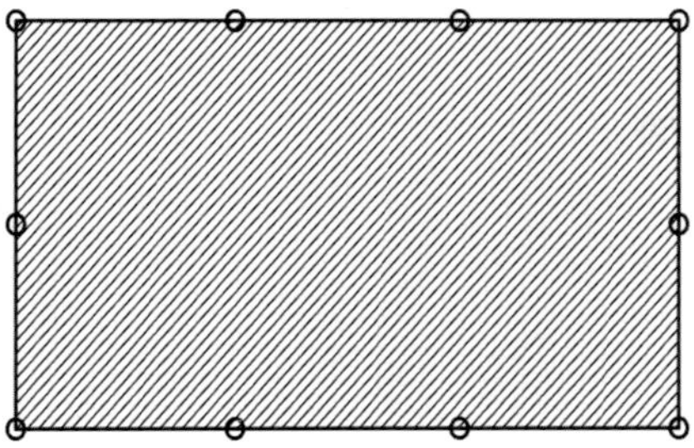

Rectangular shape(RS)

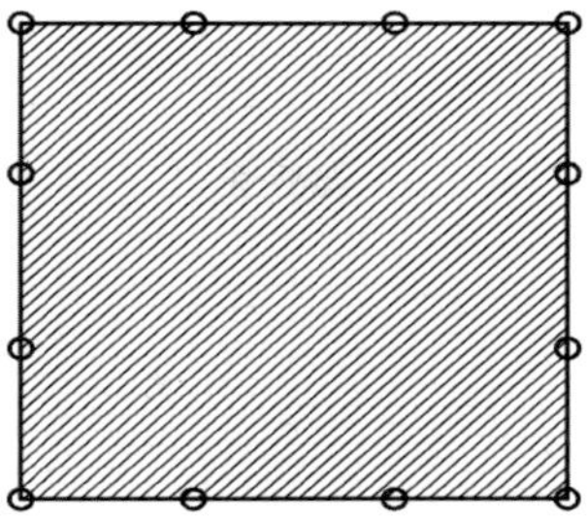

Square shape(SQ)

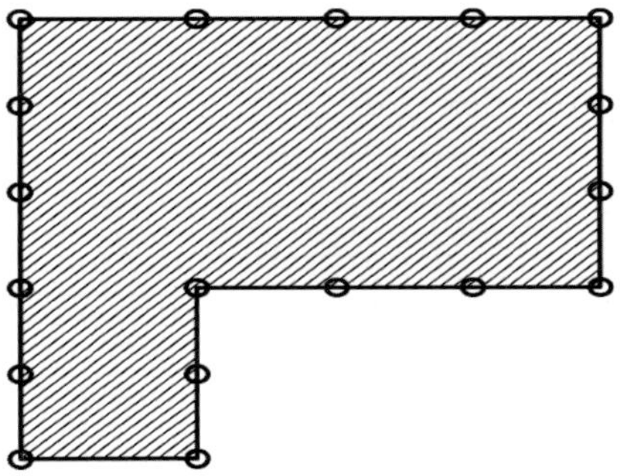

ㄱ shape(LS)

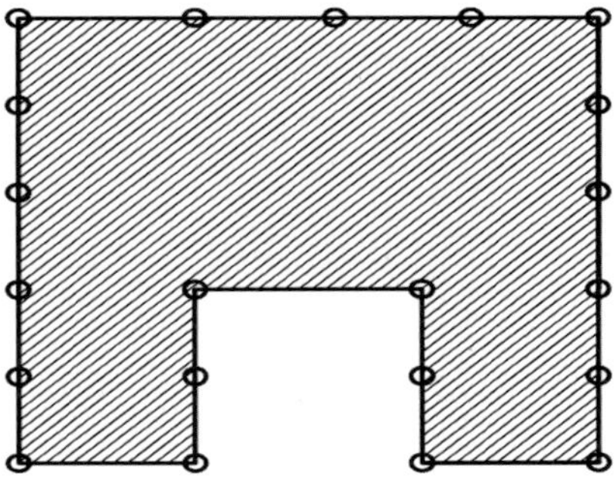

ㅂ shape(US)

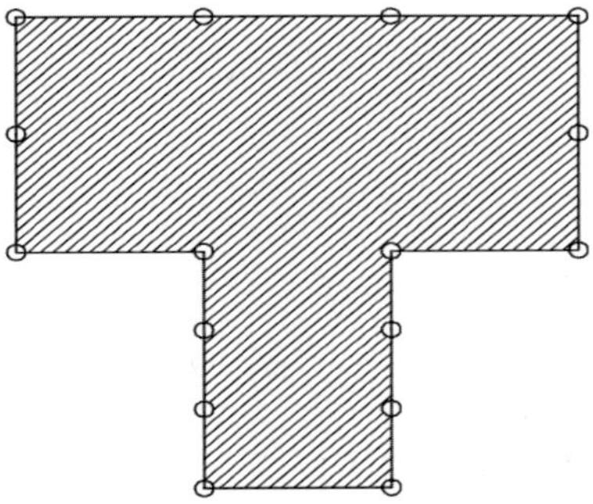

T shape(TS)

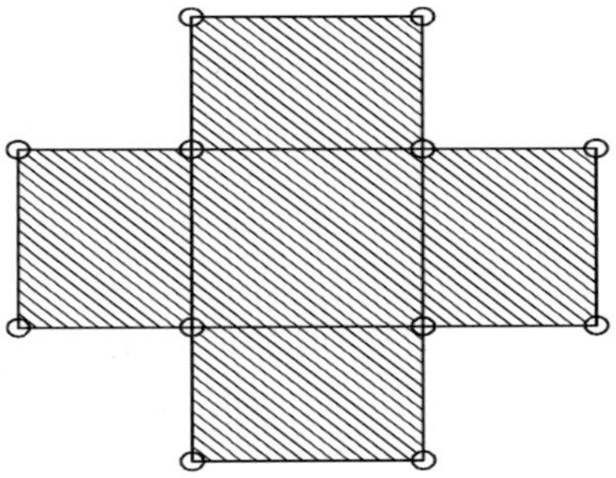

Cross shape(CS)

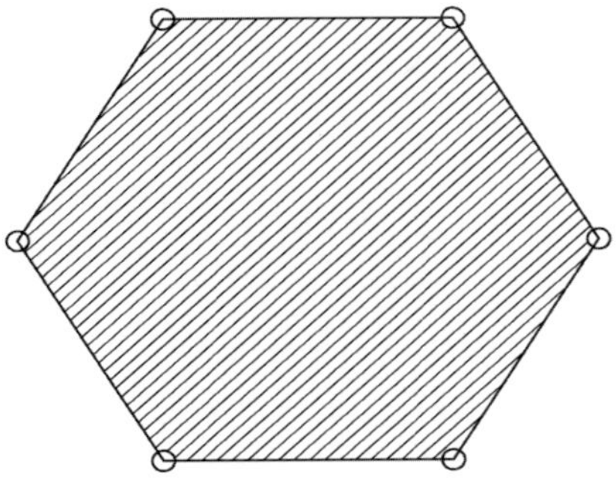

Hexagon shape(HS)

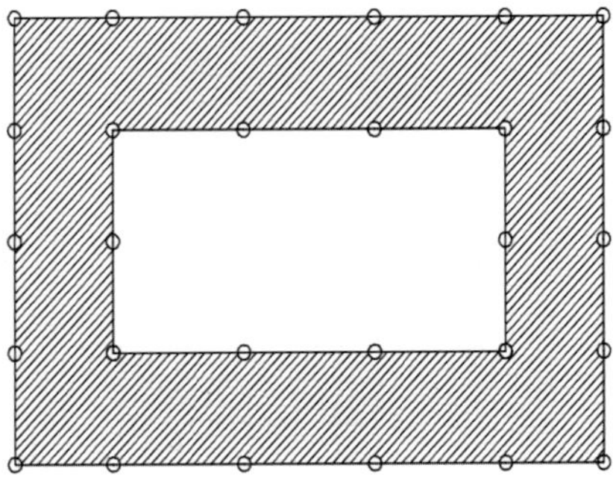

□ shape

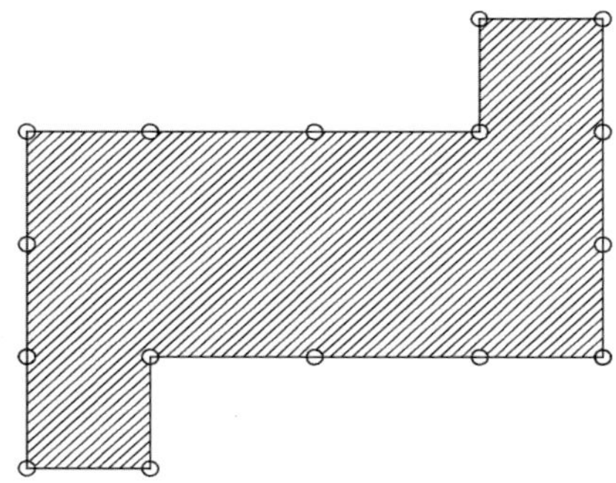

┌┘ shape

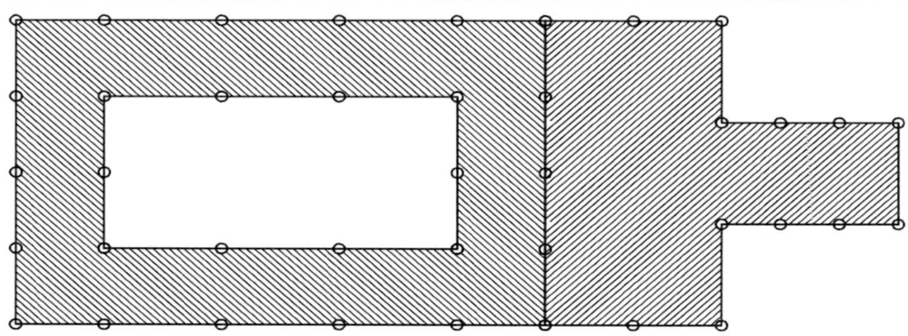

□ shape + T shape(TS)

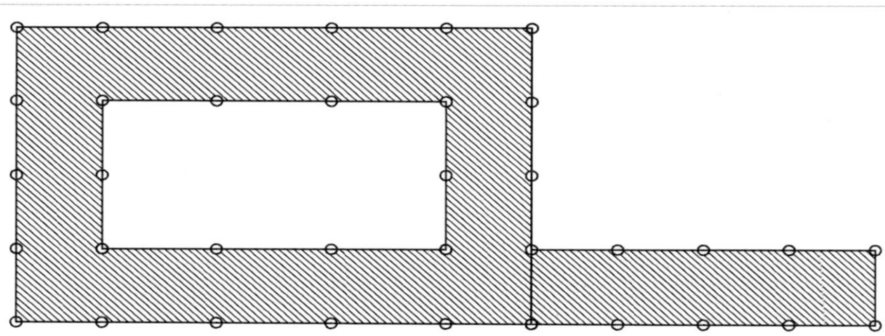

□ shape + Rectangular shape(RS)

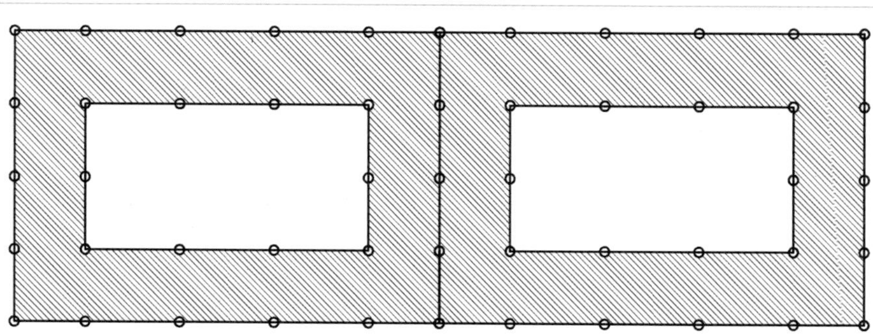

□ shape + □ shape

그림 3-9. 전통 목조건축 평면도

3.3 Orthotropic view of 전통 목조건축

아래 그림은 전통목구조의 직교적 관점(orthotropic view)으로 보여준다. 횡단면도를 중심으로 상단은 도리의 배열, 좌측은 측면도, 하단은 평면도를 보여준다. 각 단면별로 구조해석 시 필요한 부재의 위치 단면 정보를 획득할 수 있다.

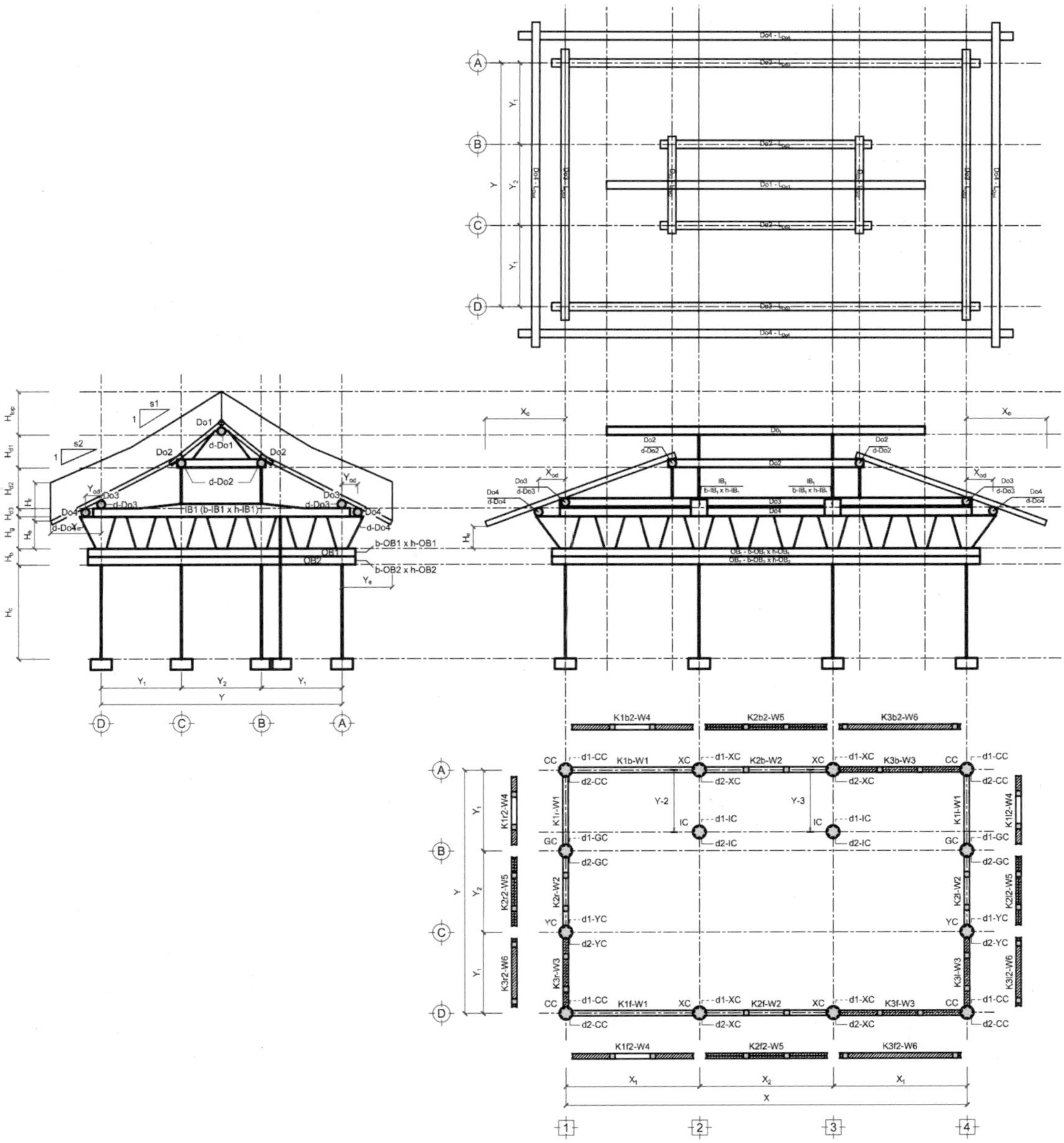

평면도는 다음과 같은 정보를 보여준다.

- 건축물의 4면의 길이와 연면적
- 정면, 좌측면, 우측면 배면의 칸수와 기둥의 위치, 기둥 개수
- 기둥의 크기, 즉 기둥아래와 위 지름과 기둥의 간격 정보
- 벽체의 형태

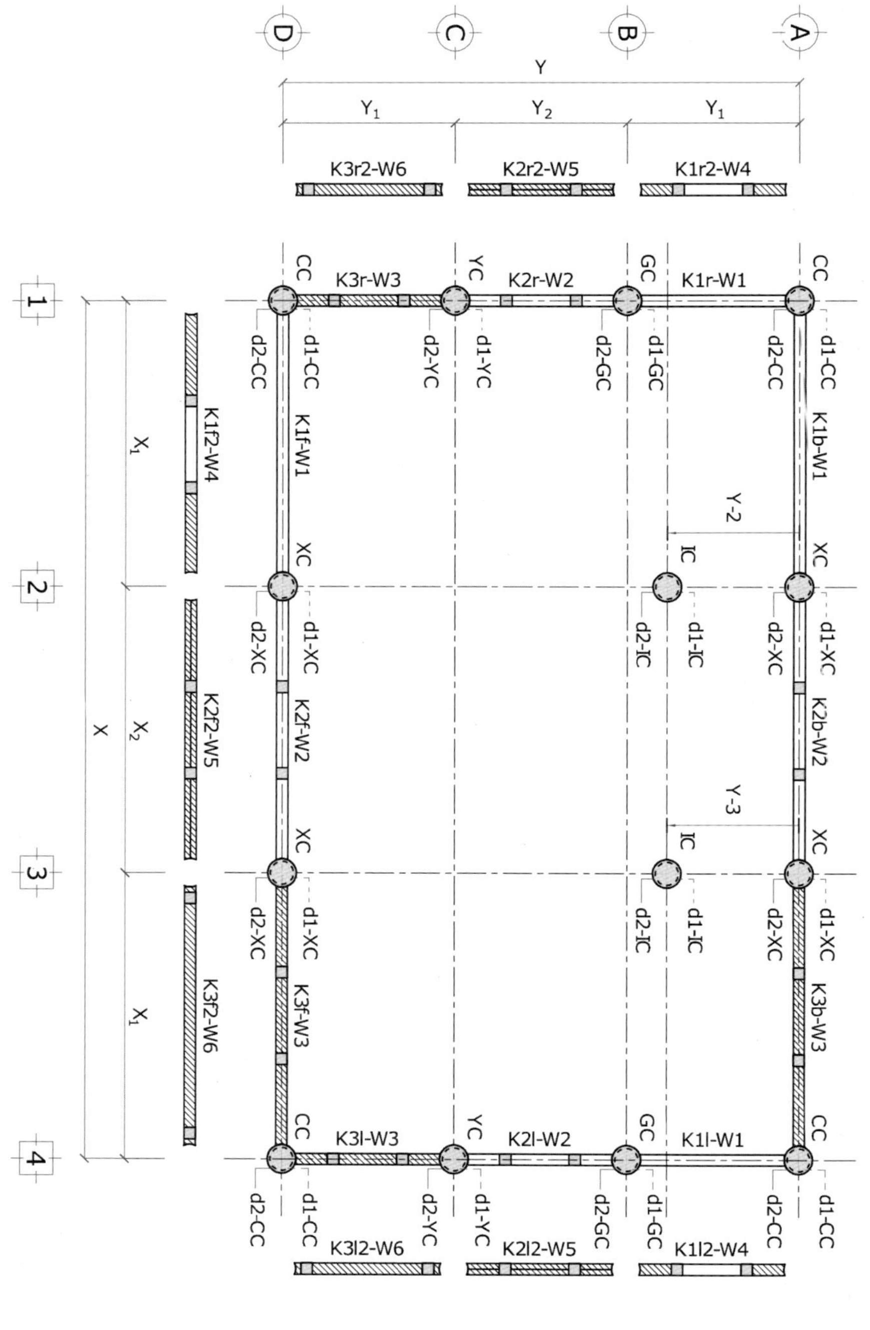

도리 평면도는 평면상에서 도리의 위치와 길이, 개수를 보여준다.

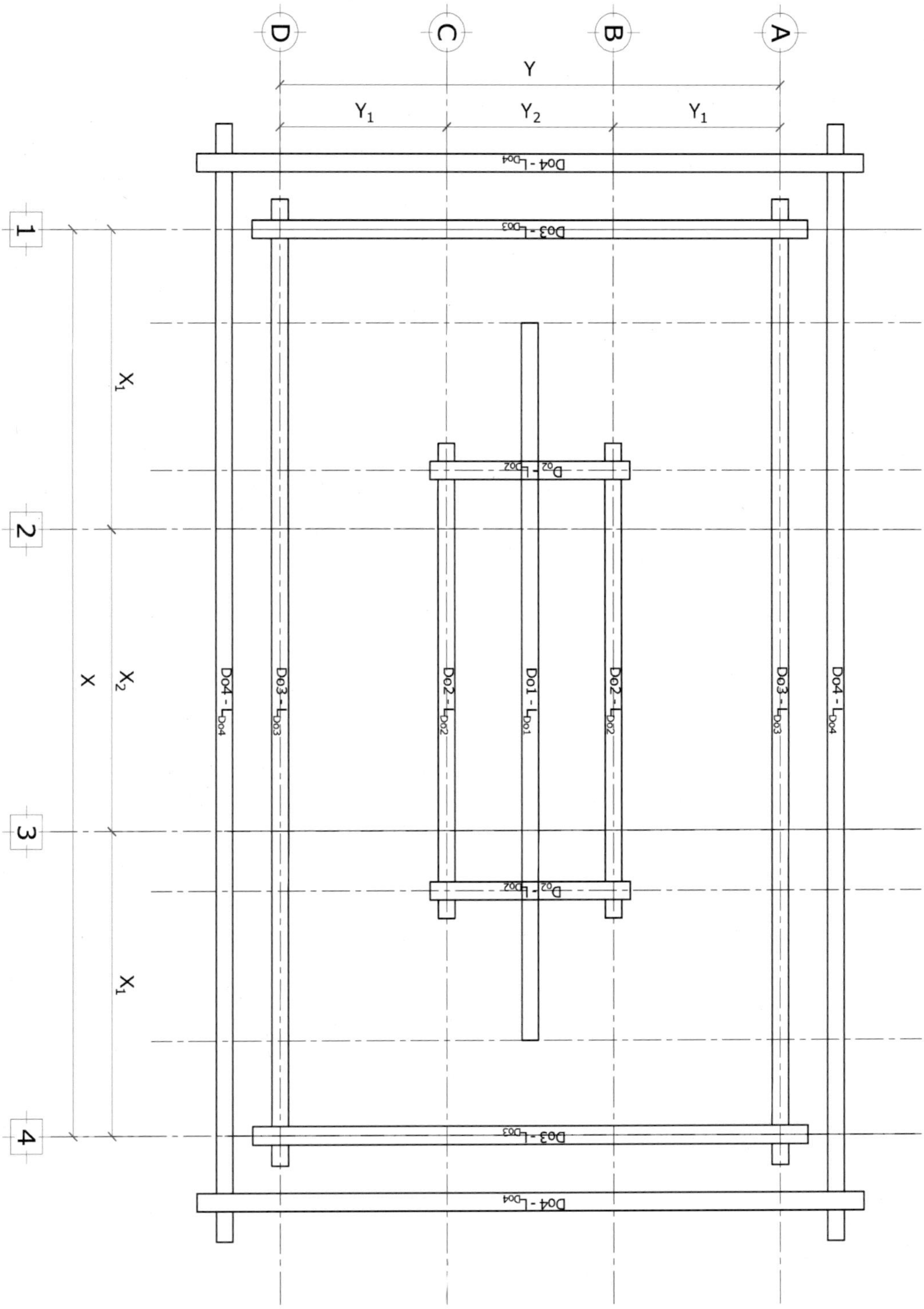

횡단면도는 다음과 같은 정보를 보여준다.

- 건물의 높이 및 정면 너비
- 지붕의 형태, 폭, 높이
- 처마 길이 및 높이
- 종보의 위치 및 형태
- 동자기둥의 개수 및 위치
- 종, 중, 주심도리의 위치
- 도리의 길이, 위치 및 크기(횡단면에서 보이는 도리)
- 대들보의 위치 및 형태
- 보의 위치 및 개수, 크기
- 공포의 종류, 위치 및 간격
- 기둥의 높이, 기둥 간 간격

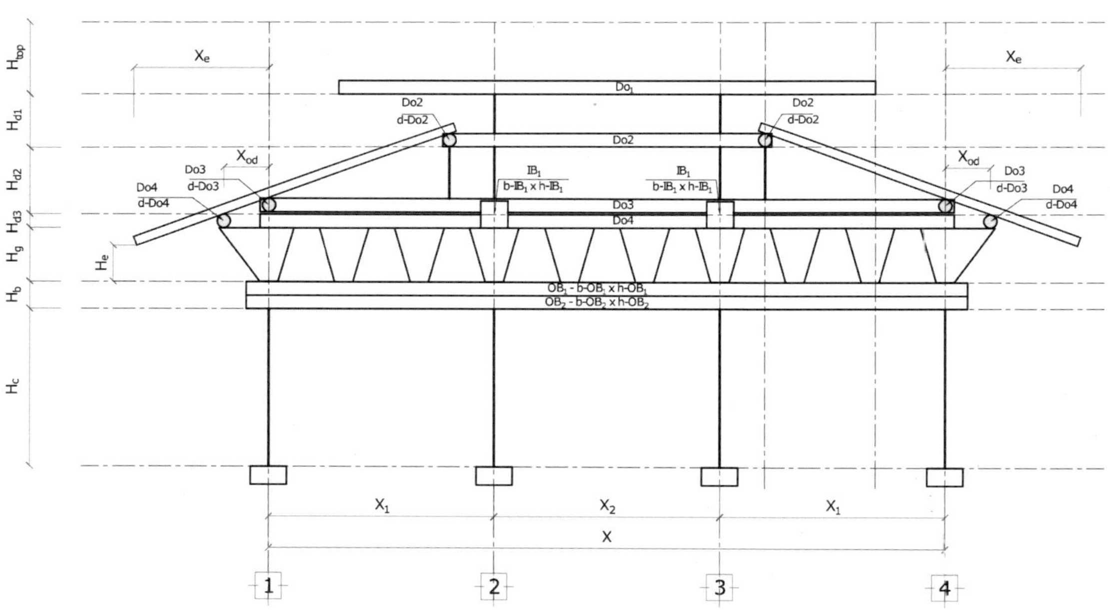

종단면도/측면도는 다음과 같은 정보를 보여준다.

- 건물 높이, 측면 너비
- 지붕 폭, 높이, 형태
- 지붕의 구성
- 지붕의 가구 형식
- 물매 및 처마 형태, 처마 길이
- 도리의 높이, 개수, 길이(종단면에서 보이는 도리)
- 출목, 주심, 중, 종도리의 위치, 형태, 크기
- 종보의 높이, 길이
- 대공의 형태 및 위치
- 동자주의 위치 및 크기
- 대들보의 높이 길이
- 보 개수, 크기 폭, 춤
- 축부 높이: 벽체 형식(측면도), 기둥 형태(측면도, 단면도), 기둥 높이(측면도, 단면도)
- 측면 고주의 위치 및 내부 고주의 위치 ⇒ 고주의 길이
- 공포의 형태, 위치, 내부 간격(측면도)

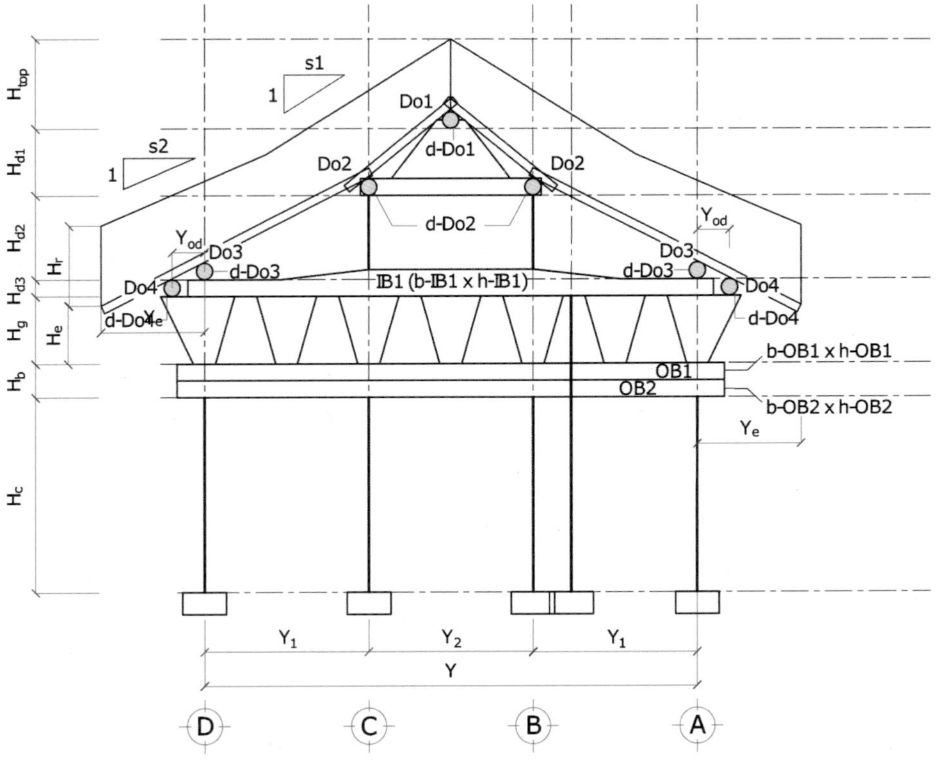

■ 도면에서 사용한 용어

1. 평면도

X_1, X_2, X_3, etc.: x 방향 칸 수와 길이

X: X 방향 총 길이

Y_1, Y_2, Y_3, etc.: y 방향 칸 수와 길이

Y: Y 방향 총 길이

▶ 평면도에서 사용된 기둥용어

CC: 귀주

XC: 전면 평주

YC: 왼쪽 측면 평주

GC: 왼쪽 측면 고주

d1: 기둥 상부 지름

d2: 기둥 하부 지름

▶ 평면도에서 사용된 벽체용어

K1f, K2f, K3f, etc.: 전면부, 해당 측면에서 건축물을 바라보았을 때 왼쪽부터 순서 칸 수(K), 왼쪽부터 순서(1), 전면칸(f), 층수(l)

K1l, K2l, K3l, etc.: 좌측면, 해당 측면에서 건축물을 바라보았을 때 왼쪽부터 순서 칸 수(K), 왼쪽부터 순서(1), 전면칸(f), 층수(l)

K1r, K2r, K3r, etc.: 우측면, 해당 측면에서 건축물을 바라보았을 때 왼쪽부터 순서 칸 수(K), 왼쪽부터 순서(1)

K1b, K2b, K3b, etc.: 배면, 해당 측면에서 건축물을 바라 보았을 때 왼쪽부터 순서 칸 수(K), 왼쪽부터 순서(1)

W1, W2, W3, W4, W5, and W6: different wall styles of building

2. 종단면도/횡단면도

H_c: 기둥길이(clear height of column)

H_b: 보의 춤 길이

H_g: 공포 높이

H_{d1}, H_{d2}, H_{d3}, etc.: 각 도리간 높이

H_{top}: 종도리와 지붕 상부까지 높이

H_e: 공포에서 처마 끝 높이

H_r: 지붕 두께

X_e: 종단면에서 귀주 중심부터 처마끝까지 길이

Y_{od}: 종단면에서 주심도리 중심부터 출목도리 중심까지 길이

Y_e: 횡단면에서 귀주 중심부터 처마끝까지 길이

Y_{od}: 횡단면에서 주심도리 중심부터 출목도리 중심까지 길이

s1: 단연 물매

s2: 장연 물매

종단면도/횡단면도에 사용된 보 용어

OB1 and OB2: 도리방향 보, 평방(OB1) 창방(OB2)

IB1 and IB2: 대들보

b: 보의 폭

h: 보의 춤

▶ 종단면도/횡단면도에 사용된 도리 용어

Do1, Do2, Do3, etc.: 도리 시스템, 종도리(Do1), 중도리(Do2), 주심도리(Do3), 출목도리(Do4)

d: 도리 지름

L_{Do1}, L_{Do2}, L_{Do3}, etc.: 도리 길이

그 외 도면으로 앙시도에서 지붕가구, 처마 길이, 공포의 형태, 지붕형태를 보여줄 수 있으며, 공포 입면도에서 공포간격, 보의 형태, 기둥간격, 보 간격, 칸 수 및 너비 정보를 보여줄 수 있다. 와부도에서, 지붕단면 구성, 용마루 선도, 지붕길이를 보여줄 수 있다. 다음의 그림은 3D 실측 구조도와 구조 모델을 보여준다.

그림 3-10. 투시도/구조도

CHAPTER 04

전통목조건축 시대별, 지역별, 용도별 유형 변화

CHAPTER 04

전통목조건축 시대별, 지역별, 용도별 유형 변화

대한민국 전역에 분포하는 보물급 이상 전통목조건축물 총 221 개의 건물을 대상으로 시대별, 지역별, 용도별, 형식을 기준으로 분류하였다.

시대별로는 고려시대, 조선초기, 조선중기, 조선후기로 총 4 개의 시대로 분류하여 조사하였다. 지역별로는 서울특별시, 인천광역시, 대전광역시, 대구광역시, 부산광역시와 강원도, 경기도, 충청남도, 충청북도, 경상북도, 경상남도, 전라북도, 전라남도, 제주도로 분류하여 조사하였다. 용도별로는 관아, 불전, 향교, 서원, 주택, 정자, 사우로 분류하여 조사하였고 형식으로는 규모(칸, 중층), 평면, 지붕형식, 공포형식, 보 형식, 기둥형식(고주 여부, 기둥모양), 벽체형태, 기단 여부를 고려하여 조사하였다.

4.1 시대별 목조건축 분포

전통 목구조 형태를 분류하기 위해서 시대별, 지역별, 용도별, 규모별 분류를 시도 하였다. 현재 남아있는 전통 목구조의 시대적 분류는 크게 고려(918-1392), 조선초기(1392-1598), 조선중기(1598-1800), 조선후기(1800-1910) 시대로 분류할 수 있다. 시대의 분류, 특히 조선시대의 시대분류는 여러 학설이 있지만 그 중 장기인 교수님의 한국건축대계 V 목조(2009)의 시대적 분류를 따라 전통 목구조를 분류하였다. 이유는 임진왜란 즉 일본이 침략한 시기와 근접하여 시대를 분류하였고 임진왜란 동안 파괴된 건물을 다시 재건, 중수 하는 사례가 많이 있기 때문이다. 즉, 중수 이상 복원을 하는 도중 기존과 다른 양식과 부재를 사용하였을 가능성을 염두 할 필요가 있다.

시대별 목조건축의 연대표기는(초창, 보수, 중수, 재건, 최종 중수 이상 년도) 순으로 하였다. "N"으로 표기된 부분은 초창-중수 년도를 정확히 알 수 없는 경우를 의미한다.

고려시대 (918 - 1392)

예산 수덕사 대웅전
(1308,N,N,N,1308)

봉정사 극락전
(N,1363,1625,1972,1363)

영천 은해사 거조암 영산전
(1375,N,N,N,1375)

부석사 무량수전
(N,1608,N,1376,1376)

부석사 조사당
(1377,1490-1493,1573,N,1377)

강릉 임영관 삼문
(1390,N,N,1967,1390)

조선전기 (1392 - 1567)

삼척 죽서루 (1403,N,N,N,1403)
강릉향교 대성전 (1413,N,N,N,1413)

강화 정수사 법당 (N,1689-1957,N,1423,1423)
무위사 극락보전(1430,N,N,N,1430)
봉정사 대웅전 (N,1962,N,1435,1435)

영천향교 대성전 (1435,1513 1622,N,N,1435)
서울 숭례문 (1396,N,N,1448-1963,1448)
경복궁 향원정 (1456,N,N,N,1456)
개목사 원통전 (1457,N,N,1969,1457)

풍패지관-주관 (N,N,N,1471-1999,1471)
풍패지관-동익사 (N,N,N,1471-1999,1471)
풍패지-서익사 (N,N,N,1471-1999,1471)
도갑사 해탈문 (N,N,N,N,1473)

서산 개심사 대웅전 (N,1484-1941,N,N,1484)
해인사 동사간판전 (N,N,N,1457-1624,1488)
해인사 서사간판전 (N,N,N,1457-1624,1488)
해인사 법보전 (N,N,N,1457-1624,1488)
해인사 수다라장전 (N,N,N,1457-1624,1488)

송광사 국사전 (1369,N,N,N,1501)

관룡사 약사전 (N,N,N,N,1507)

임청각 군자정 (1515,N,N,N,1515)

경주 독락당 (1516,N,N,N,1516)

강릉 해운정 (1530,N,N,N,1530)

하회 양진당 (1539-1601,N,N,N,1539)

소수서원 문성공묘 (N,N,N,N,1542)

소수서원 강학당 (N,N,N,N,1542)

춘천 청평사 회전문 (N,N,N,1550,1550)

예안이씨 충효당 쌍수당 (1551,N,N,N,1551)

예안이씨 충효당 정침 (1551,N,N,N,1551)

도산서원 전교당 (1574,1969,N,N,1574)

안동 도산서원 상덕사 (1574,1969,N,N,1574)

안동 도산서원 심문 (1574,1969,N,N,1574)

구리 동구릉 건원릉 정자각
(1408,1764-1899,N,1586,1586)

영천 숭렬당 (1433,N,N,1970,15C)

강릉 오죽헌 (1390-1440,N,N,N,16C)

경주 양동 관가정 안채 행랑채
(N,N,N,1463-1529,N)

예천권씨 초간종택 별당 (1591,N,N,N,N)

소호헌 (1567,N,N,N,N)

여주 신륵사 조사당 (N,N,N,N,N)

강릉 경포대 (1326,N,N,N,N)

조선중기 (1567 - 1728)

성주향교 명륜당 (1398,N,N,N,1398)
의성김씨 종택 안채 (N,N,N,1593,1593)
의성김씨 종택 사랑채 행랑채 (N,N,N,1593,1593)
경주향교 대성전 (N,N,N,1492-1600,1600)
서울 동관왕묘(1601,N,N,N,1601)

범어사 대웅전 (1614,1680,N,1602,1602)
통영 세병관 (1604,N,N,N,1604)
도동서원 사당 (1568,N,N,1604,1604)

하목정 (1604,N,N,N,1604)
달성도동서원 중정당 (1568,N,N,1604,1605)
파계사 원통전 (N,N,N,1606,1606)

화암사 극락전 (1605,N,N,1981,1605)

대둔사 대웅전 (N,N,N,N,1606)
구리 동구릉 목릉 정자각 (1412,N,N,1609,1609)
창덕궁 돈화문 (1608,1879,N,N,1608)

청주 안심사 대웅전(N,1626,N,1325,1606)

선운사 대웅전 (N,N,N,1472-1613,1613)
태고정 (1479,N,N,1614,1614)
봉정사 고금당 (N,1616,N,1969,1616)

경기전 정전(1597,1872,N,1614,1614)
보광사 극락전 (668,N,N,1615,1615)
창경궁 명정전 (1484,N,N,1616,1616)

창경궁 홍화문(1484,N,N,1616,1616)
강화 전등사 대웅전(N,N,N,1621,1621)
송광사 하사당(1461,N,N,1622,1622)
홍국사 대웅전(N,N,N,1624,1624)
보은 법주사 원통보전(N,N,N,1624,1624)
홍성 고산사 대웅전(N,N,N,N,1626)
경주 기림사 대적광전
(643,1629-1905,N,1629,1629)
영보정(1630,N,N,N,1630)
내소사 대웅보전(1633,N,N,N,1633)
부여 무량사 극락전(N,N,N,1633,1633)
성혈사 나한전(1553,N,N,1634,1634)
제천 청풍 한벽루 (익루)
(1287,N,N,1317-1634,1634)
금산사 대장전(N,N,N,1635,1635)
송광사 영산전(1639,1736,N,1973,1640)
안동 청원루(1544,N,N,N,1643)
속초 신흥사 극락보전
(N,1749-1821,N,1644,1644)
창덕궁 선정전(N,N,N,1647,1647)
공주 마곡사 영산전(N,N,N,1172-1651,1651)
공주 마곡사 대광보전(N,N,N,1651,1651)
장안사 대웅전(1654,1948-1975,N,1657,1657)
용문사 대장전(1173,1967,N,1665,1665)
위봉사 보광명전(N,1466,N,N,1673)
논산 노강서원 강당(1675,N,N,N,1675)
보경사 적광전(N,N,1677,N,1677)
장수향교 대성전(1407,N,N,1686,1686)
청도 대적사 극락전(N,N,N,1689,1689)
하회 충효당 안채 사랑채
(1598-1674,N,N,1598-1698,1698)
봉화 한수정(1608,N,N,N,1708)
통도사 영산전(N,N,N,1714,1714)
진남관(1598,N,N,1718,1718)
사직단 대문(1394,N,N,1720,1720)
안성 석남사 영산전(1562,N,N,1725,1725)
논산 쌍계사 대웅전(1738,1972,N,N,1738)
창덕궁 인정문(N,N,N,1745,1745)
미황사 응진당(N,N,N,1751,1751)
선운사 참당암 대웅전(N,1329,N,1619,1754)
통도사 대광명전(1758,N,N,N,1758)
불갑사 대웅전(1764,1909,N,N,1764)
경주 불국사 대웅전
(N,1436-1731,1708,1659-1765,1765)
운수사 대웅전(1655,N,N,1771,1771)
천은사 극락보전(828,N,1610,1677,1774)
청양 장곡사 상 대웅전
(N,1777-1960,N,N,1777)
김천 방초정(1625,N,N,N,1788)
청송 찬경루(1428,N,N,N,1792)
수원 화서문(1794,N,N,N,1794)
예천군 야옹정(1566,N,N,N,2020)
나주향교 대성전(987,1873,N,1398,N)
경주 양동 향단 행랑채(N,N,N,N,N)
하회 충효당 행랑채(N,N,N,1763-1838,N)
문경 봉암사 극락전(N,1941,N,N,N)

창경궁 명정문 및 행각
(1484,N,N,1616-1986,1616)
강화 전등사 약사전(N,N,N,1615,1621)
북지장사 지장전(1623,N,1192,N,1623)
보은 법주사 대웅보전(N,N,N,1624,1624)
광한루(N,N,N,1626,1626)
보은 법주사 팔상전(N,N,N,1626-1968,1626)
화엄사 대웅전(N,N,N,1630,1630)
쌍계사 대웅전(N,N,N,1632,1632)
귀신사 대적광전(676,N,N,1633,1633)
논산 돈암서원 응도당(1633,N,N,N,1633)
제천 청풍 한벽루 (본루)
(1287,N,N,1317-1634,1634)
금산사 미륵전(N,N,N,1635,1635)
개암사 대웅전(1314,N,N,1636,1636)
영천 은해사 백흥암 극락전(1643,N,N,N,1643)
능가사 대웅전(N,N,N,N,1644)
통도사 대웅전 및 금강계단(N,N,N,1645,1645)
대전 회덕 동춘당(N,N,N,1617-1649,1649)
공주 마곡사 대웅보전(N,N,N,1651,1651)
청도 운문사 대웅보전(1105,N,N,1653,1653)
신흥사 대광전(1657,1988,N,N,1657)
대전사 보광전(672,N,N,1672,1672)
여주 효종 영릉재실(1659,N,N,N,1673)
율곡사 대웅전(N,N,N,1676,1676)
청도 대비사 대웅전(N,N,N,N,1685)
의성 대곡사 대웅전(1368,N,N,1605-1687,1687)
안동 봉황사 대웅전(N,N,N,1696,1696)
화엄사 각황전(544,1768-1941,N,1702,1702)
화암사 우화루(N,N,N,1711,1711)
피향정(N,N,N,1716,1716)
범어사 조계문(1614,1694,N,N,1718)
불영사 대웅보전(N,N,N,1602,1725)
동화사 대웅전(1732,N,N,1732,1732)
서울 창의문(1396,N,N,1741,1741)
관룡사 대웅전(1401,N,N,1617,1749)
미황사 대웅전(N,1754,N,1598,1754)
경주 귀래정(1755,N,N,N,1755)
안동 체화정(1763,N,N,N,1763)
의성 만취당(1584,1711-1764,N,N,1764)
풍남문(N,N,N,1734-1978,1768)
용문사 대웅전(1666,N,N,1773,1773)
구례 천은사 극락보전(1774,N,1610,1677,1774)
청양 장곡사 하 대웅전(N,1777-1960,N,N,1777)
화성 용주사 대웅보전(1790,N,N,N,1790)
수원 팔달문(1794,N,N,1975,1794)
수원 서북공심돈(1796,N,N,N,1796)
송광사 약사전(N,N,N,N,N)
경주 양동 무첨당(N,N,N,N,N)
경주 양동 향단 안채 사랑채(N,N,N,N,N)
봉정사 화엄강당(N,N,N,N,N)
성주향교 대성전 (N,1605,N,N,N)

조선후기 (1728 - 1910)

화령전 운한각, 복도각 (1801,N,N,N,1801)
이안청 (1801,N,N,N,1801)
창덕궁 인정전 (N,N,N,1804,1804)
불회사 대웅전 (N,N,N,1799,1808)
상주 양진당 (1628,1808,1981,N,1808)
대흥사 천불전 (N,N,N,1813,1813)
숭림사 보광전 (1613,N,1819,N,1819)
선암사 대웅전 (N,N,N,1660-1824,1824)
향교 대성전 (1827,N,N,N,1827)
칠장사 대웅전 (N,N,N,1790,1828)
창덕궁 연경당 (1828,N,N,N,1828)
창경궁 통명전 (1484,N,N,1834,1834)
종묘 정전 (1395,N,N,1546-1836,1836)
불영사 응진전 (N,1578-1843,N,1396-1716,1843)
밀양 영남루 (1364,N,N,1844,1844)
창덕궁 낙선재 (1847,N,N,N,1847)
창덕궁 주합루 (N,N,N,N,1847)
수원 방화수류정 (1794,N,N,1848,1848)
정혜사 대웅전 (N,N,N,1617,1854)
송광사 대웅전 (N,N,N,1636-1857,1857)
송광사 종루 (1622,N,N,1636-1857,1857)
안성 청룡사 대웅전 (N,N,N,1863,1863)
경복궁 근정전 (1394,N,N,1867,1867)
경복궁 경회루 (1412,N,N,1867,1867)
경복궁 근정문 및 행각 (1395,N,N,1867,1867)
경복궁 사정전 (1395,N,N,1553-1867,1867)
경복궁 수정전 (N,N,N,1867,1867)
서울 홍인지문 (1398,1453,N,1869,1869)
서울 문묘 대성전 (1398,N,1407-1602,1869,1869)
서울 문묘동무 (1398,N,1604,1869,1869)
서울 문묘 서무 (1398,N,1604,1869,1869)
서울 문묘삼무 (1398,N,N,1869,1869)
서울 문묘 명륜당 (1398,N,N,1869,1869)
종묘 영녕전 (1421,N,N,1546-1870,1870)
공주 계룡산 중악단 (N,N,N,1879,1879)
창덕궁 부용정 (1707,N,N,1776-1880,1880)
관덕정 (1448,1480-1924,N,1882,1882)
경산 환성사 대웅전 (835,N,N,1635-1887,1887)
수선루 (1686,N,N,N,1888)
경복궁 자경전 (1867,N,N,1888,1888)
덕수궁 함녕전 (1897,N,N,1904,1904)
의성 고운사 연수전 (1744,N,N,N,1904)
덕수궁 중화전 (1902,N,N,1906,1906)
덕수궁 중화문 (1902,N,N,1906,1906)
창덕궁 희정당 (1496,N,N,1496-1920,1920)
창덕궁 대조전 (1405,1496,N,1609-1920,1920)
창덕궁 선원전 (1695,N,N,N,1921)
금성관 (1487,1617,1775,N,1976)
해인사 홍제암 (1614,N,N,1979,1979)
선운사 만세루 (N,N,N,N,N)
김천 직지사 대웅전 (N,N,N,N,N)
평창 오대산 중대 적멸보궁 (N,N,N,N,N)

4.2 지역별 목조건축 분포

대한민국의 국보, 보물급 이상 전통 목구조는 전국에 분포하지만(북한은 제외), 2021년 현재 가장 많은 전통 목구조를 보유하고 있는 지방은 경상북도로 64개 보물급이상의 목조건축을 보유하고 있다. 그 다음으로 가장 많은 지역은 서울로 33개의 보물급 이상 목조건축을 보유하고 있다. 세 번째로 가장 많은 지역은 전라남도와 북도로 각각 18개와 22개의 보물급 이상 목조건축을 보유하고 있다. 그 외 지역은 경상남도 18개, 경기도 19개, 충청남도 15개, 강원도 13개, 대구 10, 충청북도 6, 부산 4, 인천광역시 3, 제주도 2, 대전 1개 순이다.

경상북도의 건축 문화재 편중은 역사적인 배경과 상관 지을 수 있다. 지방 호족시대에서 삼국을 통일한 신라가 경상북도의 문화를 전국에 전파하였을 것이고, 그 이후 고려시대와 조선시대를 거치면서 계급 관료시대로 대부분의 주요 관료가 경상북도 지방에서 배출되었을 것이다. 이는 신분과 혈족의 전통성을 고수하고자 하는 지방세력의 건축문화로도 이어졌을 것이다.

4.3 용도와 형식에 따른 목조건축

전통목구조의 용도는 종교기관으로 불교를 전파하기 위한 불전, 판전, 교육기관인 향교, 서원, 서당, 왕실건물인 궁전, 통치와 전쟁을 대비하기 위한 망루, 관아, 조선시대 주로 상위층이 생활했던 가옥, 누정, 왕실 숭배를 위한 건물인 종묘와 왕실 혹은 탁월한 업적을 남긴 양반 현자를 숭배하기 위한 사우가 있다.

본 저서에서는 다양한 용도와 형식에 따른 대한민국 전통 목구조들을 현대 구조공학적 해석으로 정량화하고, 이를 바탕으로 군집분석(K-means)을 실시하여 유형별 분류를 하였다. 유형 1은 조선초기 불전건물과 향교와 서원으로 묶였다. 유형 2는 주로 민가 건물로 구성되었다. 유형 3은 주로 조선후기 불전건물이 주를 이루고, 유형 4는 주로 조선후기와 조선중기 정자와 관아건물로 이루어져 있다.

각각의 유형을 나누는 주요 인자로 공포를 들 수 있으며 그 뒤로 건축물의 용도, 보의 개수, 기둥 모양 순으로 유형 분류시 주요 변수로 작용되었다. 공포의 경우 일단 건축물에 사용여부에 따라 건축물의 중요도가 나뉘어지며, 공포의 형식에 따라 시대적 분류와 용도 분류의 인자로 작용한다. 같은 공포 형식 내에서 건축물의 용도에 따라 세부 분류가 가능하다. 예를 들면, 익공 형태의 공포는 주거건물과, 궁전, 정자, 서원, 향교에서 사용되었다. 보의 개수는 공포의 형태에 따라 달리 사용되며, 기둥모양은 주거건물과 정자, 그리고 다른 용도로도 구분되어진다.

4.4 시대, 지역, 용도, 형식에 따른 목조건축 변화

다음은 각 유형별 특징을 시대, 형식, 지역, 용도로 요약하였다.

■ 초기 불교 향교 서원 전통목조건축(유형 1)

유형 1은 주로 고려시대(83.3%), 조선초기(37.5%) 건물로 구성된다. 지붕의 형태는 맞배지붕(88.3%)이며, 공포는 주심포(60%), 익공(34%)으로 구성된다. 단일보가 93%이며, 둥근기둥으로 되어있다. 전체의 74.4%의 건물이 건축물의 측면에 고주를 보유하고 있다. 기단은 전체 건물의 97.6%가 가지고 있다.

초기 불교 향교 서원 전통목조건축 건물은 비록 조선중기 후기 불전 건물(유형 2)에 비해 그 분포지역이 조금 더 적지만 많은 지역에 두루 분포하는 경향을 보였다.

초기 불교 향교 서원 전통목조건축 건물은 규모면에서 0-3칸 규모(60.4%), 4-5칸 규모(30.2%), 6-27칸 규모(9.3%, 11칸이 최대 규모)로 구성된다. 층수로는 5층, 2층, 1층 건물로 이루어져 있다. 유형 1은 주로 불전과 향교, 서원으로 구성되어 있어 저층건물이 주를 이루며, 향교의 경우 학생들을 위한 많은 수의 방이 필요하여 다수의 칸 건물이 필요시 되었을 것이라고 짐작해 본다. 평면은 직사각형, 정사각형, T자형 평면을 보였다.

■ 민가 전통목조건축(유형 2)

시대적으로 유형 2는 조선초기건물(51.7%)과 조선중기 건물(41.3%), 조선후기(6.8%)로 이루어져 있다. 지붕의 형태는 팔작지붕이 58.6%, 맞배지붕이 34.4%로 이루어져있다. 공포는 민도리 형태가 58.6% 익공식이 41.3%를 구성하고 있다. 보는 단일보가 대부분으로 93.1%이며 사각기둥이 55.1%, 둥근기둥이 31%였다. 고주는 없고, 기단은 전체의 89.6% 건물이 보유하고 있다.

민가 전통목조건축 건물은 규모면에서 0-3칸 규모(31.0%), 4-5칸 규모(27.5%), 6-27칸 규모 (41.3%, 12칸이 최대 규모)로 구성되었다.

민가 전통목조건축 건물은 지역적으로 다른 유형건물과 다르게 가장 적은 수의 지역에 분포된 것을 보였다. 경상북도지방에 가장 많이 분포되어 있다. 유형 2의 경우 주로 민가 주택으로 구성되어 있어 조선시대에 양반계급이 대대손손 대물림 하였을 것이다. 상위계급과 높은 벼슬자리에 오를 수 있는 기회가 어느 집안인가의 영향을 받은 것이고, 전통목구조는 이를 잘 반영하는데 유형 2의 건축물들이 경상북도에 집중되어 있는 것은 여러 가지를 시사한다.

민가 전통목조건축 건물은 주로 1층 건물로 이루어져 있으며, 2층 건물이 그 다음으로 분포된다. 민가 전통목조건축 건물의 경우 많은 칸으로 이루어져있는데, 이는 민가 전통목조건축 건물이 양반건물, 즉 상급사회의 가문으로 그들을 위한 방과 그들을 섬긴 하인들의 방이 필요했기 때문이다.

평면은(직사각형, 정사각형, “ㅁ” 형, “T” 형, “ㅁ” 과 “T” 형 합체 유형, “ㅁ” 과 “ㅁ” 합체 유형으로 전통 정자 목조건축(유형 4)과 같이 평면을 구성하는데 있어 불전건물이나 향교 및 서원 건물에 비해 보다 더 자유로울 수 있다.

■ 조선 중기 후기 불교 전통목조건축(유형 3)

조선 중기 후기 불교 전통목조건축 건물은 시대적으로 주로 조선중기(58.5%)와 조선후기(36.5%)에 속해있다. 지붕의 형태는 팔작지붕(67.3%), 맞배지붕(21.3%)을 하고 있다. 공포의 형태는 다포가 주를 이루고 있다(96.8%). 창방과 평방 두개 보로 구성되어 있으며(98.9%), 둥근기둥(100%), 무고주(81%), 96.8% 건물이 기단을 보유하고 있다.

대부분의 지역에 고루 분포한 특징을 보였다. 조선 중기 후기 불교 전통목조건축 건물이 불전인 것을 감안하면, 역사적으로 불교가 고려시대 뿐만 아니라 불교 억압 정책에도 불구하고 조선시대에 민가 신앙으로 두루 퍼져 있음을 증명한다.

조선 중기 후기 불교 전통목조건축 건물은 3층과, 2층, 1층 건물이 사용되었다. 규모면에서 0-3칸 규모(68.4%), 4-5칸 규모(29.4%), 6-27칸 규모(2.1%, 7칸이 최대 규모)로 구성된 건물로 이루어져 있다. 불전건물로 멀리에서 확인 가능할 수 있고 민간건물과 차별화를 위한 높은 층고를 요구하지만 가로로 큰 규모의 건축물은 필요하지 않았을 것이다.

조선 중기 후기 불교 전통 목조건축은 크게 3개의 평면 형식을 보여주었는데 직사각형과, 정사각형, 그리고 십자형 형태의 평면을 보여주었다.

■ 정자 전통목조건축(유형 4)

시대는 주로 조선후기(50%), 조선중기(17%) 건물이 많았고, 지붕의 형태는 팔작지붕(81.4%), 익공(79.6%), 주심포(14.8%), 단일보(94.4%), 둥근기둥(74%), 건축물의 양쪽 측면에 무고주(96.2%)가 대부분이었으며, 87% 건물이 기단을 가지고 있었다.

지역으로는 강원, 경기, 경상남도, 서울, 충청북도, 제주도가 주요 분포 지역이었다. 이 지역은 조선시대 때 관아가 분포한 지역이다.

정자 전통목조건축은 2층 건물이 주를 이루며 1층 건물이 그 다음으로 구성된다. 규모면에서 0-3칸 규모(25.9%), 4-5칸 규모(38.8%), 6-27칸 규모(35%, 27칸 종묘)의 건물로 구성되었다. 이는 유형 1건물이 정자와 관아건물로 이루어져 있어 많은 사람이 사용하는 곳이기 때문이 비교적 큰 규모의 건물이 필요 시 되어서 일 것이다.

정자 전통목조건축 건물은 초기 불교 향교 서원 전통목조건축(유형 1), 민가 전통목조건축(유형 2), 조선 중기 말기 불교 전통목조건축(유형 3) 건물에 비해 가장 다양한 평면을 보유하고 있다. 이는 그 용도가 정자라는 점에서 건축물의 축조 시 그 형태에 대한 제약에서 더 자유롭고 열려있는 공간으로 구성할 수 있다는 점에서 보다 유연한 평면구성을 할 수 있다는 점을 들 수 있다.

표 4-1. 시대, 지역, 용도, 형식에 따른 목조건축 유형 분류

유형 1	유형 2	유형 3	유형 4
강릉임영관삼문	강릉오죽헌	강화전등사대웅전	강릉경포대
강릉향교대성전	강릉해운정	강화전등사약사전	경복궁경회루
강화정수사법당	경주독락당	개암사대웅전	경복궁근정문및행각
개목사원통전	경주양동관가정안채행랑채	경복궁근정전	경복궁수정전
경기전정전	경주양동무첨당	경복궁사정전	경복궁자경전
경주향교대성전	경주양동향단안채사랑채	경산환성사대웅전	경복궁향원정
공주마곡사영산전	경주양동향단행랑채	경주기림사대적광전	경주귀래정
관룡사약사전	대전회덕동춘당	경주불국사대웅전	관덕정
구리동구릉건원릉정자각	도산서원전교당	공주계룡산중악단	광한루
구리동구릉목릉정자각	상주양진당	공주마곡사대광보전	구리동구릉숭릉정자각
논산노강서원강당	소호헌	공주마곡사대웅보전	금성관
논산돈암서원응도당	수원서북공심돈	관룡사대웅전	김천방초정
달성도동서원중정당	안동도산서원삼문	구례천은사극락보전	나주향교대성전
도갑사해탈문	안동도산서원상덕사	귀신사대적광전	덕수궁중화문
도동서원사당	여주효종영릉재실	금산사대장전	덕수궁함녕전
무위사극락보전	영천숭렬당	금산사미륵전	밀양영남루
보은법주사팔상전	예안이씨충효당쌍수당	김천직지사대웅전	봉화한수정
봉정사고금당	예안이씨충효당정침	내소사대웅보전	부석사무량수전
봉정사극락전	예천권씨초간종택별당	논산쌍계사대웅전	삼척죽서루
봉정사화엄강당	의성김씨종택사랑채행랑채	능가사대웅전	서울동관왕묘
부석사조사당	의성김씨종택안채	대둔사대웅전	서울창의문
사직단대문	의성만취당	대전사보광전	수선루
서울문묘동무	창덕궁연경당	대흥사천불전	수원방화수류정

유형 1

서울문묘명륜당
서울문묘삼무
서울문묘서무
선운사만세루
성주향교명륜당
소수서원강학당
소수서원문성공묘
송광사국사전
송광사하사당
영천향교대성전
예산수덕사대웅전
운수사대웅전
장수향교대성전
창덕궁돈화문
청양장곡사상대웅전
춘천청평사회전문
풍패지관동익사
풍패지관서익사
풍패지관주관

유형 2

태고정
하회양진당
하회충효당안채사랑채
하회충효당행랑채
해인사동사간판전
해인사서사간판전

유형 3

덕수궁중화전
동화사대웅전
문경봉암사극락전
미황사대웅전
미황사응진당
범어사대웅전
범어사조계문
보경사적광전
보광사극락전
보은법주사원통보전
봉정사대웅전
부여무량사극락전
북지장사지장전
불갑사대웅전
불영사대웅보전
불영사응진전
불회사대웅전
서산개심사대웅전
서울문묘대성전
서울숭례문
서울흥인지문
선암사대웅전
선운사대웅전
선운사참당암대웅전
성주향교대성전
성혈사나한전
속초신흥사극락보전
송광사대웅전
송광사약사전
송광사영산전
송광사종루
수원팔달문
숭림사보광전
신흥사대광전
쌍계사대웅전
안동봉황사대웅전

유형 4

수원화서문
안동청원루
안동체화정
영보정
예천군야옹정
의성고운사연수전

임청각군자정
제천청풍한벽루본루
종묘영녕전

진남관
창경궁통명전
창덕궁낙선재

창덕궁선원전
창덕궁주합루
창덕궁희정당
청송찬경루
통영세병관
평창오대산중대적멸보궁
풍남문
피향정
하목정
해인사법보전
해인사수다라장전
해인사홍제암
향교대성전
화령전운한각복도각

유형 1	유형 2	유형 3	유형 4
		안성석남사영산전	
		안성청룡사대웅전	
		여주신륵사조사당	
		영천은해사백흥암극락전	
		용문사대웅전	
		용문사대장전	
		위봉사보광명전	
		율곡사대웅전	
		의성대곡사대웅전	
		장안사대웅전	
		정혜사대웅전	
		창경궁명정문및행각	
		창경궁명정전	
		창경궁홍화문	
		창덕궁선정전	
		창덕궁인정문	
		창덕궁인정전	
		천은사극락보전	
		청도대비사대웅전	
		청도대적사극락전	
		청도운문사대웅보전	
		청양장곡사하대웅전	
		청주안심사대웅전	
		칠장사대웅전	
		통도사대광명전	
		통도사대웅전및금강계단	
		통도사영산전	
		파계사원통전	
		홍성고산사대웅전	
		화성용주사대웅보전	
		화암사극락전	
		화암사우화루	
		화엄사각황전	
		화엄사대웅전	
		흥국사대웅전	

CHAPTER 05

전통 목구조 부재의 종류 및 크기, 물성

CHAPTER 05

전통 목구조 부재의 종류 및 크기, 물성

5.1 구조부재와 부 구조부재

전통목조건축을 구성하는 부재는 구조공학적 측면에서 주요 구조부재와 의장적 기능을 하는 수장재로 분류할 수 있다. 여기서, 주요 구조적 기능을 하는, 즉 외력과 자중에 저항 하는 부재인 구조부재는 하중의 방향에 따라 수직저항부재와 수평저항부재로 분류 할 수 있다. 수직저항부재에는 기둥, 공포, 보, 동자주, 대공 등을 포함한다. 수평저항부재는 벽과 기둥과 보 골조를 들 수 있다. 주요 구조부재가 아닌 부 구조부재 중 수직부재에는 대공, 활주 등이 있으며, 수평부재에는 충량이 있다.

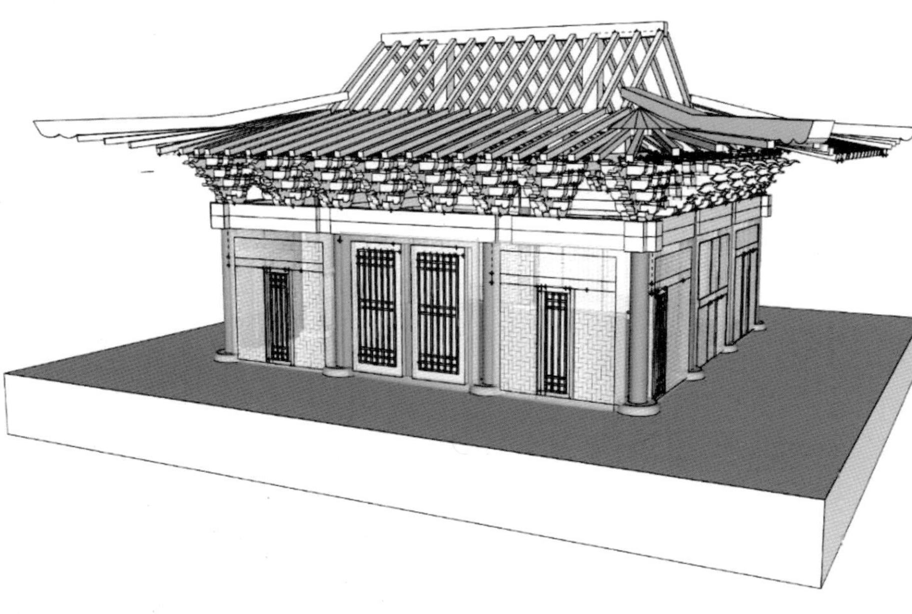

■ **구조부재**

- 수직저항부재
  - 기둥
    - 외진주
      - 평주
      - 고주
      - 귓기둥 (우주)
    - 내진주
      - 평주
      - 고주
      - 귓기둥 (우주)
    - 동자주
  - 보
    - 도리
    - 보 (대량)
    - 평방
    - 창방
  - 공포
- 수평저항부재
  - 벽
    - 전면 흙벽
    - 부분 흙벽
    - 골조

수직저항부재(기둥)

외진주

평주

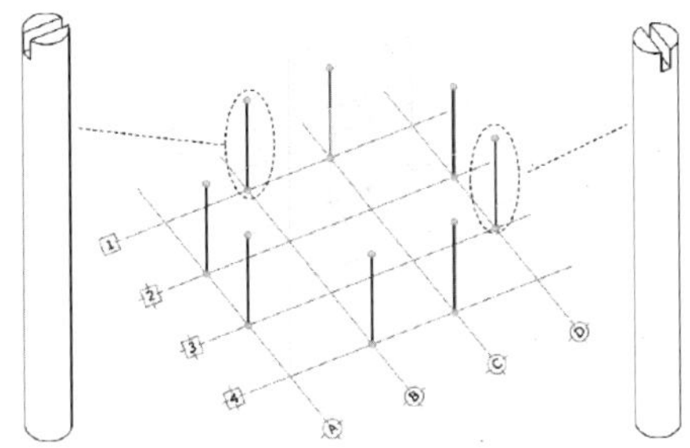

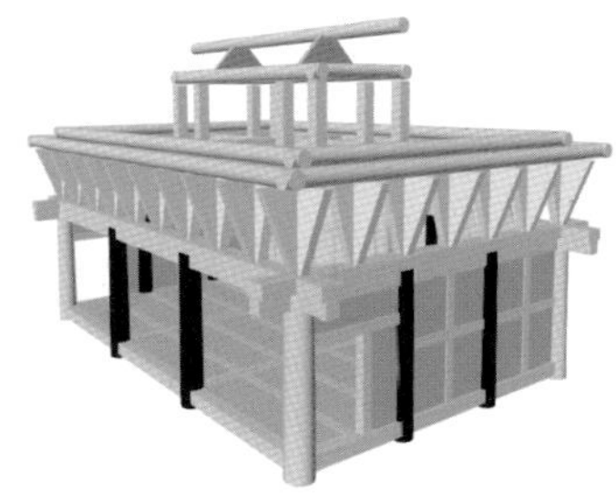

고주

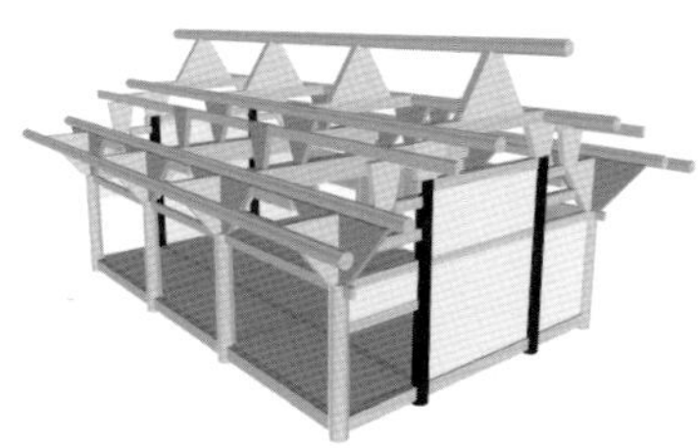

귀주(우주)

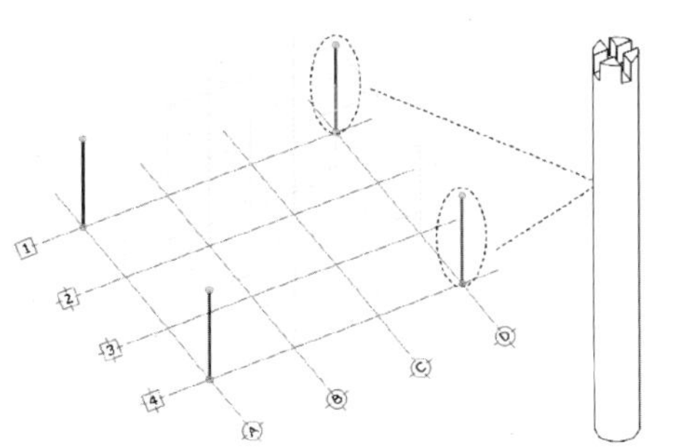

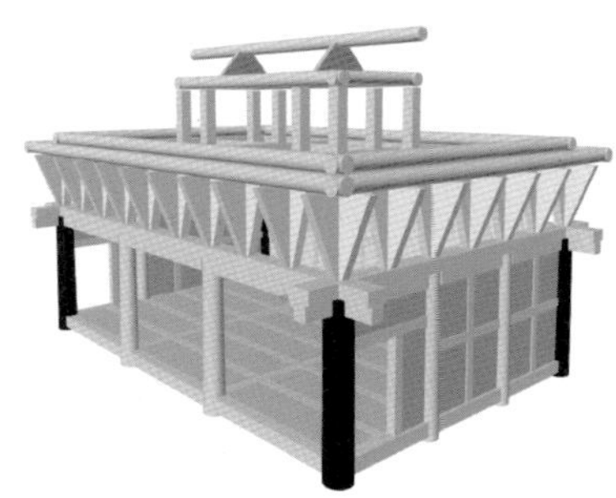

내진주(고주)

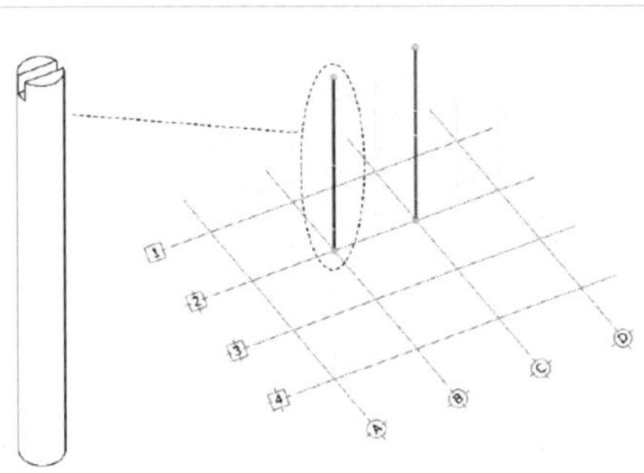

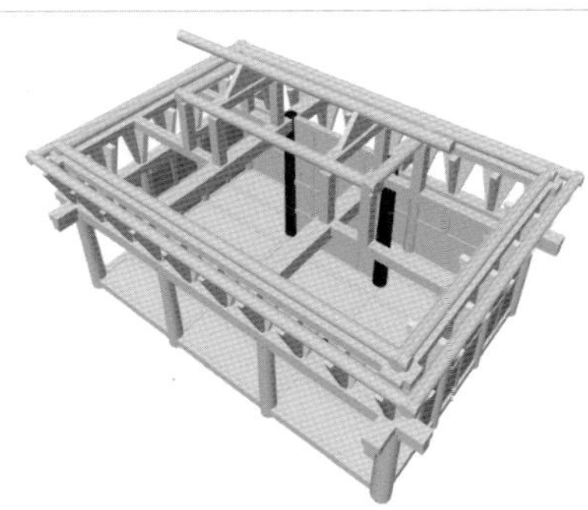

동자주

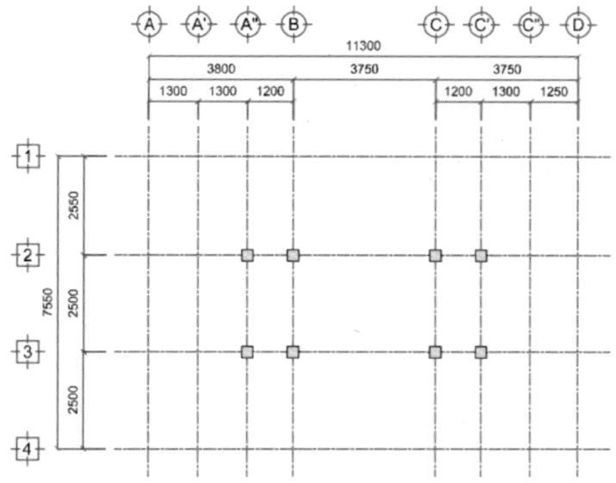
A
A'
A"
B
C
C'
C"
D
11300
3800
3750
3750
1300
1300
1200
1200
1300
1250
1
2
3
4
2550
2500
2500
7550

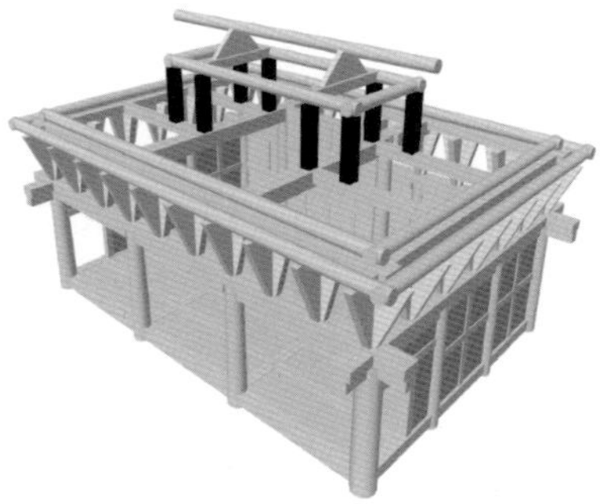

공포

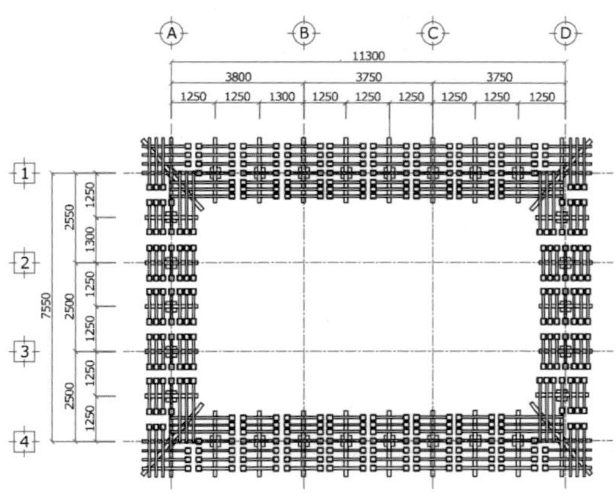
A
B
C
D
11300
3800
3750
3750
1250
1250
1300
1250
1250
1250
1250
1250
1250
1
2
3
4
7550
2550
2500
2500
1250
1300
1250
1250
1250
1250

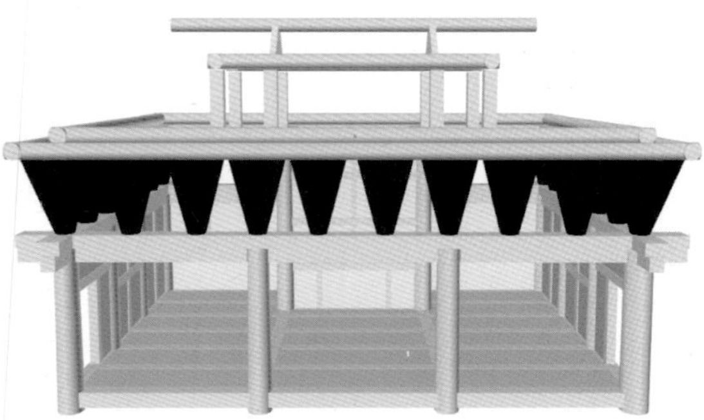

판 대공

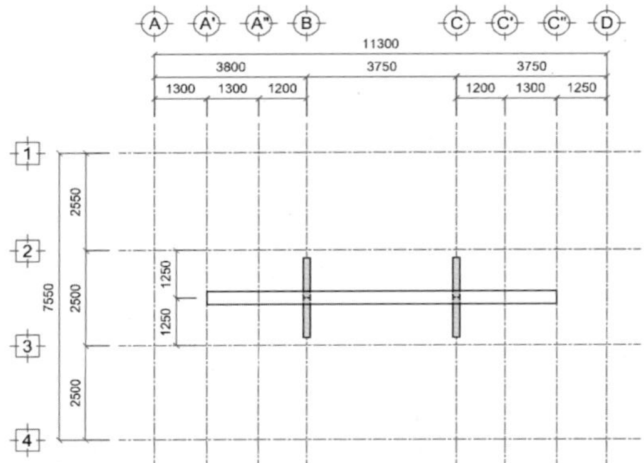
A
A'
A"
B
C
C'
C"
D
11300
3800
3750
3750
1300
1300
1200
1200
1300
1250
1
2
3
4
2550
2500
2500
7550
1250
1250

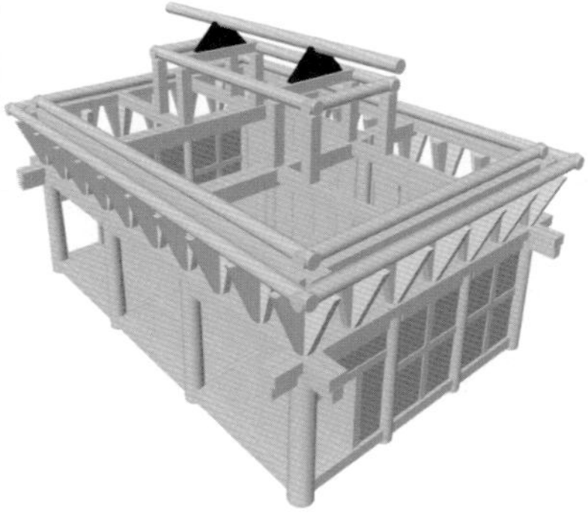

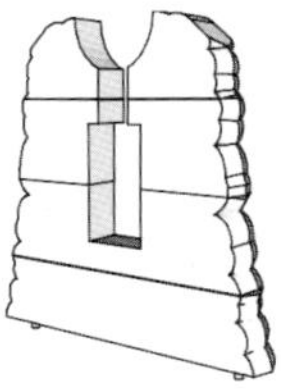

보

도리

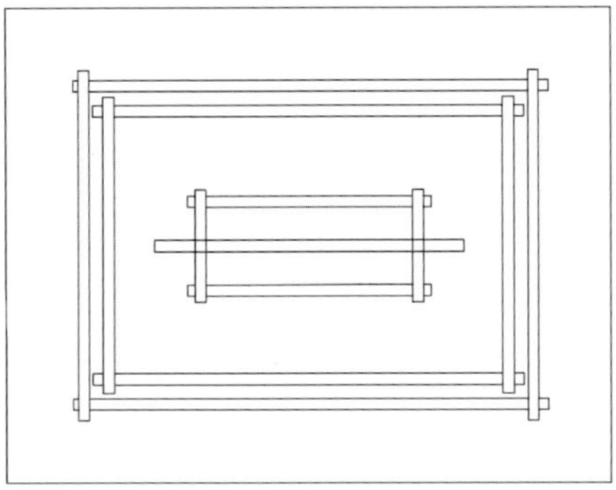

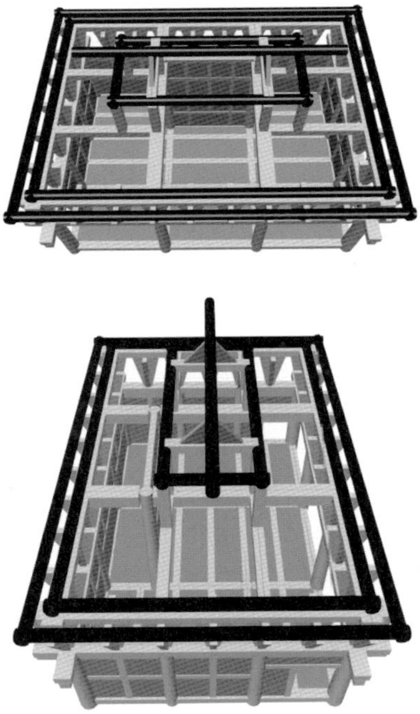

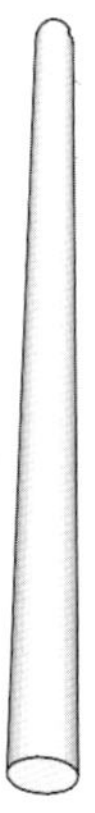

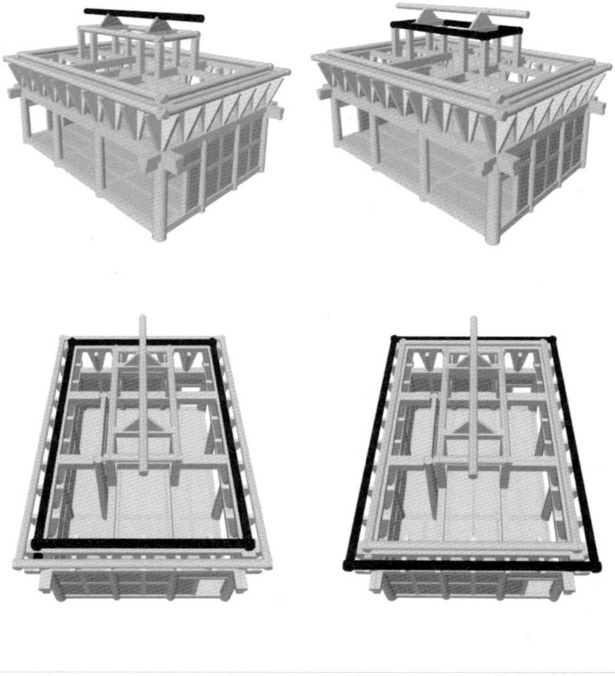

보

대량

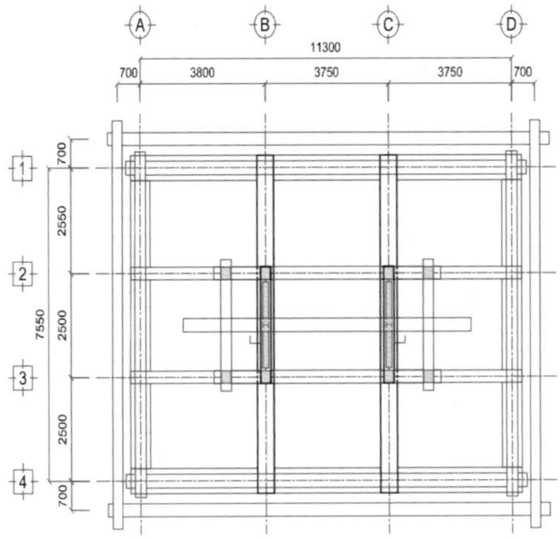
A
B
C
D
11300
700
3800
3750
3750
700
1
2
3
4
700
2550
2500
2500
700
7550

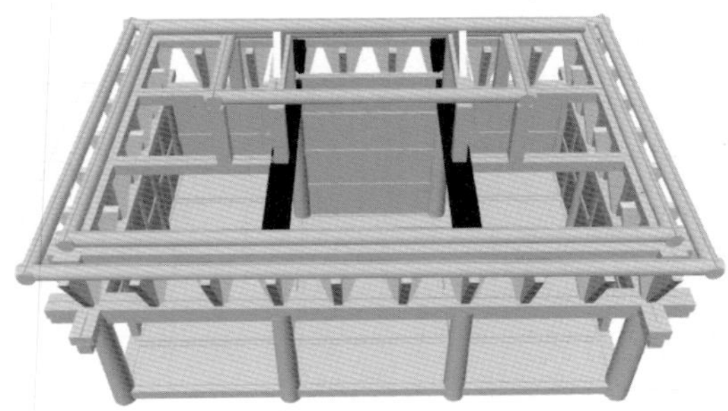

충량

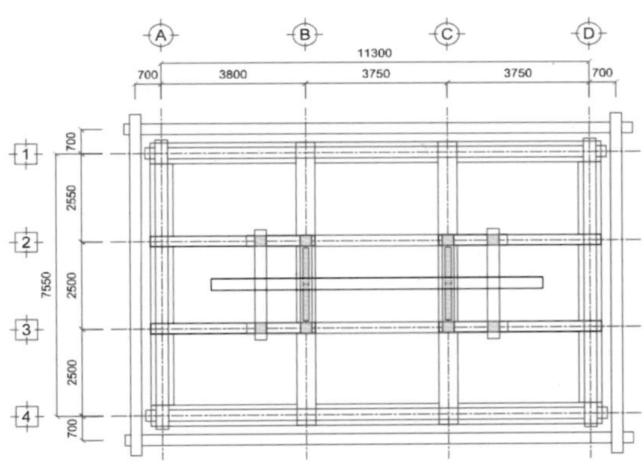
A
B
C
D
11300
700
3800
3750
3750
700
1
2
3
4
700
2550
2500
2500
700
7550

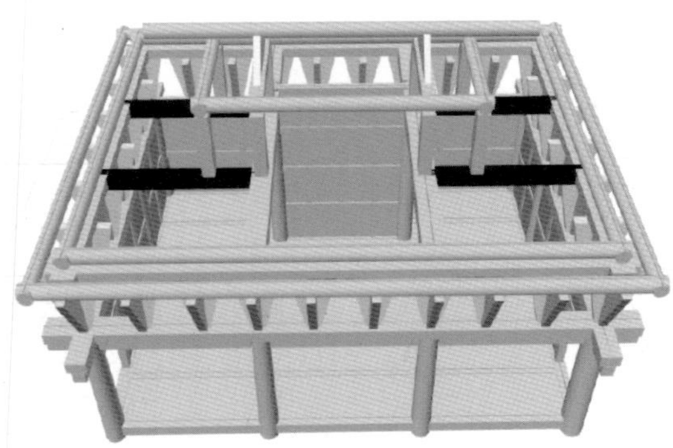

평방

창방

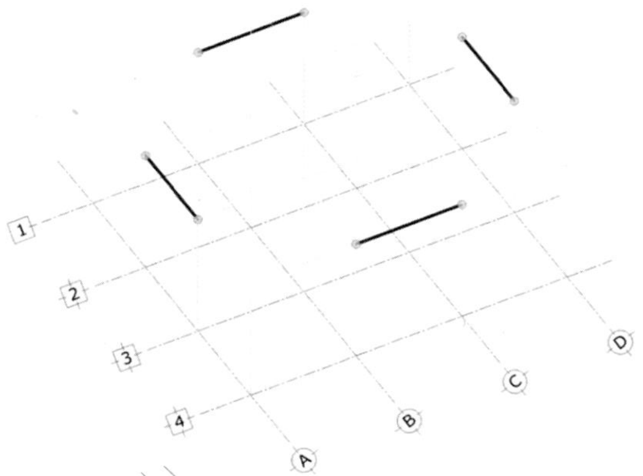
1
2
3
4
A
B
C
D

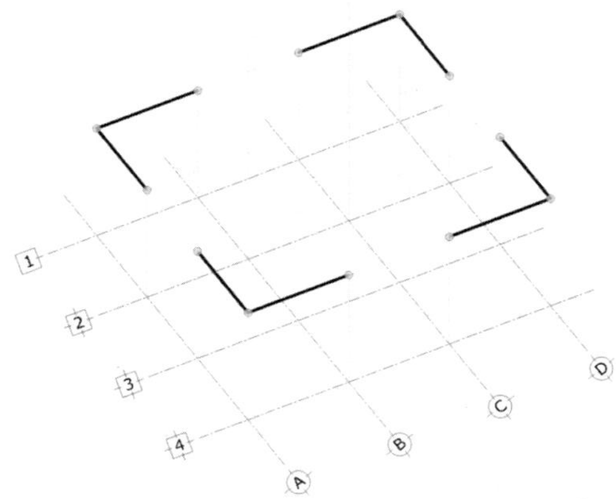
1
2
3
4
A
B
C
D

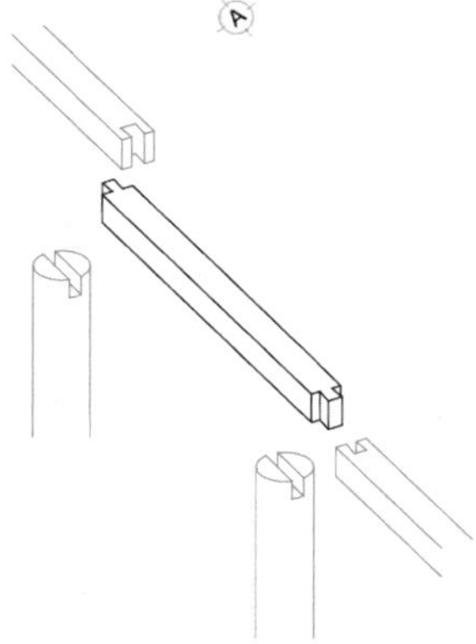

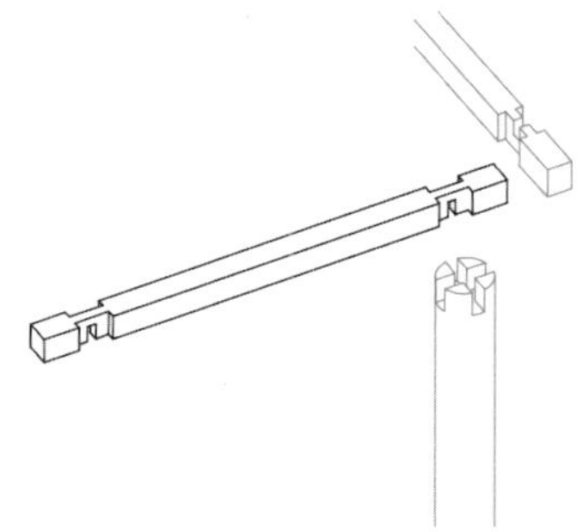

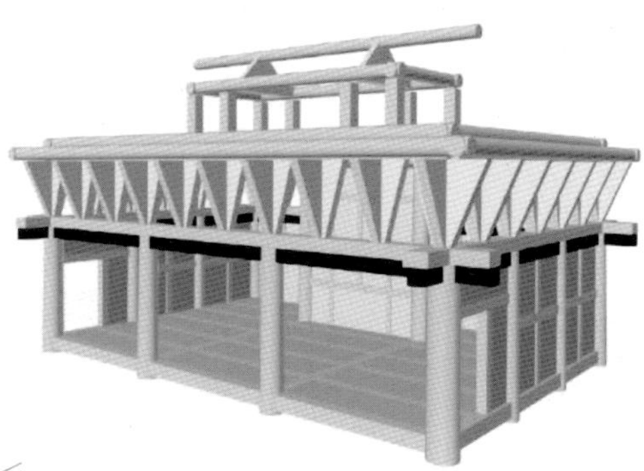

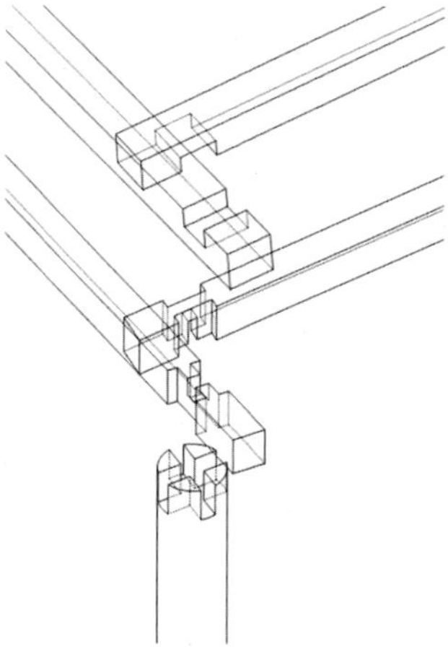

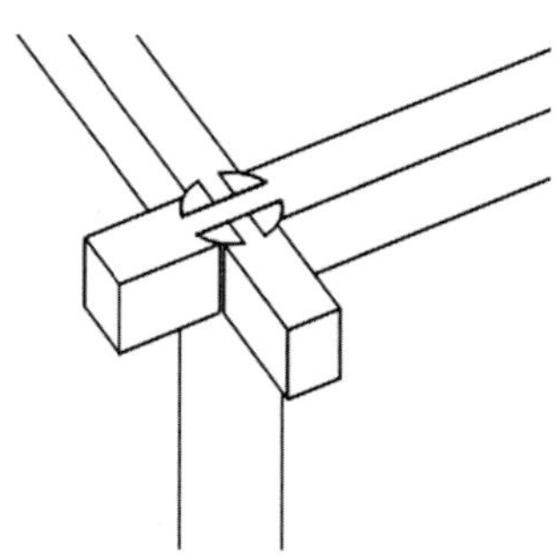

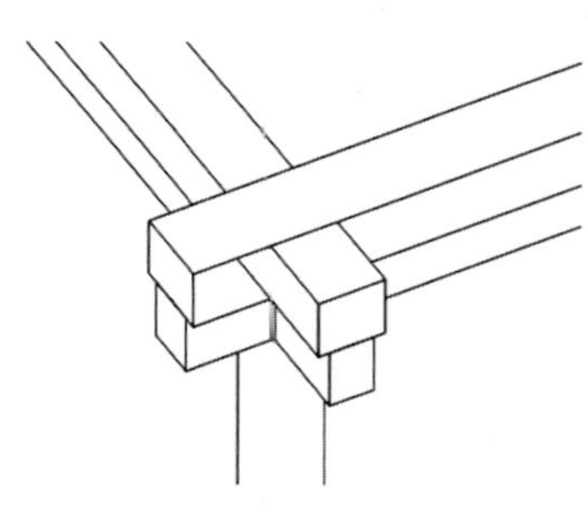

수평저항부재

벽

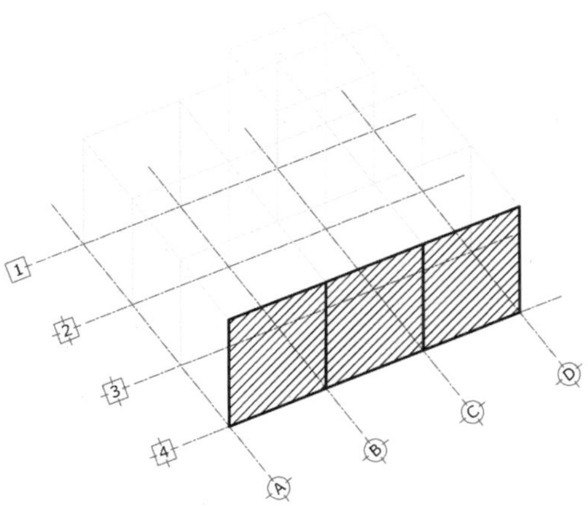

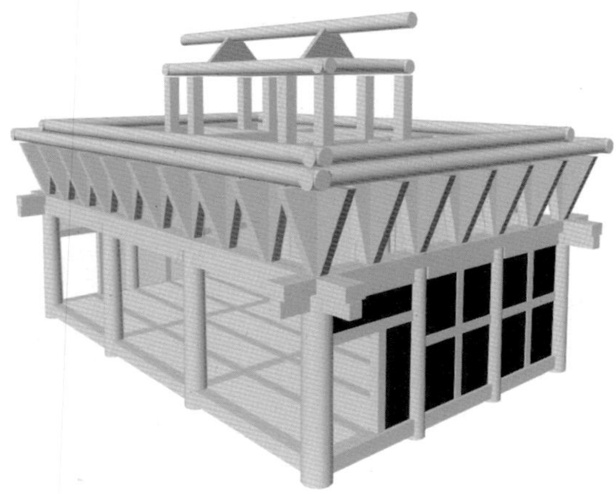

■ 부 구조부재

수직부재

대공
활주
판벽
소로
주두
뜬창방

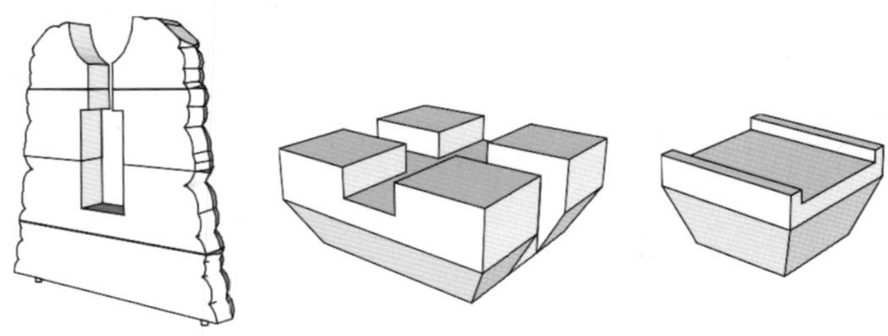

수평부재

충량

5.2 시대, 지역, 용도별 구조부재 크기

조선시대 전통 목구조의 주요 부재의 크기는 건축물을 사용하는 주체의 신분에 의해 그 크기가 제한되었다. 아래 표 5-1은 장기인 교수님이 쓰신 목조(2005)에서 정리된 부재 크기이다.

표 5-1. 전통목조건축 중요도(용도, 사용자 신분)에 의한 부재의 크기(mm)(장기인 2005)

부재명	단면형	상건물	중상건물	중하건물	하건물
기둥	둥근기둥	Φ450	Φ360	Φ300	-
	사각기둥	360 × 360	300 × 300	240 × 240	180 × 180
	사각기둥(주택)		240 × 240	180 × 180	150 × 150
보	특수형	420 × 600~	360 × 450~	300 × 360~	240 × 300~
	장방형		360 × 540~	240 × 360~	180 × 240~
	방형		240 × 240	Φ240	Φ180
	대들보(주택)		300 × 450	240 × 360	
도리	굴도리	Φ360	300	300	240
	납도리	-	240 × 180	240 × 150	180 × 120
	네모도리	-	-	240 × 240	180 × 180
공포재	주심포계	120 × 180~	105 × 180~	-	-
	하앙계	120 × 180~	105 × 180~	105 × 180~	-
	다포계	120 × 180~	105 × 180~	105 × 180~	75 × 180~
	익공계	-	105 × 180~	105 × 180~	75 × 150~
인방재	주심포계·하앙계	120 × 180~		-	-
	다포계	120 × 180~	105 × 180~	90 × 180~	-
	익공계		105 × 180~	90 × 180~	75 × 150~
	주택		105 × 150~	90 × 150	75 × 120~

시대에 따른 기둥의 지름과 높이를 분류하기 위하여 아래의 도면과 같이 기둥의 위치별로 분류 조사하였다.

전면 평주

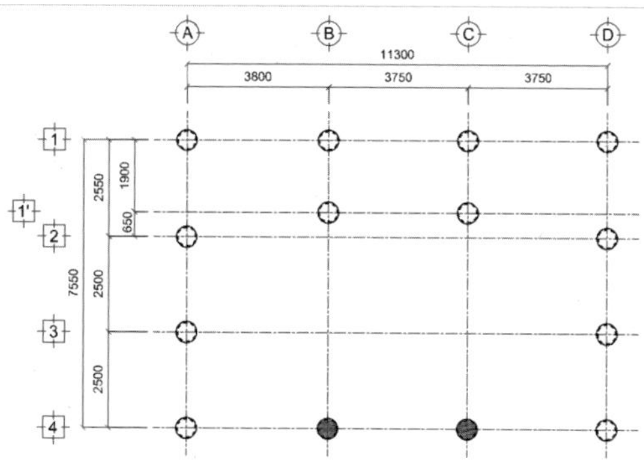

전면 귀주

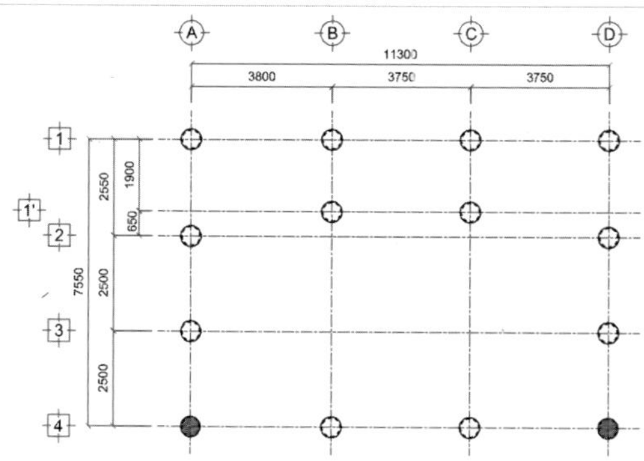

좌측면 평주/ 좌측면 고주

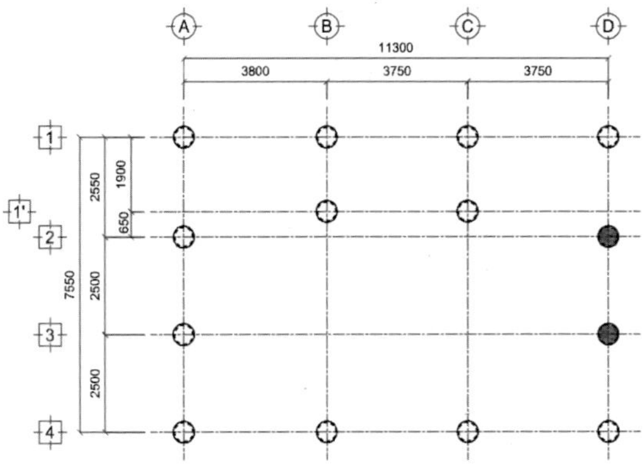

우측면 평주/ 우측면 고주

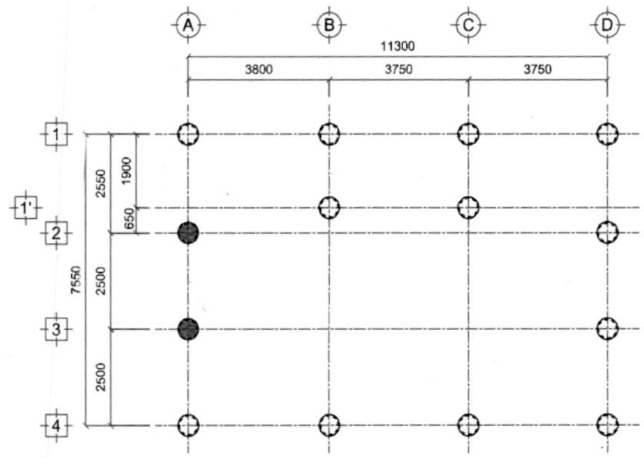

배면 평주

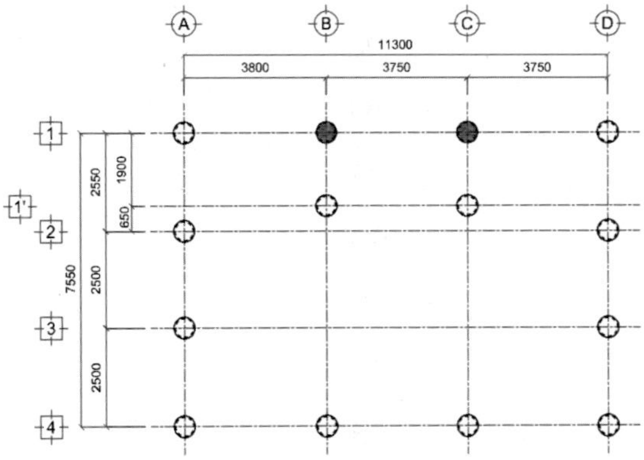

배면 귀주

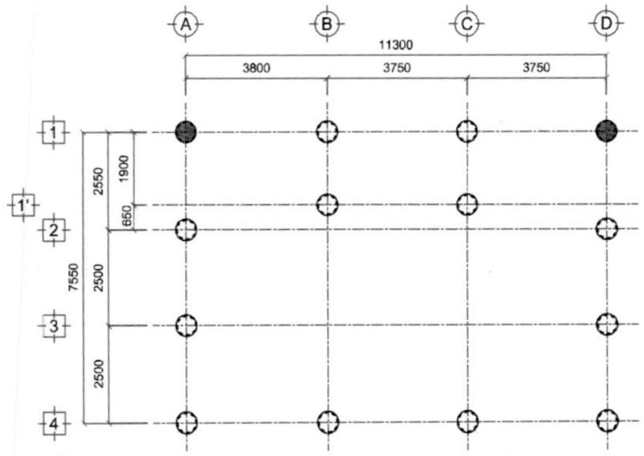

내 고주

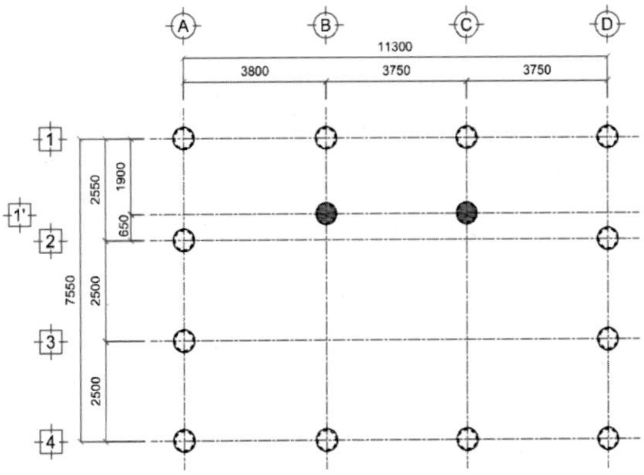

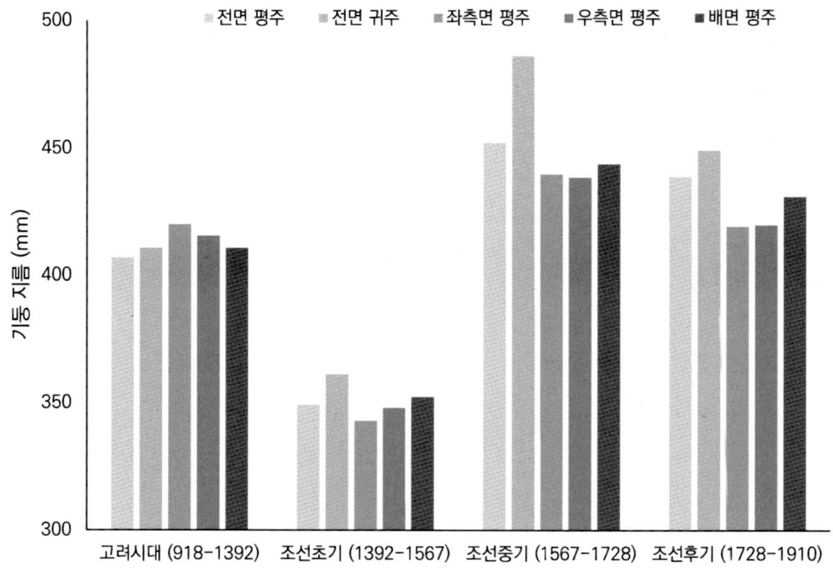

전면 평주
전면 귀주
좌측면 평주
우측면 평주
배면 평주
기둥 지름 (mm)
500
450
400
350
300
고려시대 (918-1392)
조선초기 (1392-1567)
조선중기 (1567-1728)
조선후기 (1728-1910)

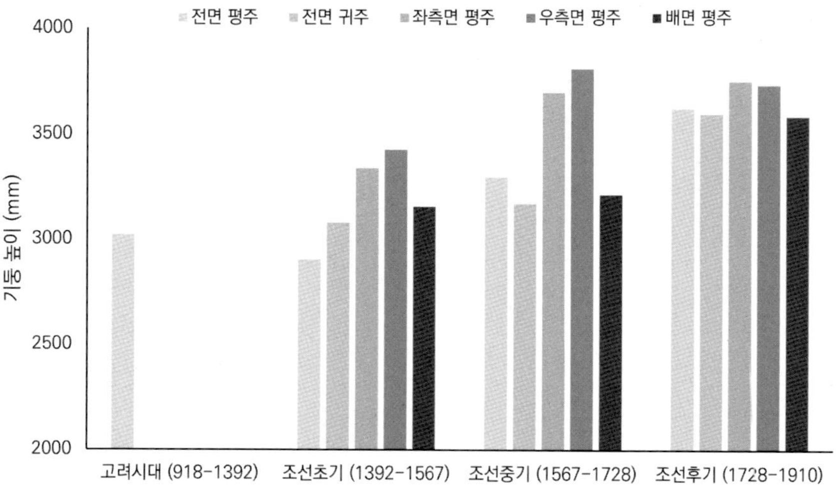

전면 평주
전면 귀주
좌측면 평주
우측면 평주
배면 평주
기둥 높이 (mm)
4000
3500
3000
2500
2000
고려시대 (918-1392)
조선초기 (1392-1567)
조선중기 (1567-1728)
조선후기 (1728-1910)

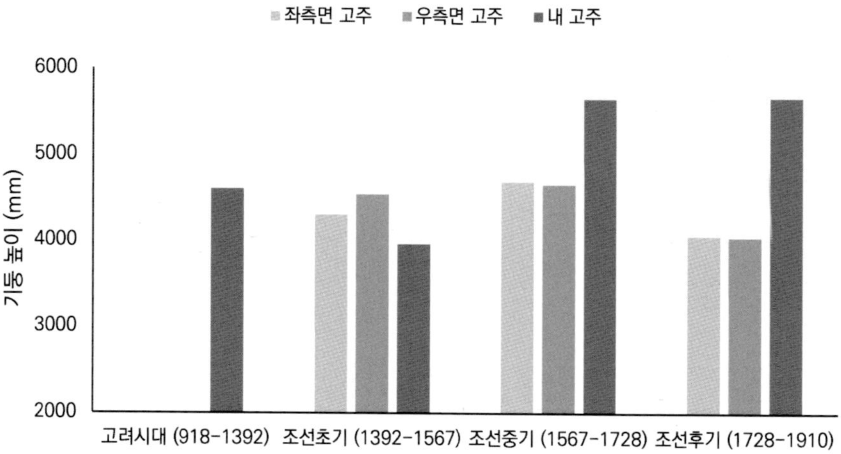

좌측면 고주
우측면 고주
내 고주
기둥 높이 (mm)
6000
5000
4000
3000
2000
고려시대 (918-1392)
조선초기 (1392-1567)
조선중기 (1567-1728)
조선후기 (1728-1910)

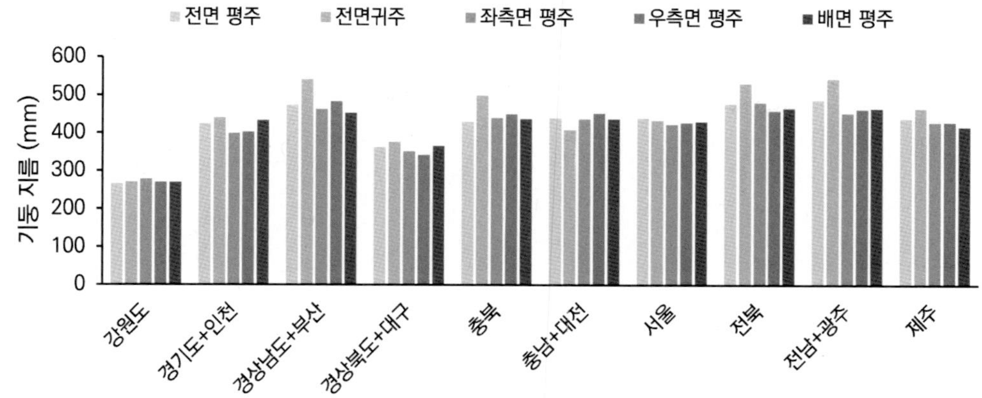

시대별 보의 폭과 춤의 크기를 분류하기 위하여 아래의 도면과 같이 건물의 각 면 보의 위치별로 분류 조사하였다.

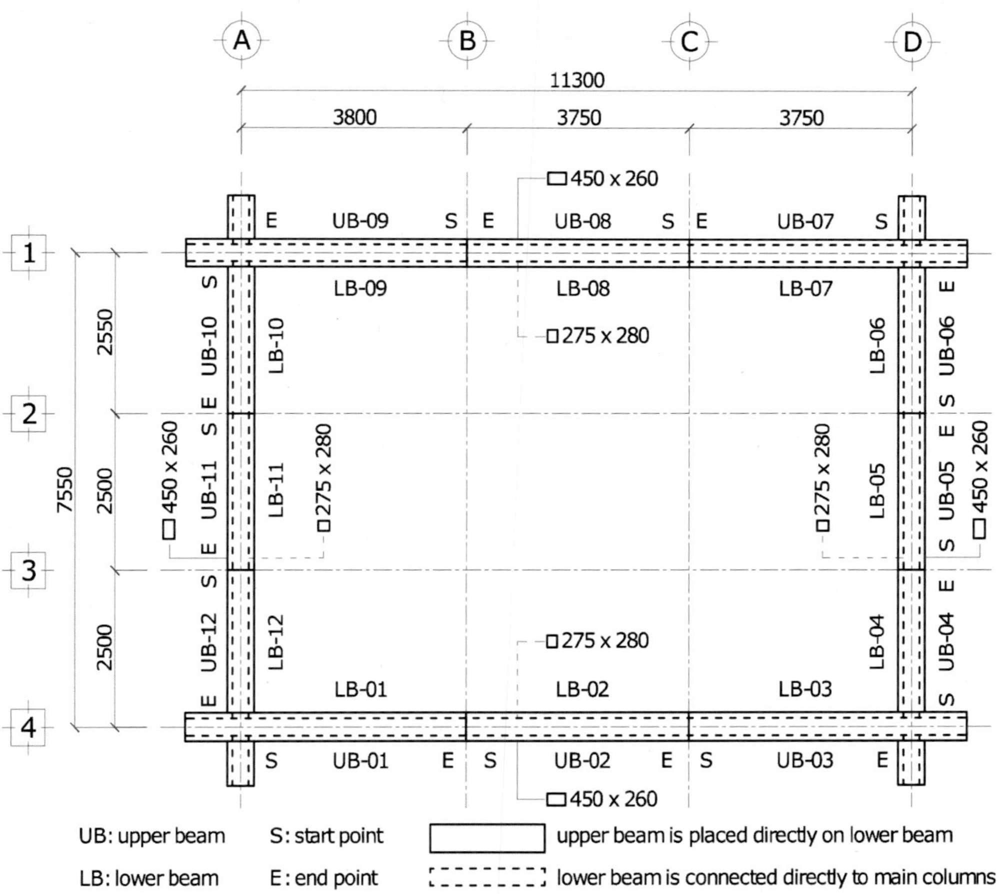

그림 5-1. 시대별 전통 목구조 기둥에 사용된 목재수종

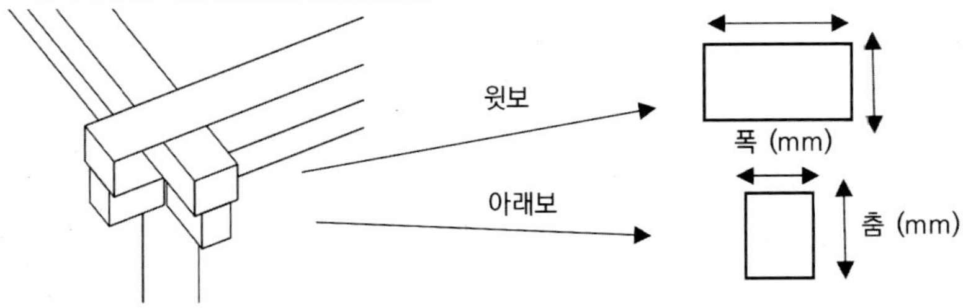

정면

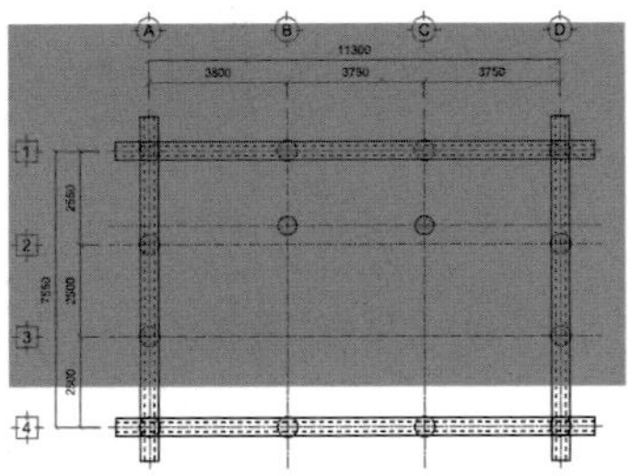

	고려시대	조선초기	조선중기	조선말기
아래보폭	127.67	164.14	233.26	278.39
아래보 춤	207.00	246.45	309.48	331.68
윗보 폭		334.40	408.65	381.53
윗보 춤		214.20	251.19	285.33

좌측면

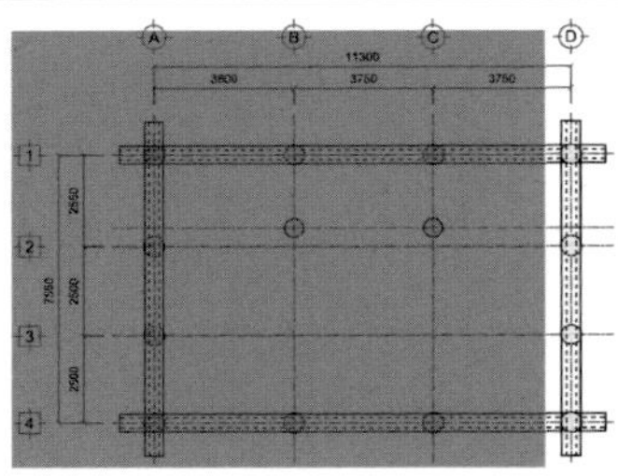

	고려시대	조선초기	조선중기	조선말기
아래보폭	127.67	155.89	242.76	291.07
아래보 춤	206.33	240.61	312.45	345.91
윗보 폭		324.00	410.05	361.69
윗보 춤		214.75	257.64	317.92

우측면

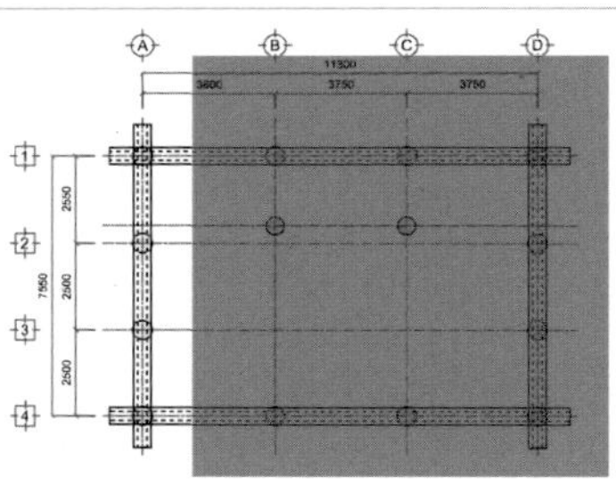

	고려시대	조선초기	조선중기	조선말기
아래보폭	127.67	160.21	240.53	291.57
아래보 춤	204.00	244.89	311.44	346.55
윗보 폭		325.25	410.54	359.69
윗보 춤		215.00	257.49	317.08

배면

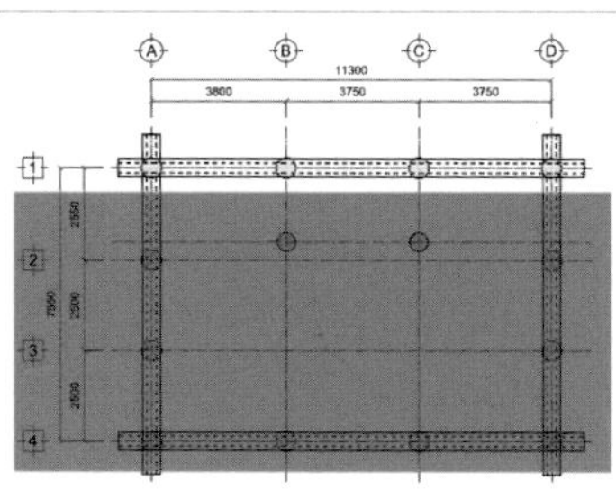

	고려시대	조선초기	조선중기	조선말기
아래보폭	127.67	164.17	233.66	278.02
아래보 춤	207.00	251.41	306.17	331.44
윗보 폭		334.40	408.90	383.13
윗보 춤		214.20	251.95	285.53

표 5-2. 시대별 전통 목구조 기둥에 사용된 목재수종

	고려시대 (918-1392)	조선초기 (1392-1567)	조선중기 (1567-1728)	조선후기 (1728-1910)
전면평주	소나무(60%) 느티나무(40%)	소나무(78%) 참나무(5%) 느티나무(17%)	소나무(61%) 참나무(5.5%) 솔송나무(3%) 느티나무(30.5%)	소나무(50%) 물푸레나무(16.3%) 참나무(16.3%) 느티나무(16.3%)
전면 귀주	소나무(40%) 솔송나무(20%) 느티나무(40%)	소나무(79%) 서어나무(5%) 느티나무(16%)	소나무(50%) 참나무(8%) 느티나무(42%)	물푸레나무(17%) 느티나무(83%)
좌측면 평주	소나무(60%) 느티나무(40%)	아피통(7%) 구실잣밤나무(7%) 소나무(67%) 참나무(7%) 느티나무(13%)	밤나무(3%) 소나무(63%) 미송(3%) 참나무(12%) 느티나무(19%)	낙엽송(17%) 소나무(50%) 느티나무(33%)
우측면 평주	소나무(40%) 참나무(20%) 느티나무(40%)	소나무(80%) 느티나무(20%)	밤나무(3%) 소나무(59%) 미송(9%) 참나무(6%) 솔송나무(3%) 느티나무(19%)	밤나무(17%) 소나무(17%) 참나무(33%) 느티나무(33%)
배면 평주	소나무(60%) 느티나무(40%)	소나무(87%) 느티나무(13%)	소나무(70%) 참나무(7%) 솔송나무(3%) 느티나무(2%)	소나무(25%) 물푸레나무(25%) 느티나무(50%)
배면 귀주	소나무(60%) 느티나무(40%)	소나무(76%) 참나무(6%) 느티나무(18%)	소나무(58%) 양버즘나무(3%) 미송((3%) 참나무(16%) 느티나무(19%)	사시나무(20%) 참나무(20%) 느티나무(60%)

Pine(소나무), Zelkova(느티나무), Quercus(참나무), Tsuga(솔송나무), Fraxinus(물푸레나무), Carpinus(서어나무), Apitong(아피통), Castanopsis(구실잣밤나무), Castanea crenata(밤나무), Larix(낙엽송), Platanus occidentalis(양버즘나무), Pseudotsuga(미송), Populus(사시나무)

5.3 목조 구조용재 설계 및 강도

목조 구조용재의 설계는 표 5-3에 의해 산출하되, 전통 목구조의 부재가 오랜 기간 동안 지속 사용된 것을 감안하여 강도 감소와 부후를 고려하여야 한다. 구조재의 역학적 물성은 크게 수종군으로 묶어서 물성을 표기하였으며, 각 수종군에 해당되는 구조재의 등급은 크게 육안구분에 의한 공칭강도와 기계등급에 의한 공칭강도 값으로 정리하였다. 각각의 수종군 구조재의 등급은 구조재 결함 유무와 그 결함 정도에 따라 3등급으로 나누고 그에 따라 강도값을 제시하였다. 수종 및 등급별 구조재의 역학적 물성은 표 5-3과 같다.

표 5-3. 구조용재의 설계

		ASD only	ASD and LRFD										LRFD only		
		Load Duration Factor	Wet Service Factor	Temperature Factor	Beam Stability Factor1	Size Factor (Volume Factor1)	Flat Use Factor	Incising Factor (Curvature Factor)	Repetitive Member Factor (Stress Interaction Factor)	Column Stability Factor	Buckling Stiffness Factor (Shear Reduction Factor)	Bearing Area Factor	Format Conversion Factor KF	Resistance Factor ϕ	Time Effect Factor
Fc'= Fc	x	C_D	C_M	C_t	–	C_F (–)	–	C_i (–)	–	C_p	–	–	2.40	0.90	λ
Fb'= Fb	x	C_D	C_M	C_t	C_L	C_F (C_V)	C_{fu}	C_i (C_c)	C_r (C_I)	–	–	–	2.54	0.85	λ
Ft'= Ft	x	C_D	C_M	C_t	–	C_F (–)	–	C_i (–)	–	–	–	–	2.70	0.80	λ
Fv'= Fv	x	C_D	C_M	C_t	–	–	–	C_i (–)	–	–	– (C_{vr})	–	2.88	0.75	λ
Fv(tv)' = Fv(tv)	x	C_D	C_M	C_t									2.88	0.75	λ
Frt' =Frt	x	(C_D)	(CM_2)	(Ct_2)	(–)	(–)	(–)	(–)	(–)	(–)	(–)	(–)	(2.88)	(0.75)	(λ)
Fc⊥' =Fc⊥	x	–	C_M	C_t	–	–	–	C_i (–)	–	–	–	C_b	1.67	0.90	–
E'=E	x	–	C_M	C_t	–	–	–	C_i (–)	–	–	–	–	–	–	–
Emin' =Emin	x	–	C_M	C_t	–	–	–	C_i (–)	–	–	C_T (–)	–	1.76	0.85	–

- 괄호 안은 인자는 글루램 설계시 필요
- 1보 안정계수, C_L는 부피조정인자, C_V와 함께 사용하지 않고, 두 인자 중 보수적인 설계값을 산출하는 인자를 우선 사용.

표 5-4. 원목 육안등급 공칭강도

수종 구분		등급	공칭강도(MPa)					탄성계수
			휨	인장	압축_섬유	압축_수직	전단	
수종군	낙엽송류	1 등급	16.8	11.6	17.1	5.8	5.1	12,200
		2 등급	12.6	8.4	11.4	5.8	5.1	10,800
		3 등급	7.4	5.3	6.7	5.8	5.1	9,500
	소나무류	1 등급	15.8	10.5	14.3	5.0	4.5	10,300
		2 등급	12.6	7.4	8.6	5.0	4.5	9,000
		3 등급	7.4	4.2	5.7	5.0	4.5	8,300
	잣나무류	1 등급	12.6	10.5	13.3	4.2	3.9	8,500
		2 등급	10.5	7.4	8.6	4.2	3.9	7,500
		3 등급	6.3	4.2	5.7	4.2	3.9	7,000
	삼나무류	1 등급	10.5	8.4	11.4	4.2	3.7	8,000
		2 등급	8.4	5.3	7.6	4.2	3.7	7,000
		3 등급	5.3	3.2	4.8	4.2	3.7	6,000
외산수종	더글라스퍼	1 등급	14.3	9.7	19.4	7.2	4.9	11,600
		2 등급	13.0	8.2	17.5	7.2	4.9	10,900
		3 등급	7.6	4.6	10.1	7.2	4.9	9,500
	남부헴퍼	1 등급	14.1	9.0	17.7	4.7	4.1	10,300
		2 등급	12.4	7.6	16.9	4.7	4.1	9,000
		3 등급	7.1	4.2	9.5	4.7	4.1	8,300
	북부헴퍼	1 등급	14.5	8.4	19.0	4.7	4.1	11,000
		2 등급	14.5	8.4	19.0	4.7	4.1	11,000
		3 등급	8.2	4.6	11.0	4.7	4.1	9,600
	남부 SPF	1 등급	12.6	5.7	13.7	3.8	3.7	8,300
		2 등급	11.1	5.0	13.1	3.8	3.7	7,400
		3 등급	6.5	2.7	7.4	3.8	3.7	6,900
	북부 SPF	1 등급	12.6	6.5	15.0	4.8	3.7	9,500
		2 등급	12.6	6.5	15.0	4.8	3.7	9,000
		3 등급	7.1	3.6	8.4	4.8	3.7	8,100
	남부 소나무	1 등급	17.9	9.7	20.7	6.3	4.9	11,600
		2 등급	13.9	7.8	18.8	6.3	4.9	10,900
		3 등급	8.2	4.6	10.6	6.3	4.9	9,500

■ 원목 기계등급 구조재(한계상태설계법)

표 5-5는 원목 라미나의 기계적등급구분 방법에 의한 구조재의 5%하한치 기계적 강도값을 보여준다.

표 5-5. 원목 기계등급 공칭강도

등급	공칭강도 전환(MPa)					탄성계수
	휨	인장	압축_섬유	압축_수직	전단	
E6	13.0	5.0	13.7	3.3	3.7	6000
E7	15.1	6.5	16.2	3.3	3.7	7000
E8	17.2	8.6	18.2	4.2	4.1	8000
E9	18.9	11.6	19.2	4.2	4.1	9000
E10	21.0	12.6	21.3	5.0	4.5	10000
E11	23.7	15.5	22.2	5.0	4.5	11000
E12	26.0	17.2	22.8	5.8	4.9	12000
E13	27.3	19.7	23.6	5.8	4.9	12000
E14	29.4	22.5	24.3	5.8	4.9	12000
E15	32.6	25.2	25.1	5.8	4.9	13000
E16	33.6	27.3	25.7	5.8	4.9	13000
E17	36.8	29.6	26.4	6.7	5.3	14000

표 5-6. 원목 평균강도(국립산림과학원 2008)

	평균강도(MPa)			
	휨	인장	압축	전단
굴참나무	126.518	138.278	61.348	18.62
갈참나무	127.008	123.186	56.938	16.562
졸참나무	118.384	132.3	64.876	16.954
느티나무	93.982	110.054	37.436	14.798
물푸레나무	116.816	149.646	56.938	18.424
양버즘나무	72.422		31.164	10.976
은사시나무	83.79	95.55	41.258	9.408
이태리포플라	64.288	55.174	31.066	8.036
수원포플러	39.396	57.918	30.674	6.468
서어나무	95.942	157.584	61.446	15.68
구실잣밤나무	88.886	101.234	46.256	13.426
밤나무	83.496	76.538	33.222	11.368

5.4 재료의 열화 및 강도

전통 목구조 부재의 열화 정도와 열화에 따른 부재 단면 손실 및 강도를 예측하기 위해서는 전통목구조의 방위, 구조부재 수종, 크기, 위치 및 접촉면과 비접촉 유무 및 목리 방향에 대한 정보가 확보되어야 한다. 구조부재의 위치에 따라 외부 노출된 부재와 외부에 노출 안 된 부재로 분리해서 시간과 외기에 따른 열화를 고려하여야 한다. 모든 기둥의 밑둥은 초석에 접하고 있으며 윗부분은 다른 보 부재에 접하고 있다.

■ 정면

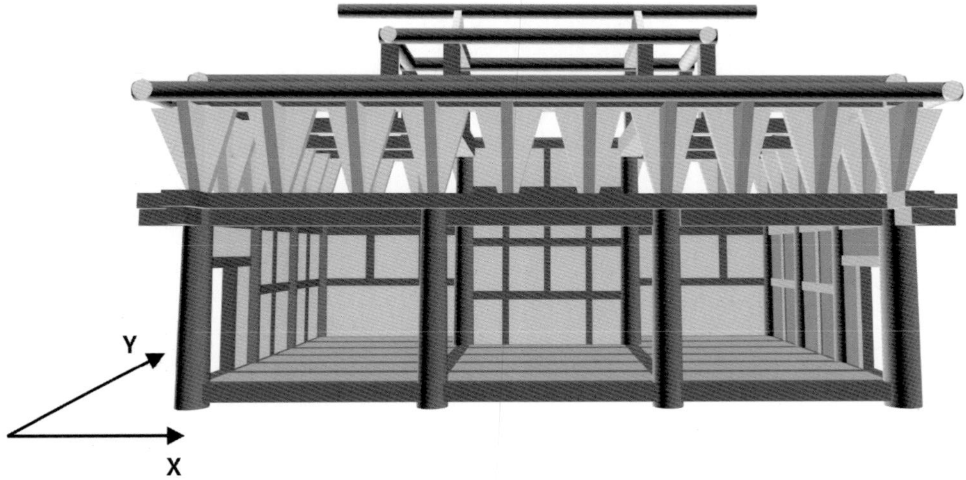

부재	부재의 외부 노출과 접촉여부	부후속도(r)
기둥	모든 기둥의 밑둥은 초석에 접하고 있으며 윗부분은 다른 보 부재에 접하고 있다.	지역, 수종, 크기, 건축면 방향, 목리방향, 기둥 위 접촉, 기둥 면 비접촉
도리방향 보	보의 윗면과 아래면은 접촉, 좌 우 측면은 비접촉 이며 보의 정면쪽 측면은 외부노출, 보의 길이방향 끝면은 end grain 노출(횡단면 노출)	지역, 수종, 크기, 건축면 방향, 목리방향, 보 위 접촉, 기둥 결구부분 접촉
공포	개별부재 접촉이며 3 면은 외부 노출이고 1 면은 실내	지역, 수종, 크기, 건축면 방향
대들보	대들보의 머리부분이 외부노출 end grain(횡단면은 노출)	지역, 수종, 크기, 건축면 방향, 목리방향
도리	출목도리와 주심도리는 외부노출 윗면과 아랫면은 접촉이며 end grain 외부노출(횡단면은 노출) 종도리부터 중도리는 실내에 위치함	지역, 수종, 크기, 목리방향, 출목도리와 주심도리 윗면과 아랫면은 접촉

■ 좌측면/우측면

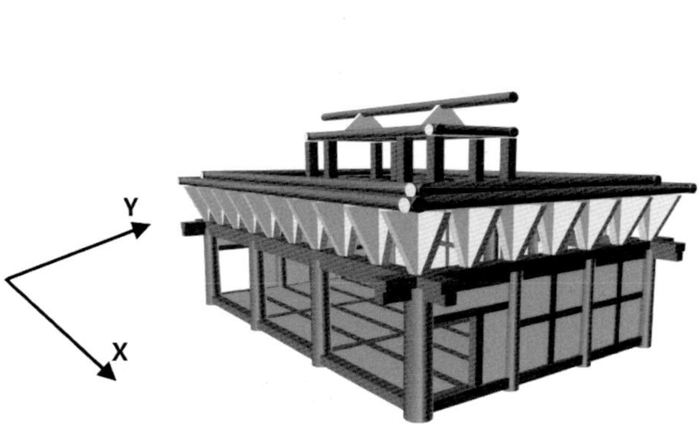

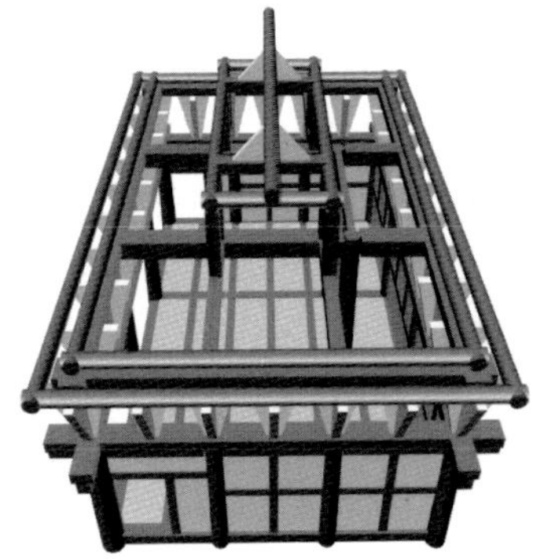

좌측면

우측면

부재	부재의 외부 노출과 접촉여부	부후속도(r)
기둥	모든 기둥의 밑둥은 초석에 접하고 있으며 윗부분은 다른 보 부재에 접하고 있다.	지역, 수종, 크기, 건축면 방향, 목리 방향, 기둥 위 접촉, 기둥 면 비접촉
보 방향 보	보의 윗면과 아래면은 접촉, 좌 우 측면은 비접촉 이며 보의 정면쪽 측면은 외부노출, 보의 길이방향 끝면은 end grain 노출 (횡단면 노출)	지역, 수종, 크기, 건축면 방향, 목리 방향, 보 위 접촉, 기둥 결구부분 접촉
공포	개별부재 접촉이며 3면은 외부 노출이고 1면은 실내	지역, 수종, 크기, 건축면 방향
대들보	대들보는 노출되지 않음	지역, 수종, 크기, 건축면 방향, 목리 방향
도리	출목도리와 주심도리는 외부노출 윗면과 아랫면은 접촉, end grain 외부노출(횡단면은 노출) 종도리부터 중도리는 실내에 위치함	지역, 수종, 크기, 목리방향, 출목도리와 주심도리 윗면과 아랫면은 접촉

■ 배면

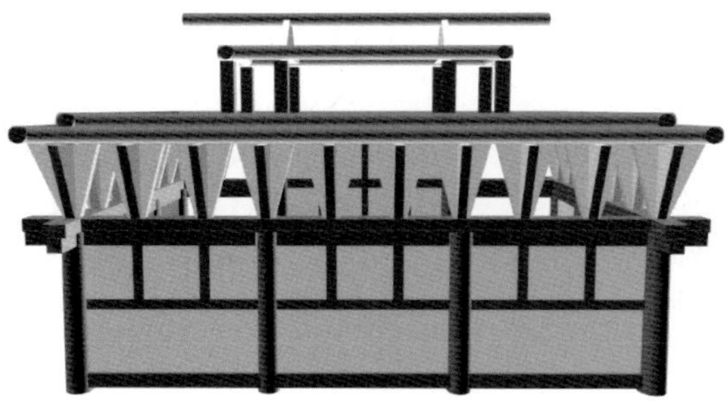
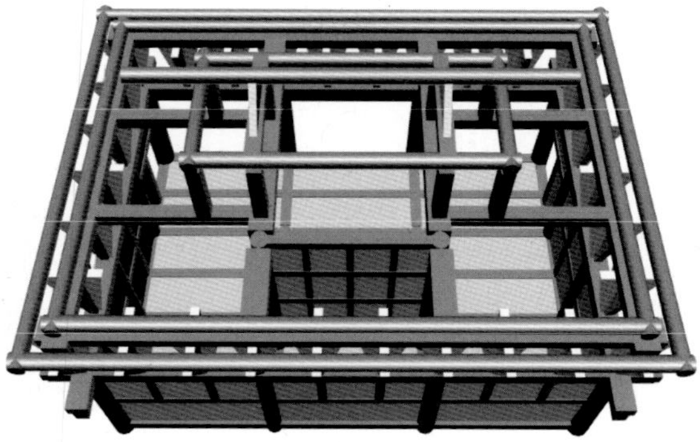

부재	부재의 외부 노출과 접촉여부	부후속도(r)
기둥	모든 기둥의 밑둥은 초석에 접하고 있으며 윗부분은 다른 보 부재에 접하고 있다.	지역, 수종, 크기, 건축면 방향, 목리방향, 기둥 위 접촉, 기둥 면 비접촉
도리 방향 보	보의 윗면과 아래면은 접촉, 좌 우 측면은 비접촉 이며 보의 정면쪽 측면은 외부노출, 보의 길이방향 끝면은 end grain 노출(횡단면 노출)	지역, 수종, 크기, 건축면 방향, 목리방향, 보 위 접촉, 기둥 결구부분 접촉
공포	개별부재 접촉이며 3면은 외부 노출이고 1면은 실내	지역, 수종, 크기, 건축면 방향
대들보	대들보의 머리부분이 외부노출 end grain(횡단면은 노출)	지역, 수종, 크기, 건축면 방향, 목리방향
도리	출목도리와 주심도리는 외부노출 윗면과 아랫면은 접촉이며 end grain 외부노출(횡단면은 노출) 종도리부터 중도리는 실내에 위치함	지역, 수종, 크기, 목리방향, 출목도리와 주심도리 윗면과 아랫면은 접촉

기존 전통목조건축물의 구조 안전성을 평가하기 위하여 주요 구조부재와 비구조부재의 사용기간에 따른 노출 정도와 구조 부재의 수종에 따른 내구성, 부재의 배열 방향과, 접촉상태, 목리방향을 고려하여 내구성을 예측할 수 있다. 이와 함께 현장조사를 하여 부재의 부후상태를 판단해야 한다.

구조부재의 내구성 정도를 예측하기 위하여 목재의 열화원인이 되는 인자에 대해 고려하여야 한다. 환경적 요인 즉, 시간, 온도, 수분에 의한 부후가 있을 수 있다. 생물학적 요인으로 곤충에 의한 부후, 물리적/화학적 요인으로 목재가 가지고 있는 부후에 대한 저항성, 부재의 크기와 방향에 따른 물리적 요인, 부재의 결합상태를 고려할 수 있다.

▶ 기후/환경적 요인/물리적 요인/생물학적 요인($K_{climate}$)

대한민국의 지역에 따른 평형함수율 즉 온도와 상대습도 데이터를 기반으로 한 기후 지수를 도출한다.

▶ 부재 수종, 열화의 정도(K_{wood})

구조부재의 수종에 따라 아래 표에서 제시한 것처럼 수종별 내후성에 대한 지표를 표현할 수 있다. 크게 내후성의 등급을 4단계로 나눌 수 있다.

내후성	국산재
큼	느티나무, 밤나무, 잎갈나무, 신갈나무(참나무류)
보통	가래나무, 들메나무(물푸레나무), 전나무, 굴피나무
작음	단풍나무류, 상수리나무(참나무류), 소나무, 오리나무, 자작나무, 잣나무, 가문비나무, 느릅나무, 두메오리나무, 팽나무, 복장나무(단풍나무), 피나무, 뽕나무
매우작음	서어나무, 버드나무, 벚나무, 은행나무

- 부재의 크기(K_{width})
- 전통목조건축물에서 부재의 위치($K_{exposure}$)
- 전통목조건축물에서 부재의 방향($K_{orientation}$)
- 부재와의 접촉 여부($K_{contact}$)
- 충해의 피해(K_{insect})

단기하중 + 장기하중 + 환경에 의한 팽창/수축 ⇒ 기둥, 보, 벽 부재의 물성,(장기 decay에 의한 강도감소, 함수율에 의한 강도감소), 접합부의 물성(장기 변형, 접합 간극의 변화, 제조 함수율과 사용환경에 의한 강도감소)

표 5-7. 장기 사용에 따른 구조부재의 탄성계수와 강도성능 저하(Cavalli *et al.*, 2016)

	Bending MOE	Tension MOE	Compressive MOE	Bending MOR	Tensile strength	Compressive strength	Shear strength
50년 경과	No change	No change	No change	15%	No change	No change	No change
90년 경과	15% (flatwise) 42%(edgewise)	No change	No change	15%	No change	No change	No change
270년 경과	15% (flatwise) 42%(edgewise)	No change	No change	15%	30%	No change	No change

5.5 도면/현장조사

■ 구조레벨

- 건축연도(보수연도)
- 위치(지반, 풍속)
- 평면 및 규모(층수, 도리 칸수, 보 칸수)
- 지붕 형식 및 무게
- 구조 시스템 형식(벽체 형태, 기둥간격 in x, y, 기둥개수 x, y)
- 형식에 따른 전통 목구조 부재 정리
- 만약 건축년도(보수년도)가 미상일 경우 보수적으로 판단하여 물성값 계산

■ 부재레벨

- 주요 구조 부재(기둥, 보) 수종 ⇒ 비중에 의한 물성예측, 자중
- 주요 구조 부재(기둥, 보) 크기
- 접합부의 형태
- 벽체 형태
- 함수율(EMC 에 따라 물성 변화, 단면손실을 바탕으로 계산)
- 재료의 열화 및 강도(중량감소율, 강도감소%, decay에 의한 부재크기가 변화, 향후 환경에 따른 변화)
- 충해(흰개미, 딱정벌레, 가루나무 벌레 등 피해 사진과 잔존부재 측정 방법)
- 접합부 물성 부재 수종 접합양식 EMC 시간에 따라(단면손실, 공극, 마찰력 저하)
- 내부 피해정도 측정방법과 잔존부재/내력
- Creep
- 위 내용을 정리 표로 작성

■ 부재 건전도 평가

- 구조 건전도 평가
- 현시점, 관리의 중요성
- 구조 system과 부재의 현상태 ⇒ 10년, 30년, 50년, 100년, 300년, 500년

CHAPTER 06

전통 접합부 형식

CHAPTER 06

전통 접합부 형식

6.1 전통 접합부 종류

대한민국 전통 목구조에 사용된 전통접합부 종류는 매우 다양하다. 그 형태에 따른 분류로 짜맞춤 접합부와 산지접합부로 나눌 수 있다. 짜맞춤 접합부는 부재간의 홈 가공을 통해 끼워지는 형태의 접합부이다. 산지접합부는 주 부재에 천공 혹은 산지가 들어갈 수 있도록 홈 가공을 하여 두 부재간 산지의 체결을 통해 접합이 이루어지는 형태이다.

짜맞춤 접합부의 경우 수평과 수평부재를 접합하거나 수직과 수직부재를 잇는 이음이 있다. 수평부재와 수직부재, 즉 기둥과 보를 잇는 맞춤이 있다. 전통접합부는 크게 수직 요소간 연결과, 수평요소간 결구, 그리고 수평부재와 수직부재가 연결된 형태로 나눌 수 있다. 수직부재간 연결에 쓰이는 접합부는 주먹장이음, 엇갈이산지이음, 엇댄산지이음, 나비장이음 등을 들 수 있고, 수평부재간 연결에 쓰이는 접합부는 주먹장이음, 엇갈이산지이음, 나비장이음, 반턱맞춤 등을 들 수 있다. 수평부재와 수직부재의 결구는 기둥의 사개형식에 수평보의 반턱, 주먹장 형태의 맞춤이 주로 사용된다. 그 종류 또한 매우 많아 접합부를 중심으로 설명하기 보다는 구조해석을 위한 주요 접합부의 위치와 단면, 물성을 표기하기 위하여 구조도를 중심으로 접합부를 표기하면 다음 그림과 같다.

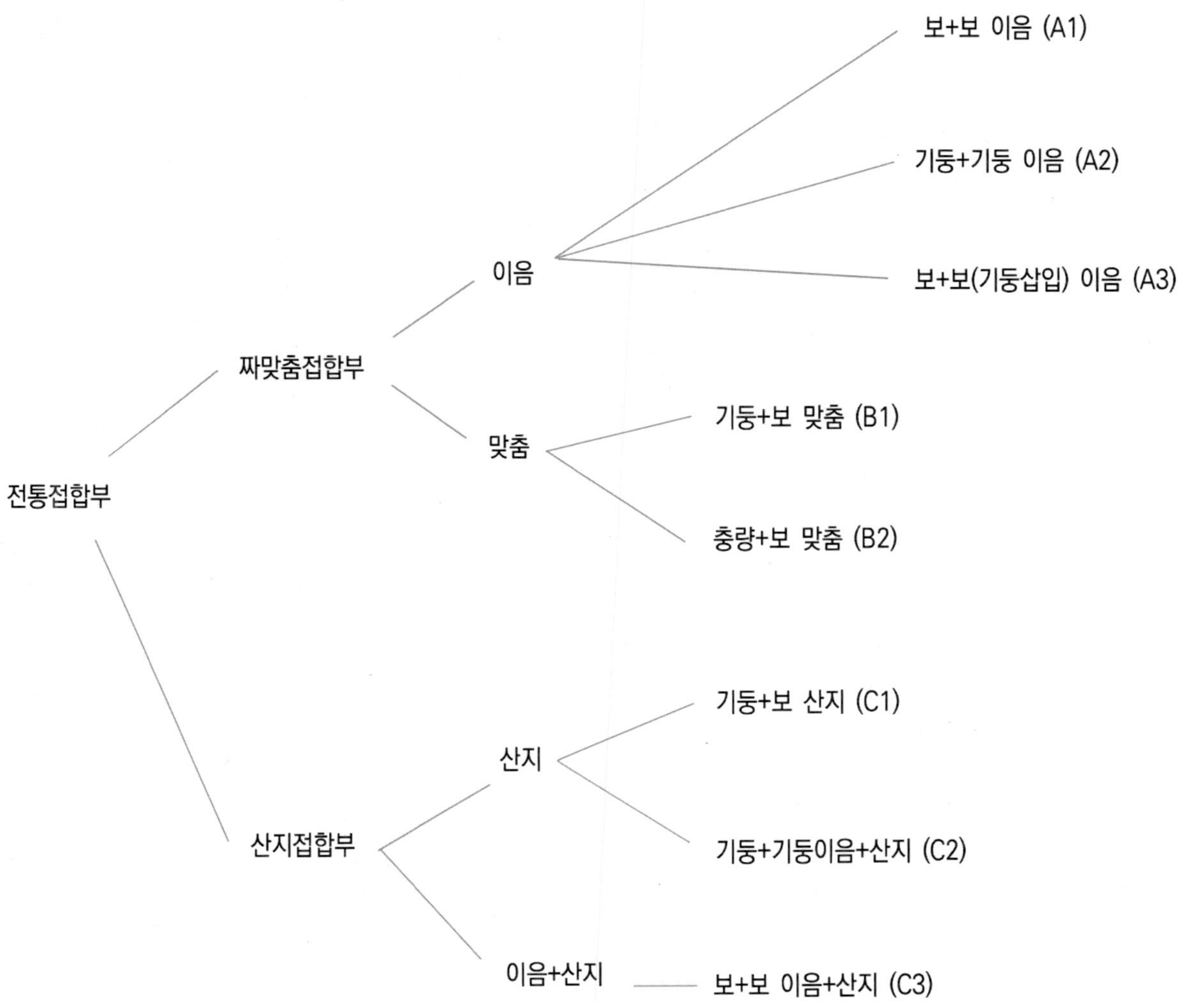
전통접합부
짜맞춤접합부
이음
보+보 이음 (A1)
기둥+기둥 이음 (A2)
보+보(기둥삽입) 이음 (A3)
맞춤
기둥+보 맞춤 (B1)
충량+보 맞춤 (B2)
산지접합부
산지
기둥+보 산지 (C1)
기둥+기둥이음+산지 (C2)
이음+산지
보+보 이음+산지 (C3)

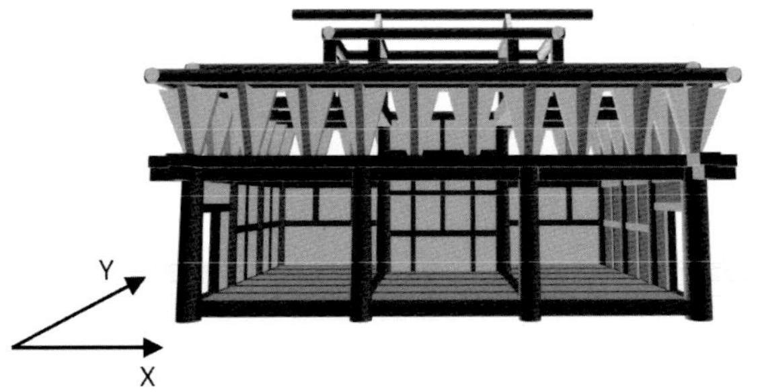
Y
X

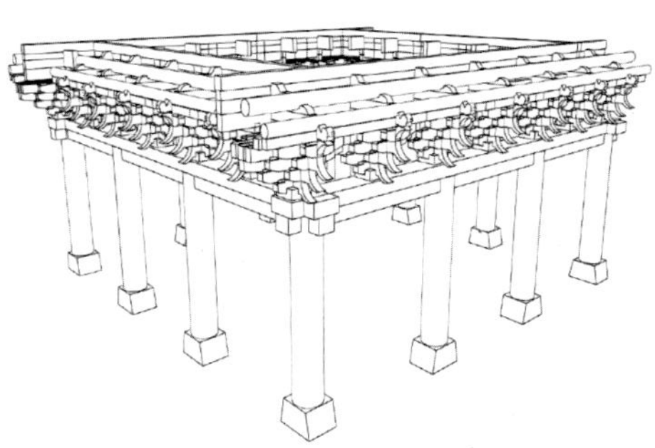

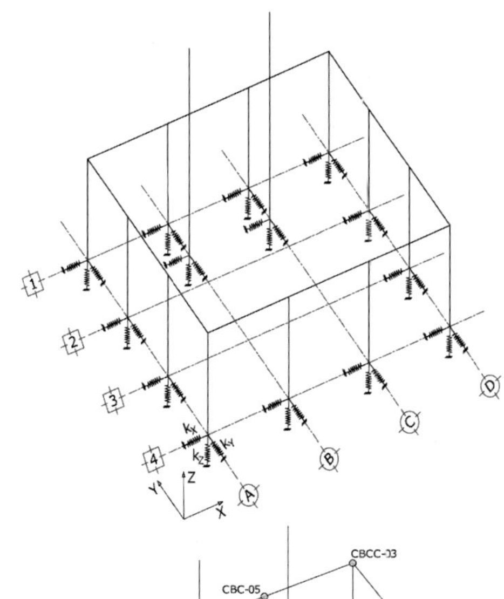
1
2
3
4
A
B
C
D
K_X
K_Y
K_Z
Z
Y
X

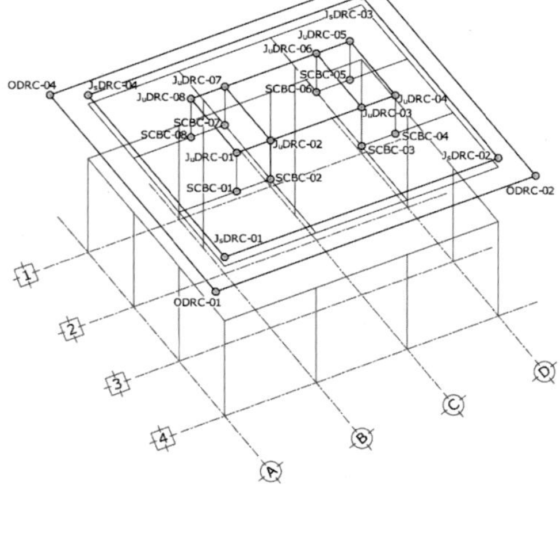
ODRC-03
J_sDRC-03
J_uDRC-05
J_uDRC-06
ODRC-04
J_sDRC-04
J_uDRC-07
J_uDRC-08
SCBC-05
SCBC-06
J_uDRC-04
J_uDRC-03
SCBC-07
SCBC-08
SCBC-04
J_uDRC-02
SCBC-03
J_uDRC-01
J_sDRC-02
SCBC-02
SCBC-01
ODRC-02
J_sDRC-01
ODRC-01
1
2
3
4
A
B
C
D

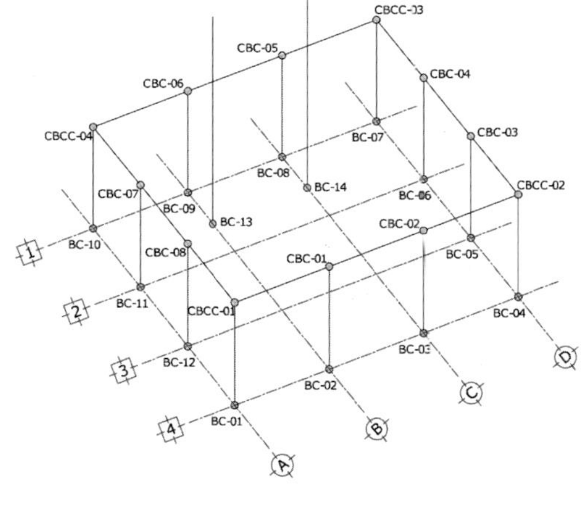
CBCC-03
CBC-05
CBC-04
CBC-06
CBCC-04
BC-07
CBC-03
BC-08
BC-14
CBC-07
CBCC-02
BC-09
BC-06
BC-13
CBC-02
BC-10
BC-05
CBC-08
CBC-01
BC-11
CBCC-01
BC-04
BC-12
BC-03
BC-02
BC-01
1
2
3
4
A
B
C
D

다음의 그림은 전통 목구조에서 부재와 부재 연결에 사용되는 접합부의 위치 및 사용 사례를 보여 준다. 접합부의 사용사례를 부재의 연결에 초점을 맞추어 설명하자면 맞춤 즉 수직하는 두부재의 접합을 위한 맞춤은 기둥+보를 연결하는 맞춤과 충량과 보에 사용된 맞춤, 기둥과 퇴보에 사용된 접합으로 주요구조 부재에 사용된 접합부를 들 수 있다. 이음은 수평과 수평부재 혹은 수직과 수직부재를 연결하는 접합으로 기둥 위를 가로 지르는 보의 연결에 사용되는 이음, 보와 보를 연결하는 이음, 기둥과 기둥을 연결하는 이음으로 크게 나눌 수 있다.

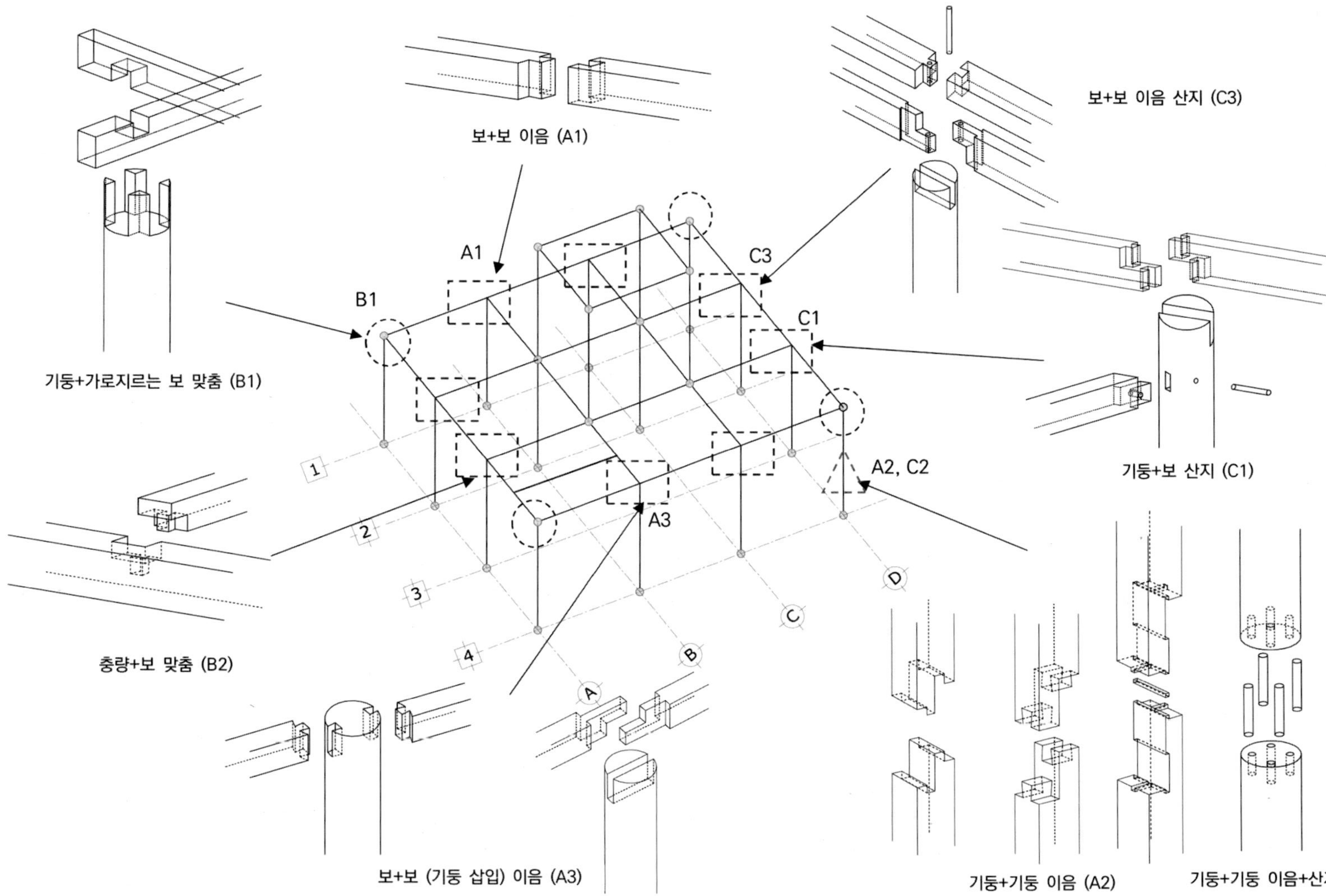
보+보 이음 (A1)
보+보 이음 산지 (C3)
A1
C3
B1
C1
기둥+가로지르는 보 맞춤 (B1)
기둥+보 산지 (C1)
A2, C2
A3
1
2
3
4
A
B
C
D
충량+보 맞춤 (B2)
보+보 (기둥 삽입) 이음 (A3)
기둥+기둥 이음 (A2)
기둥+기둥 이음+산지 (C2)

보와 보를 연결하는 이음 A1(주먹장 이음)

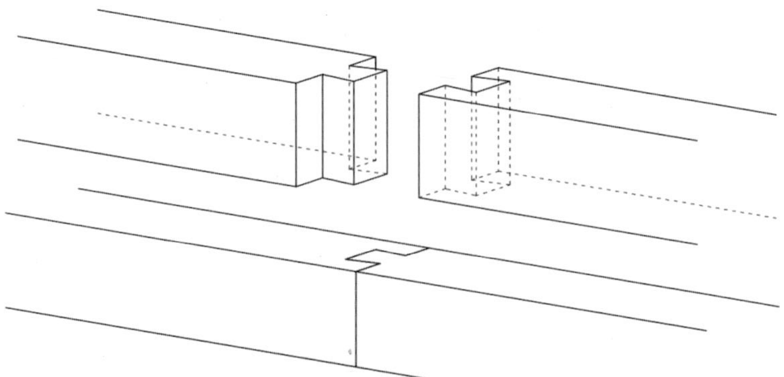

주먹장 이음

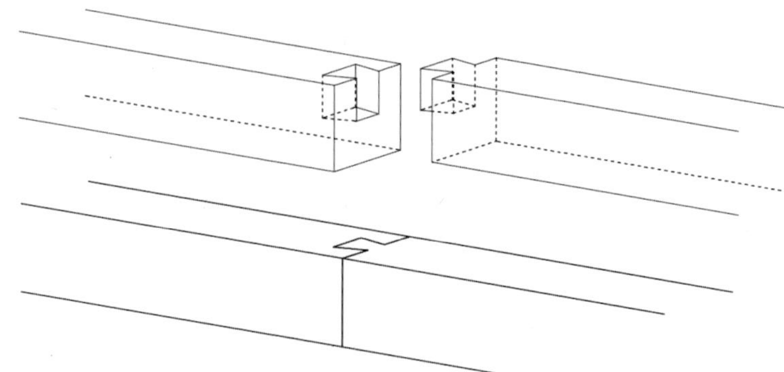

반턱 주먹장 이음

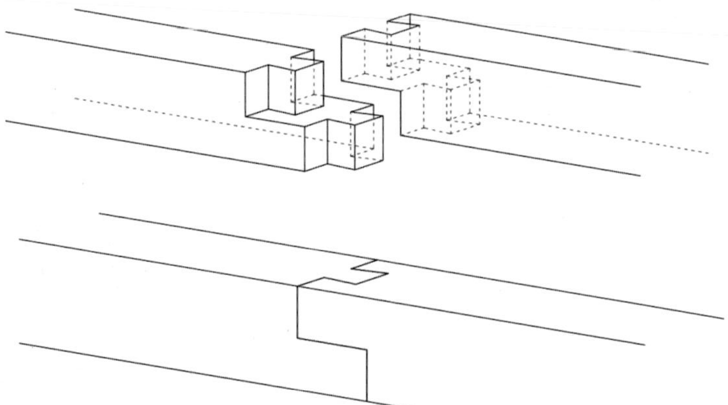

겹주먹장 이음

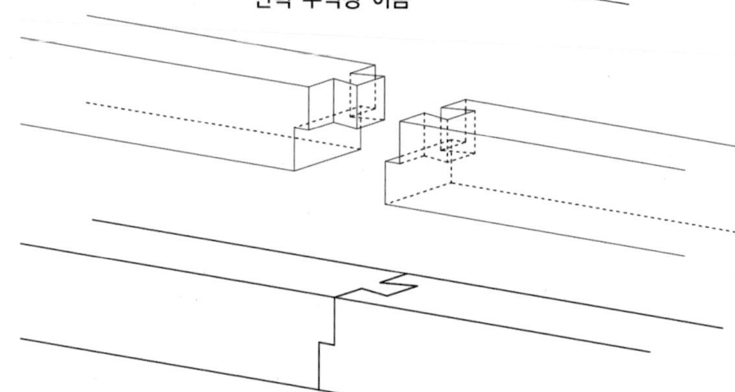

턱걸이 주먹장 이음

보와 보를 연결하는 이음 A1 (주먹장 이음)

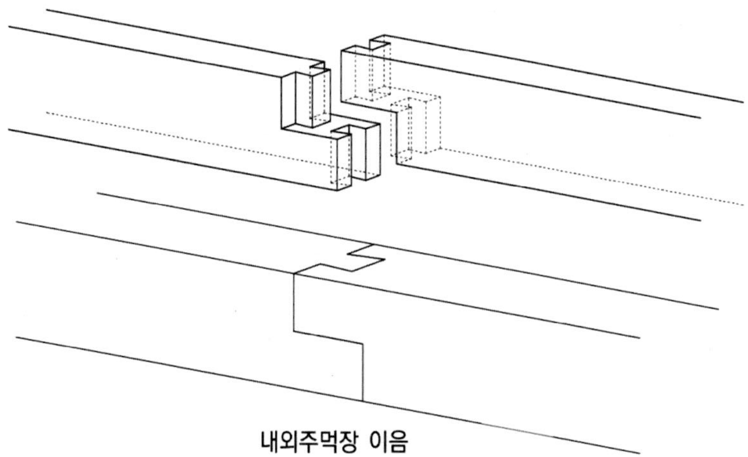

내외주먹장 이음

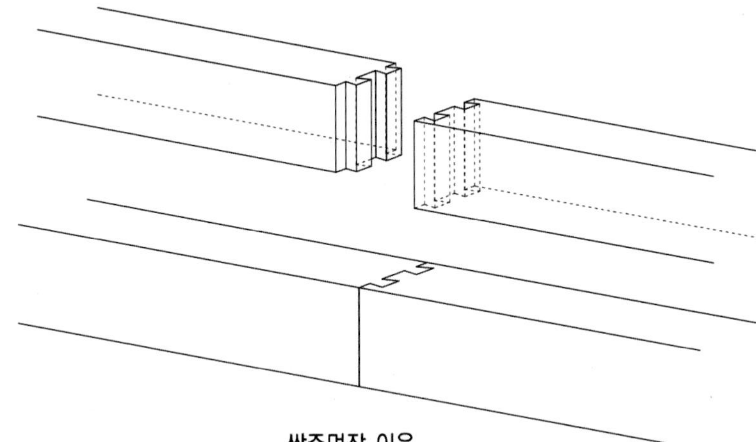

쌍주먹장 이음

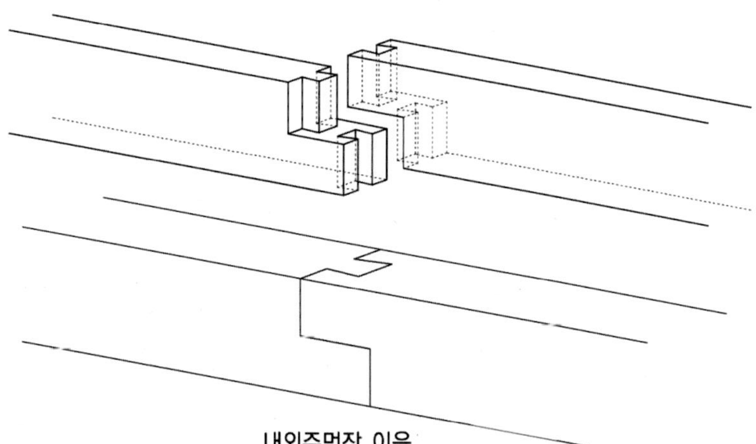

내외주먹장 이음

보와 보를 연결하는 이음 A1 (엇갈이산지 이음)

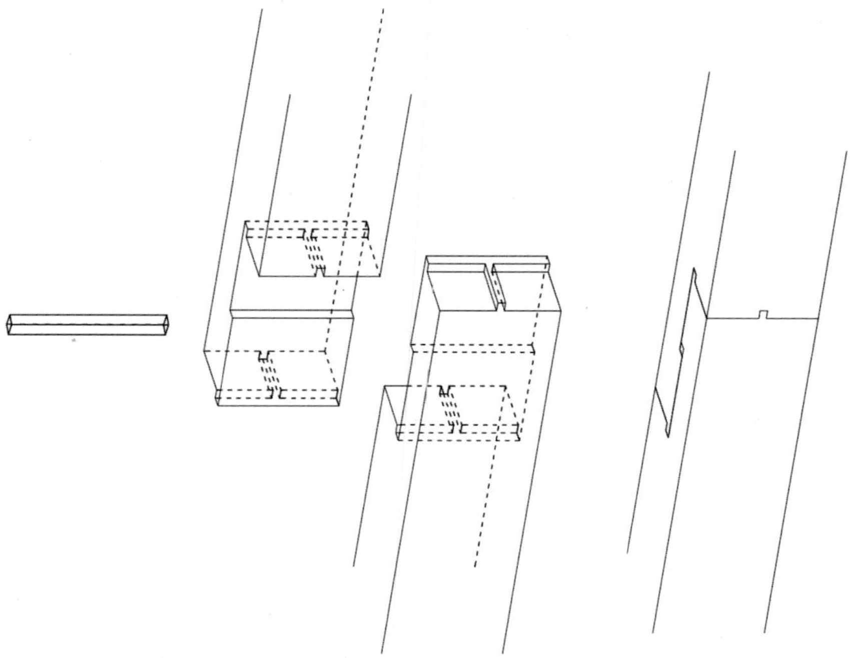

보와 보를 연결하는 이음 A1

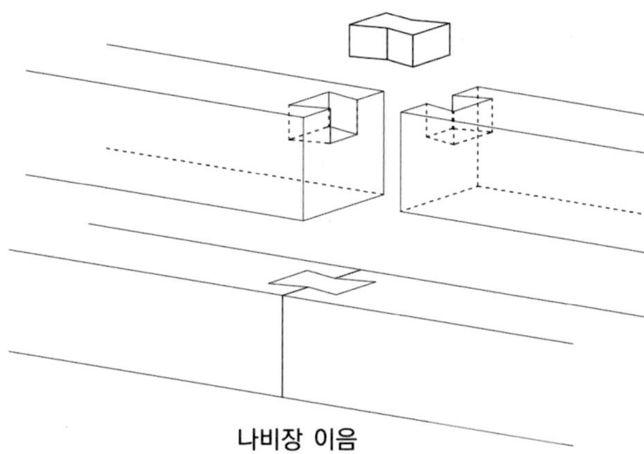

나비장 이음

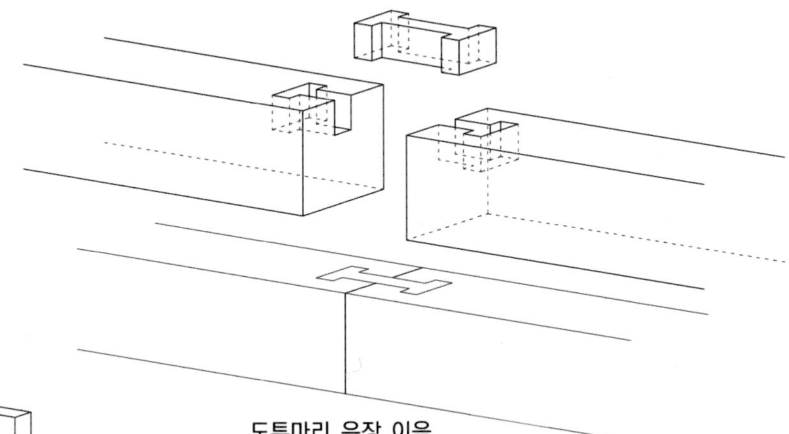

도투마리 은장 이음

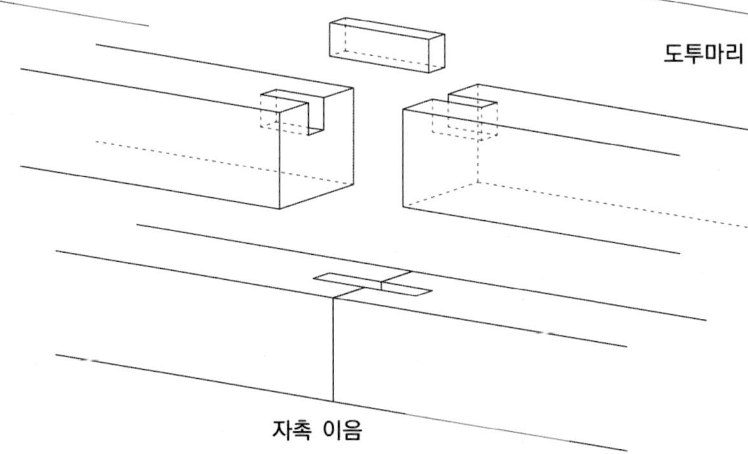

자촉 이음

보와 보를 연결하는 이음 A1

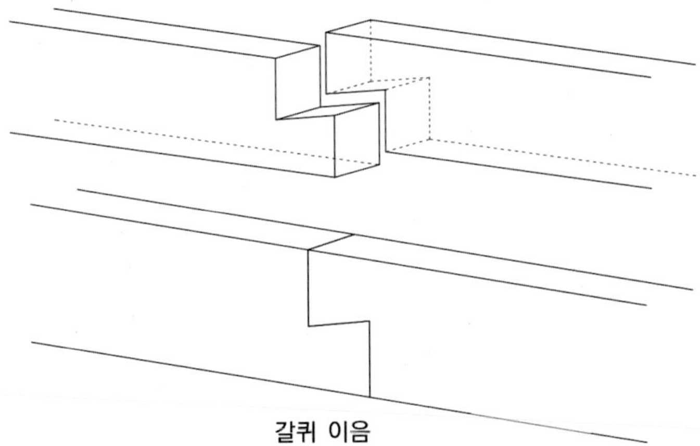

갈퀴 이음

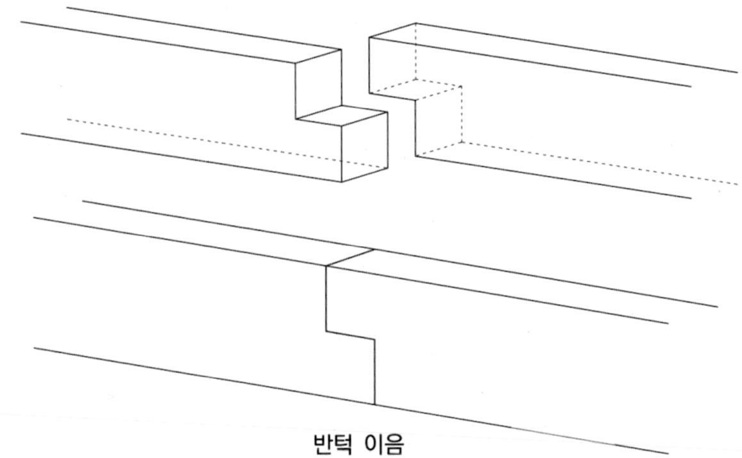

반턱 이음

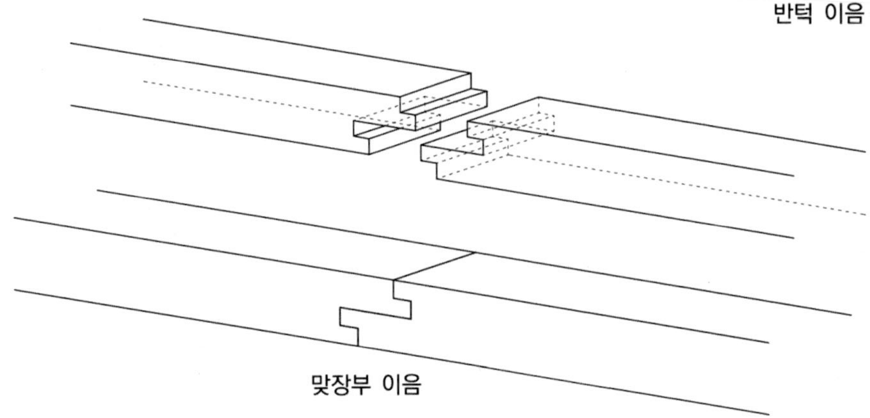

맞장부 이음

기둥과 기둥을 연결하는 이음 A2(주먹장 이음)

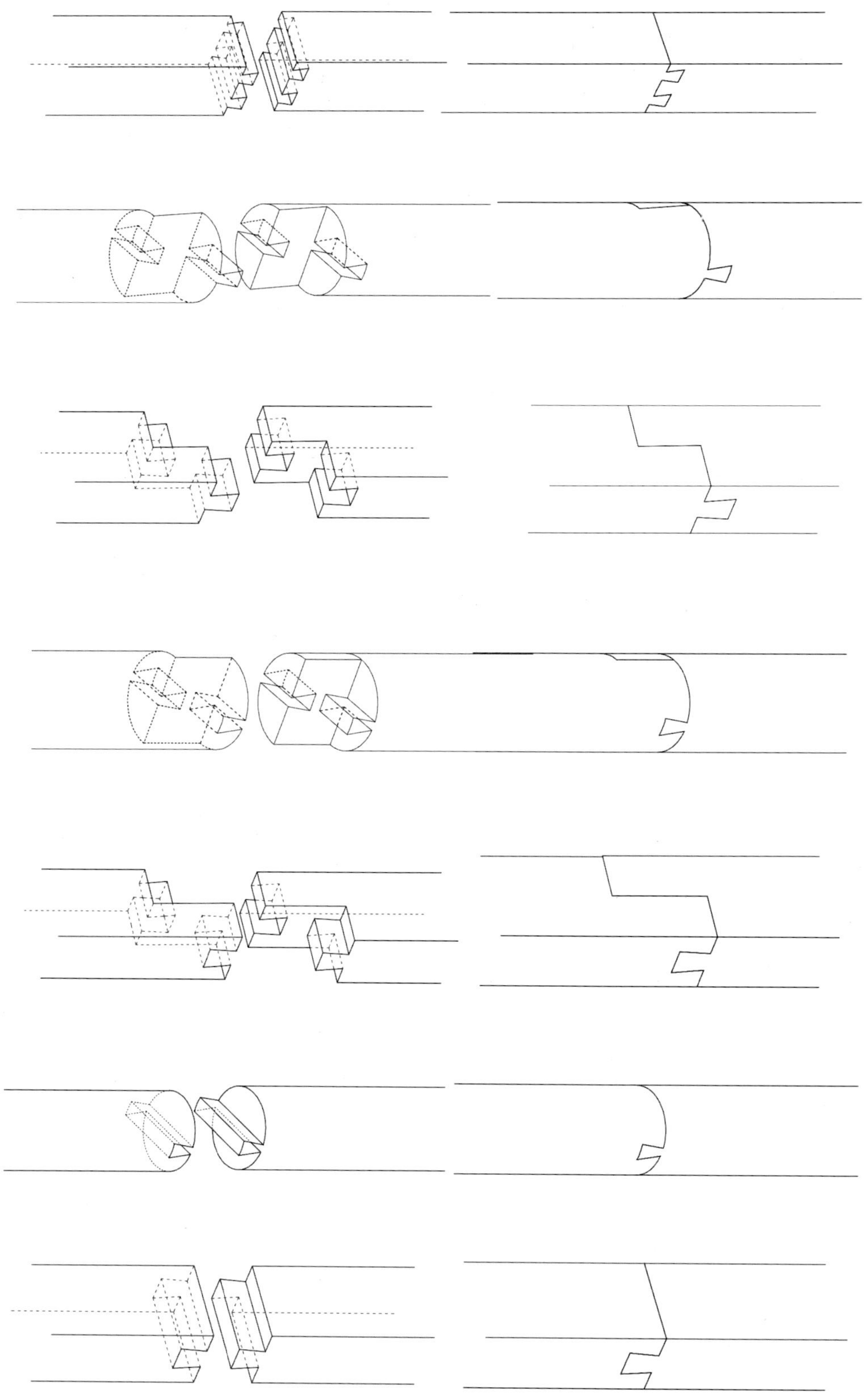

기둥과 기둥을 연결하는 이음 A2

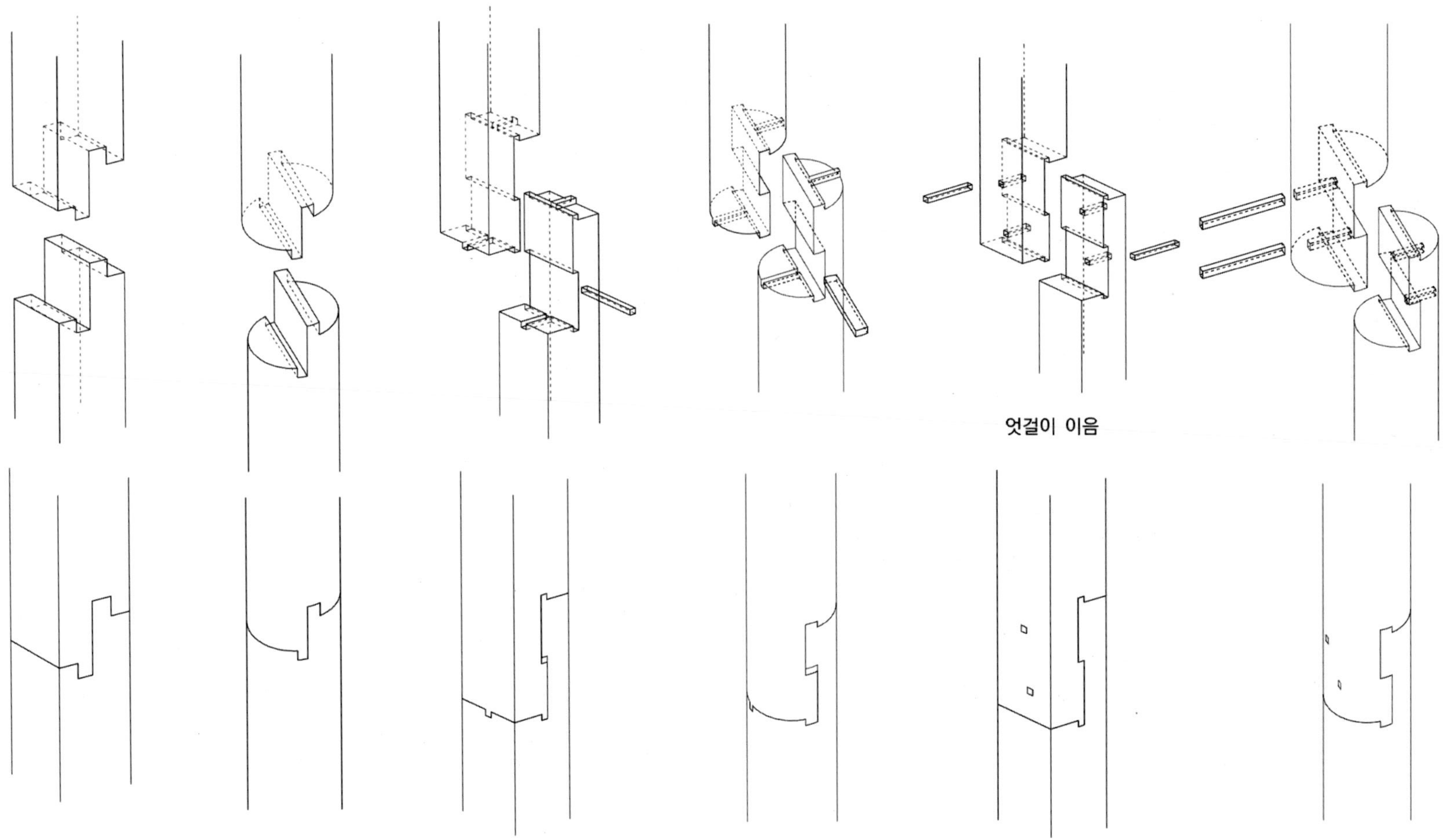

기둥과 기둥을 연결하는 이음 A2

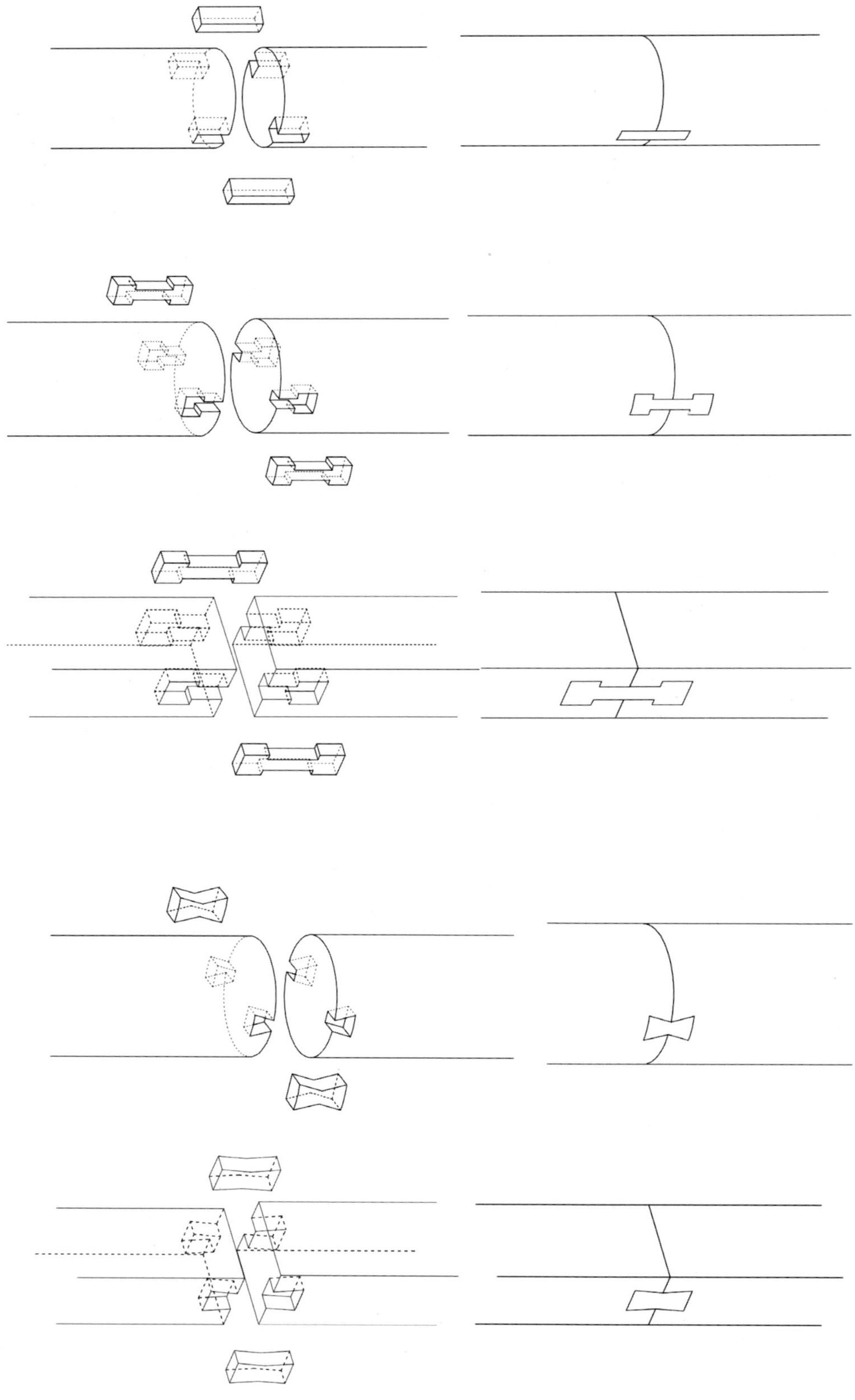

보+보 (기둥삽입) 이음 A3

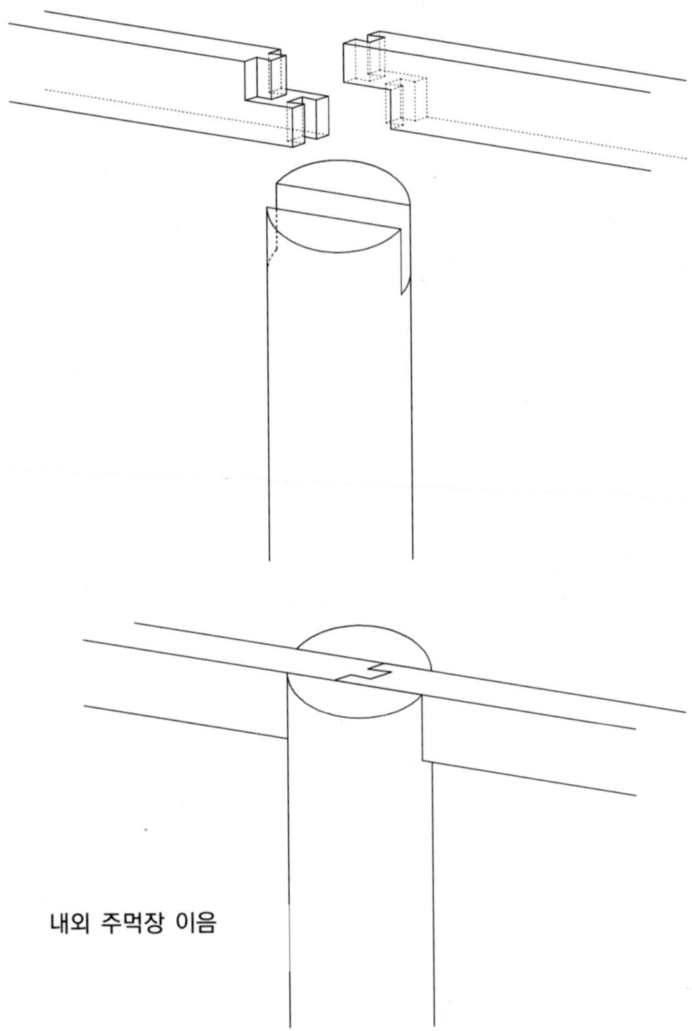

내외 주먹장 이음

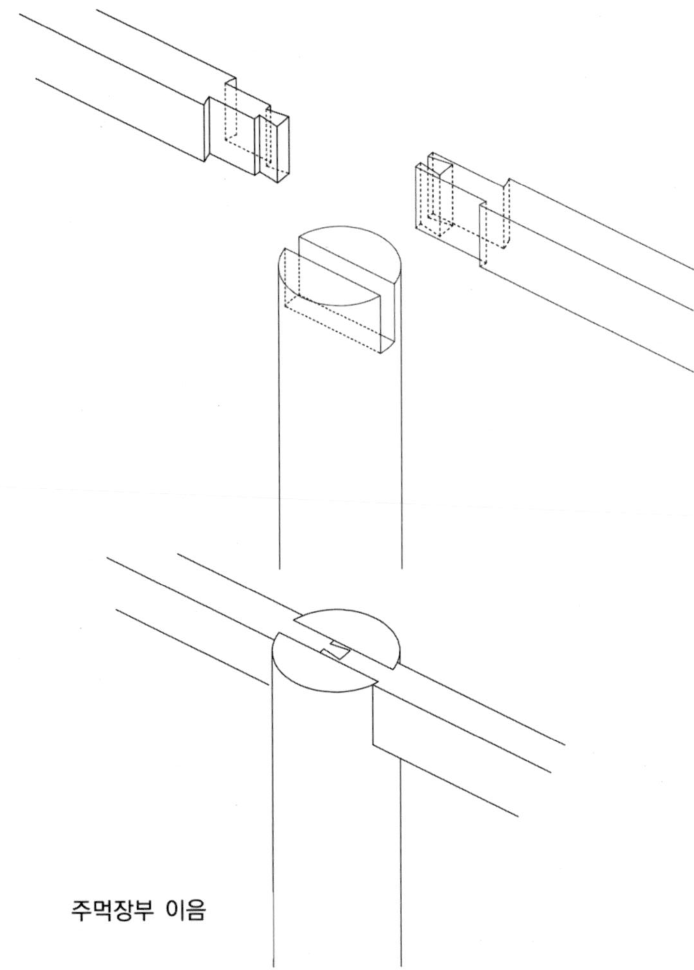

주먹장부 이음

보+보 (기둥삽입) 이음 A3

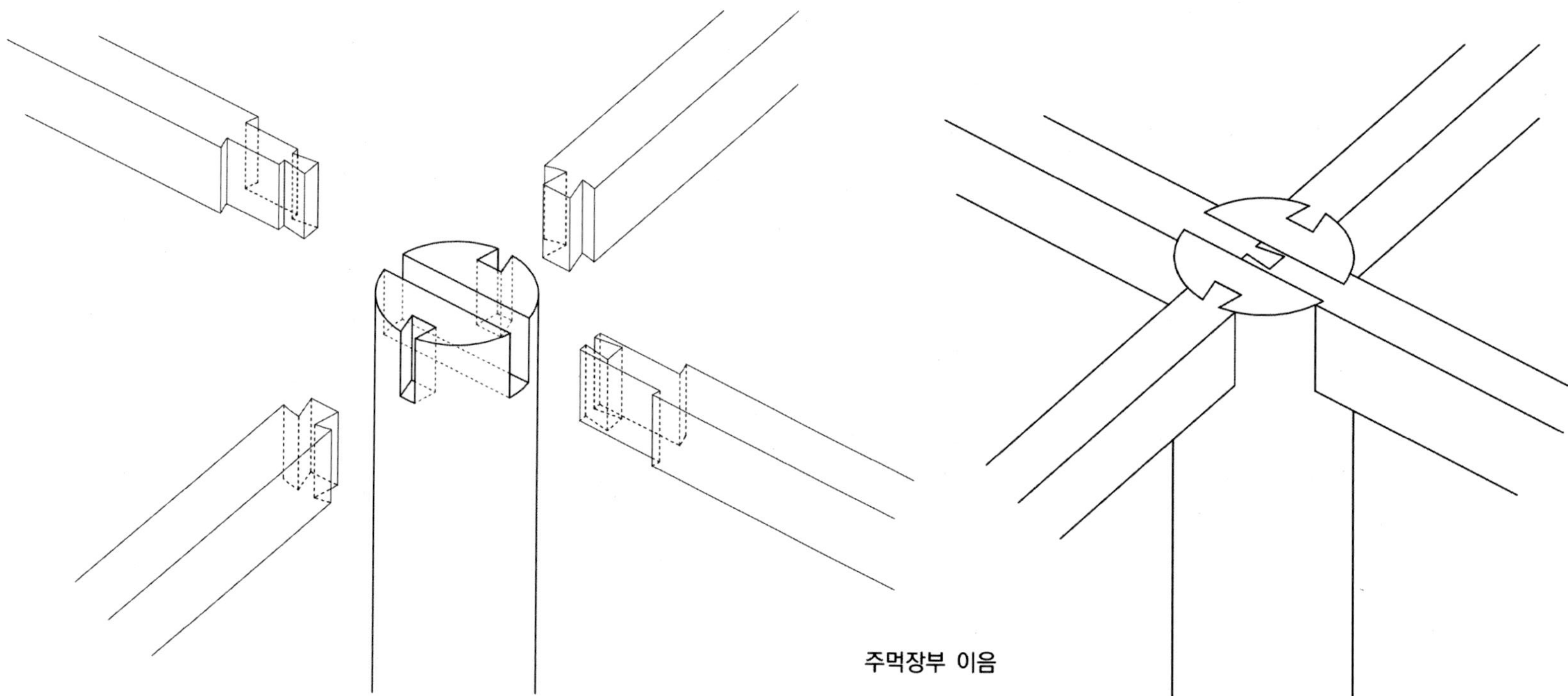

주먹장부 이음

보+보 (기둥삽입) 이음 A3

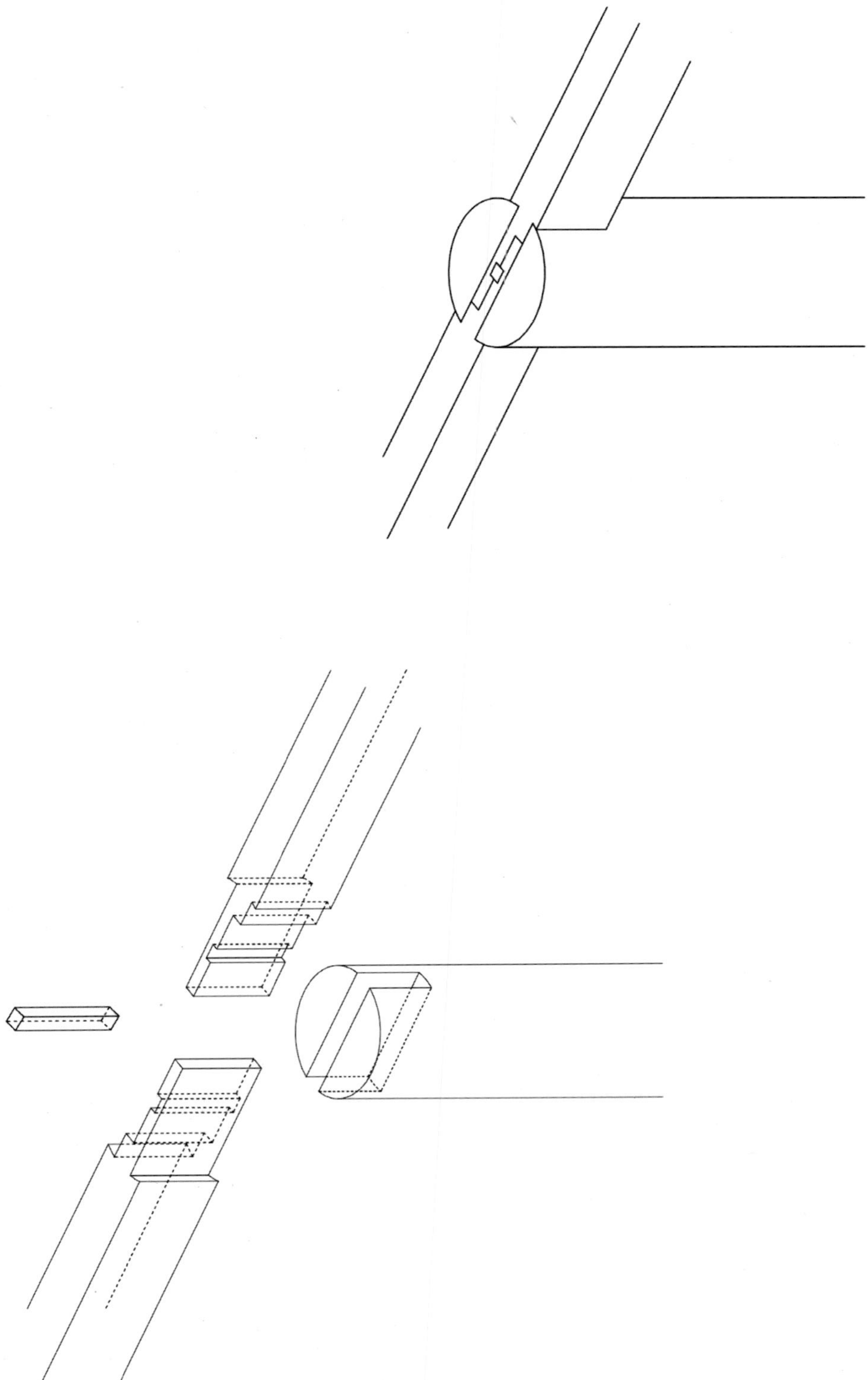

보+보 (기둥삽입) 이음 A3

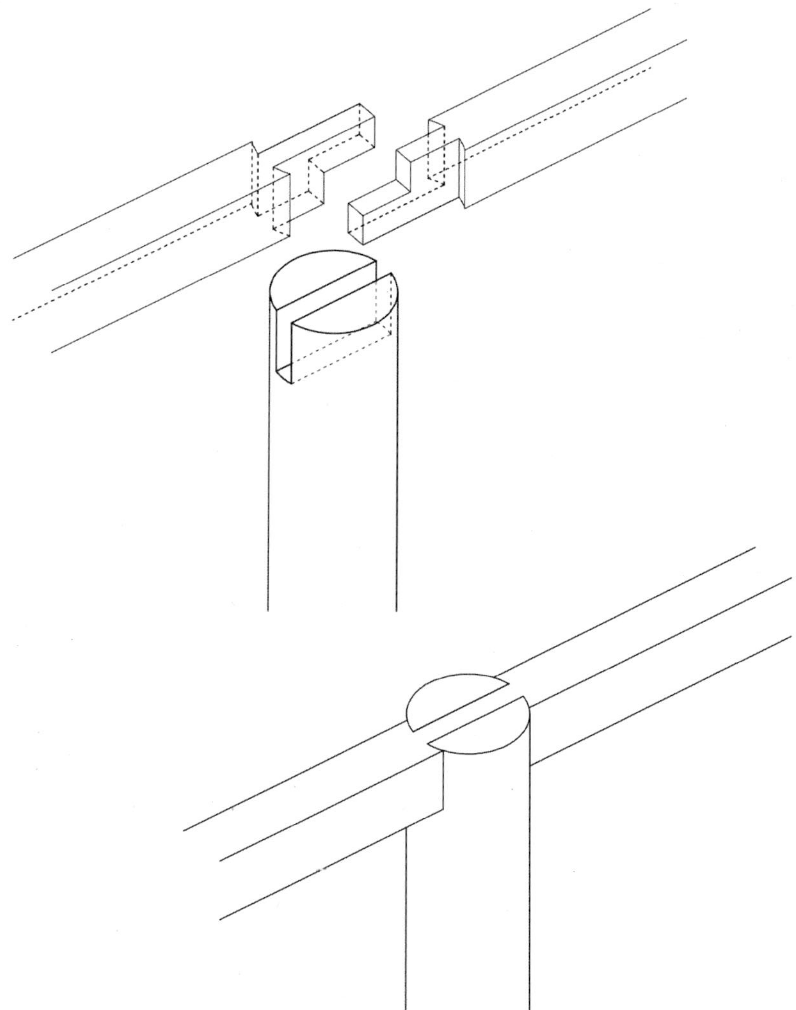

기둥 + 보 맞춤 B1

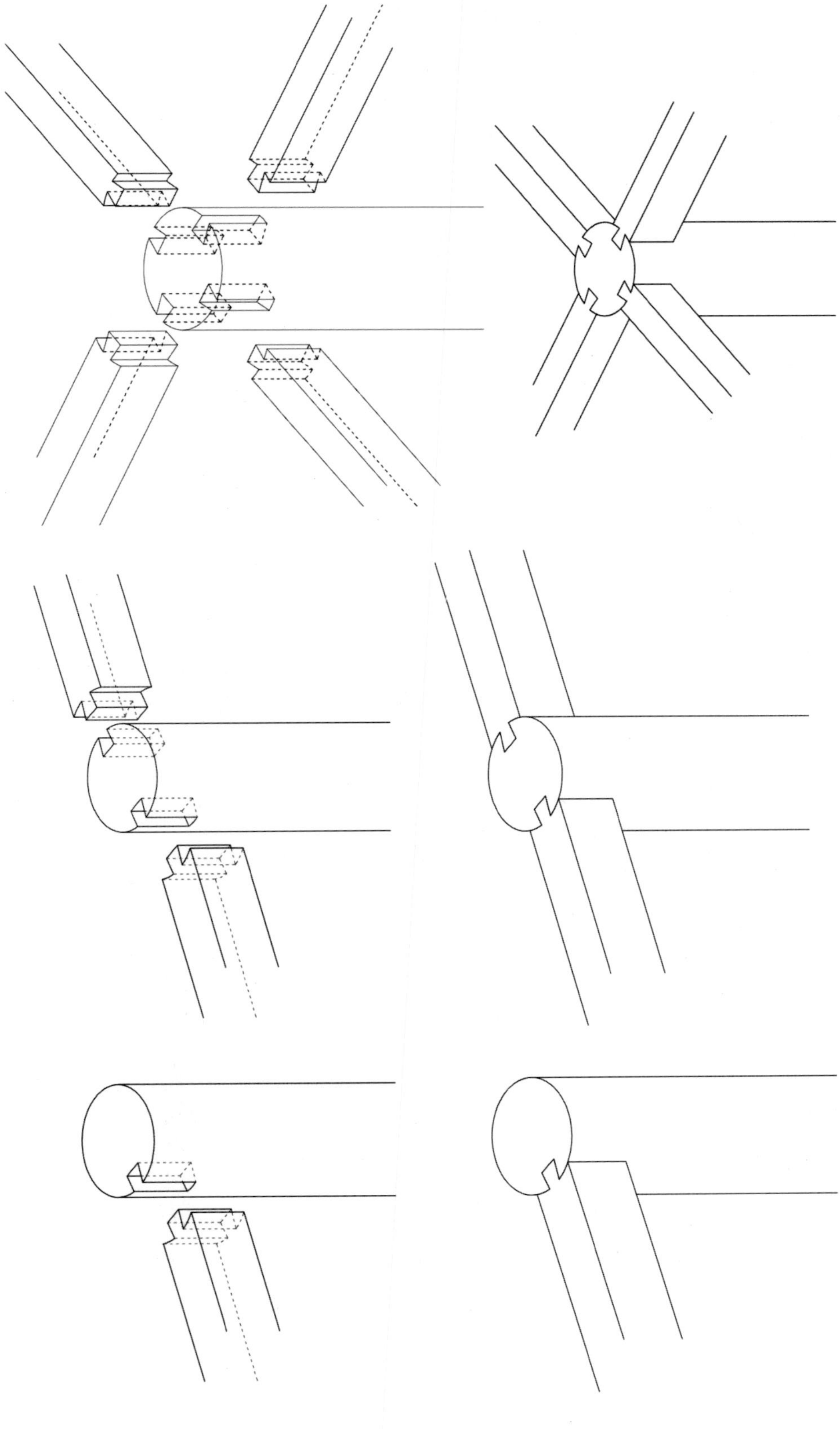

기둥 + 가로지르는 보 맞춤 B1

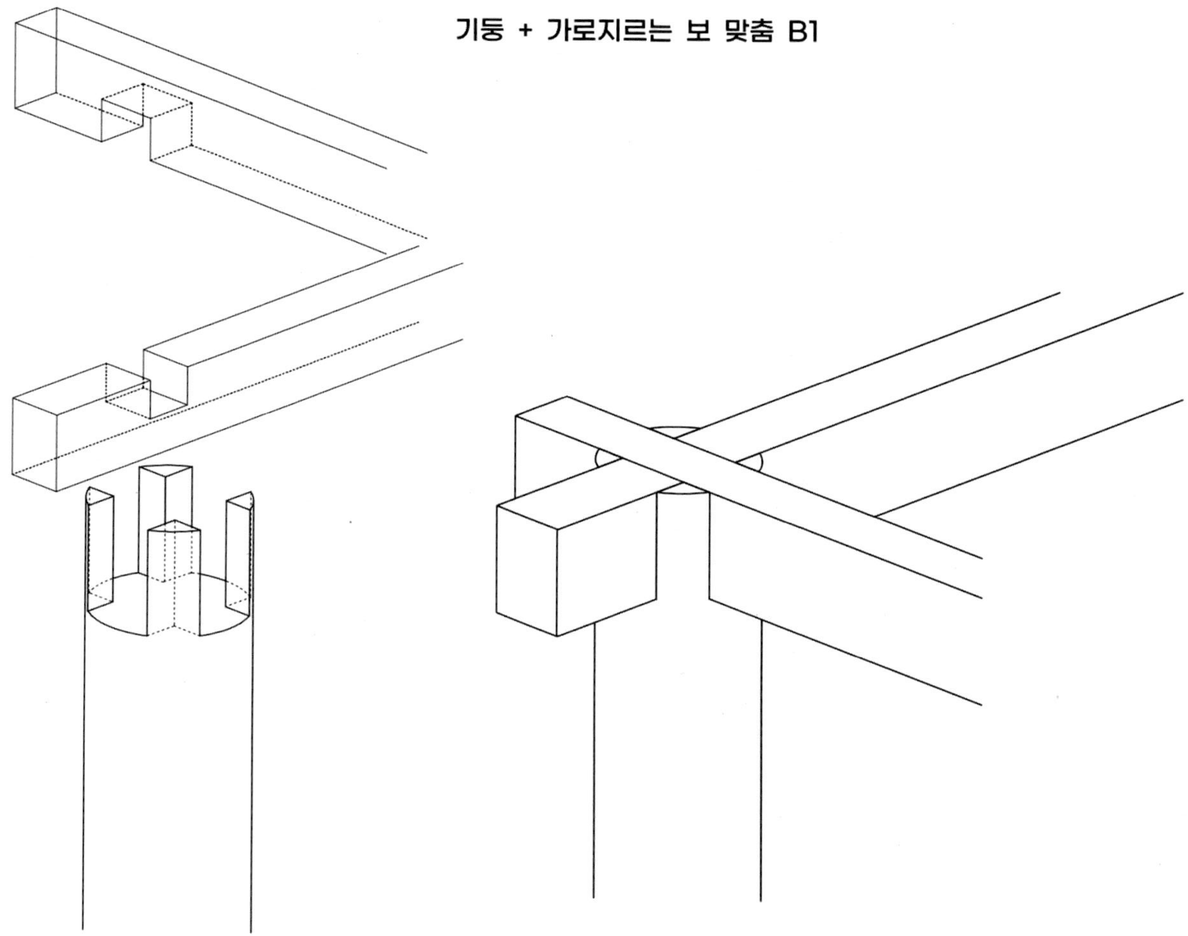

반턱 사개맞춤

충량 + 보 맞춤 B2

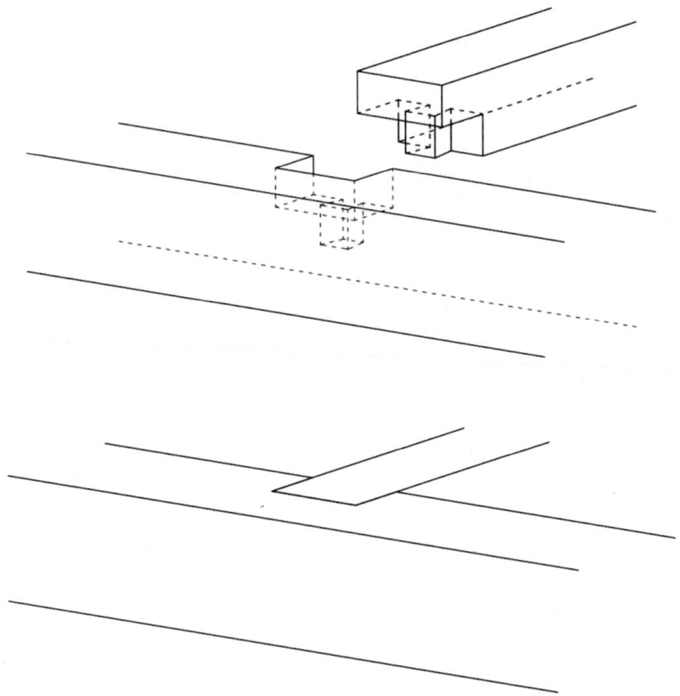

두겹 주먹장 맞춤

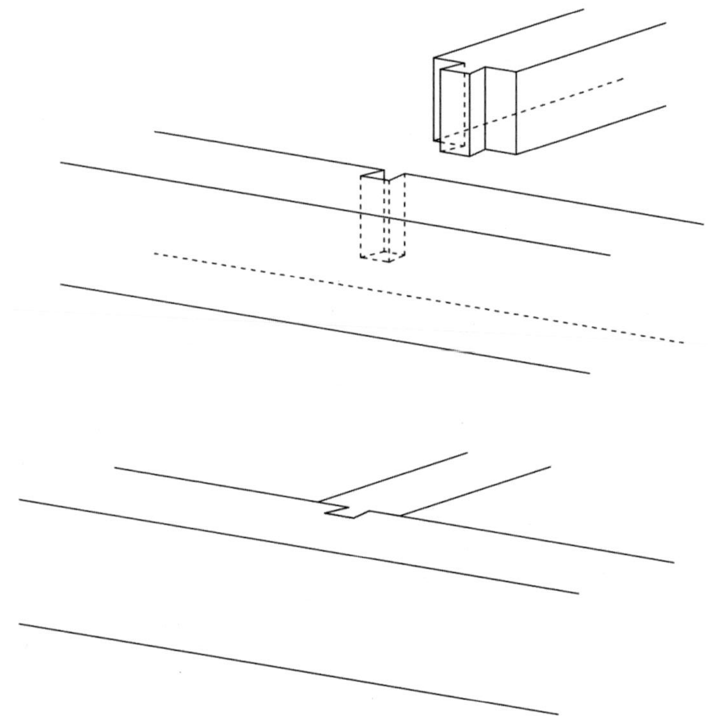

주먹장 맞춤

기둥 + 보 산지 C1

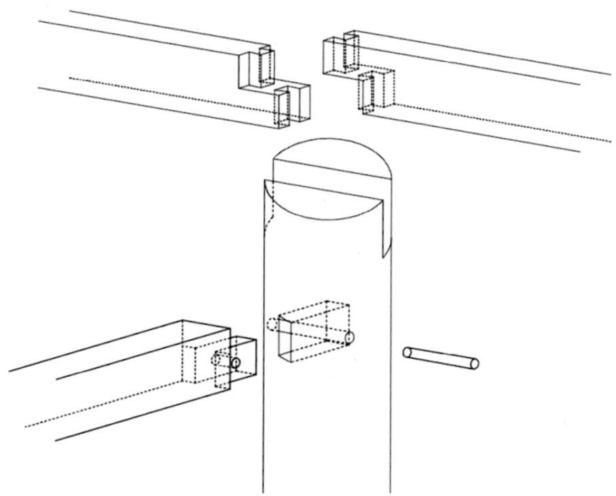

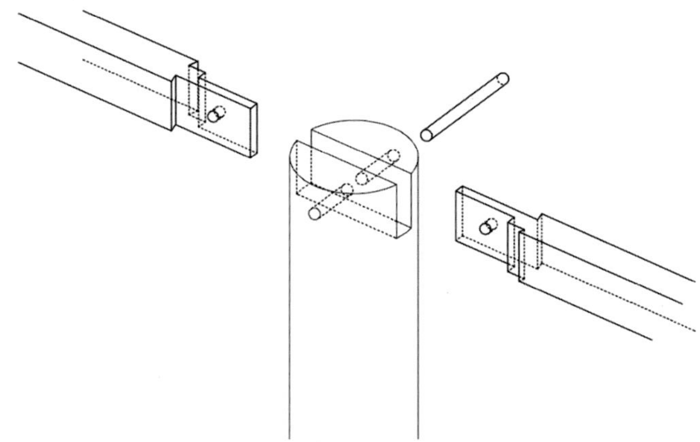

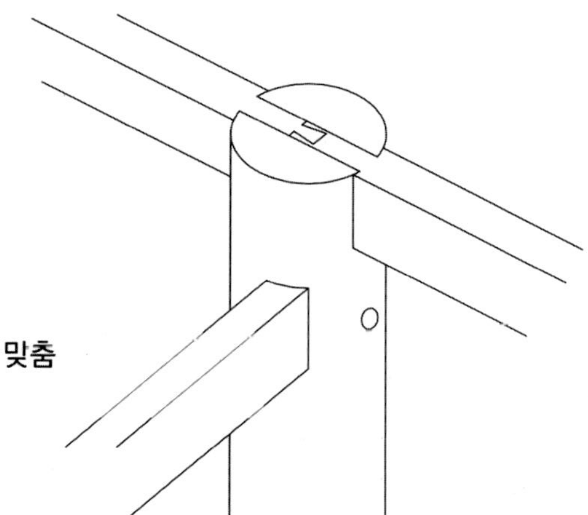

장부 산지 맞춤

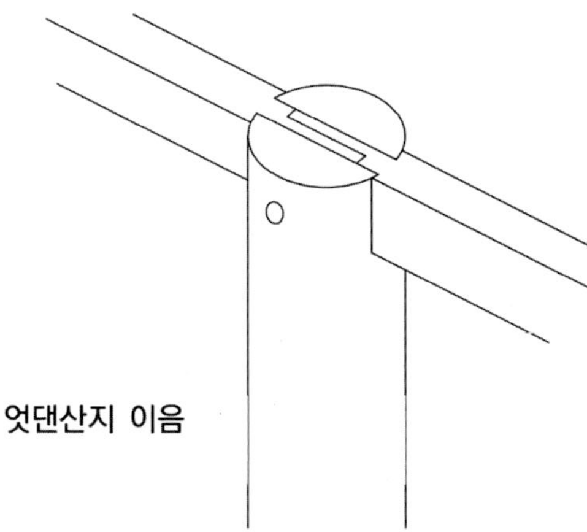

엇댄산지 이음

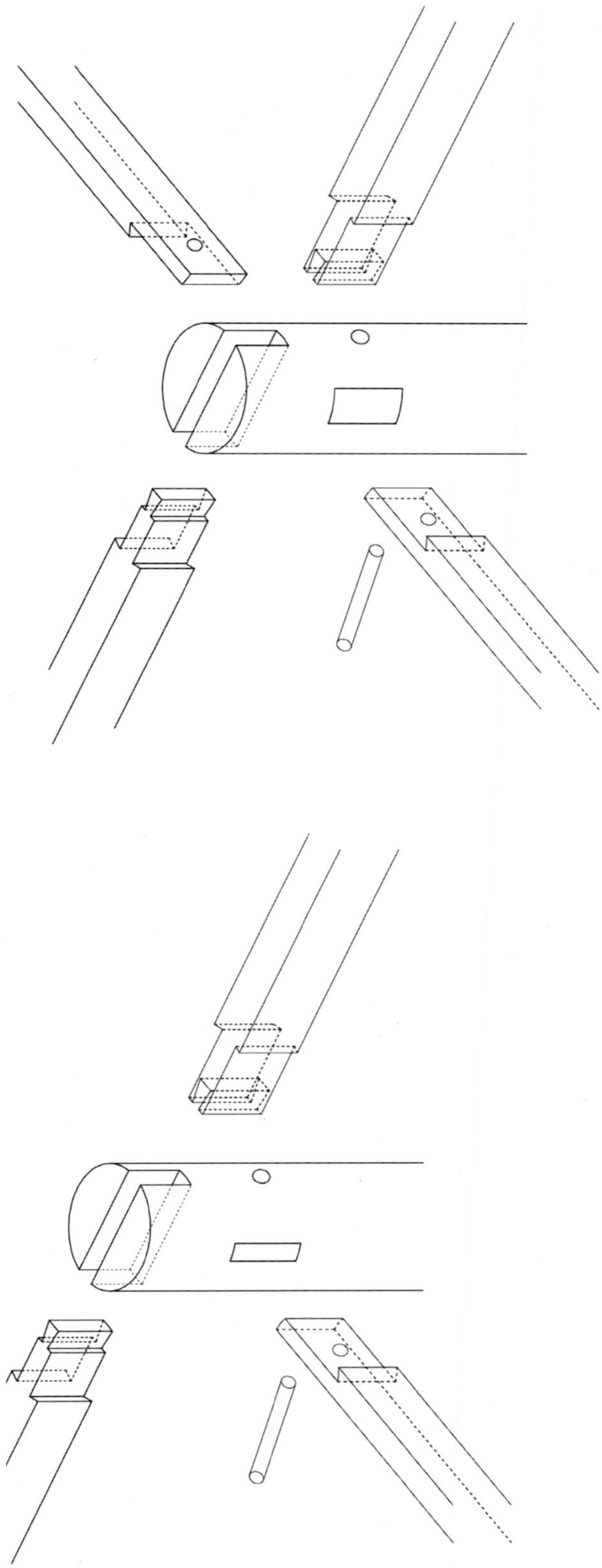

기둥 + 보 산지 C1

엇댄산지 이음

기둥 + 기둥 이음 + 산지 C2

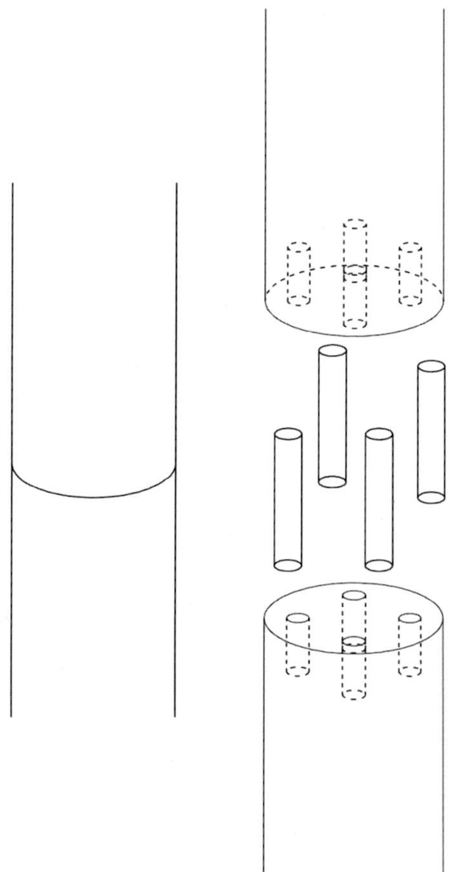

축 이음

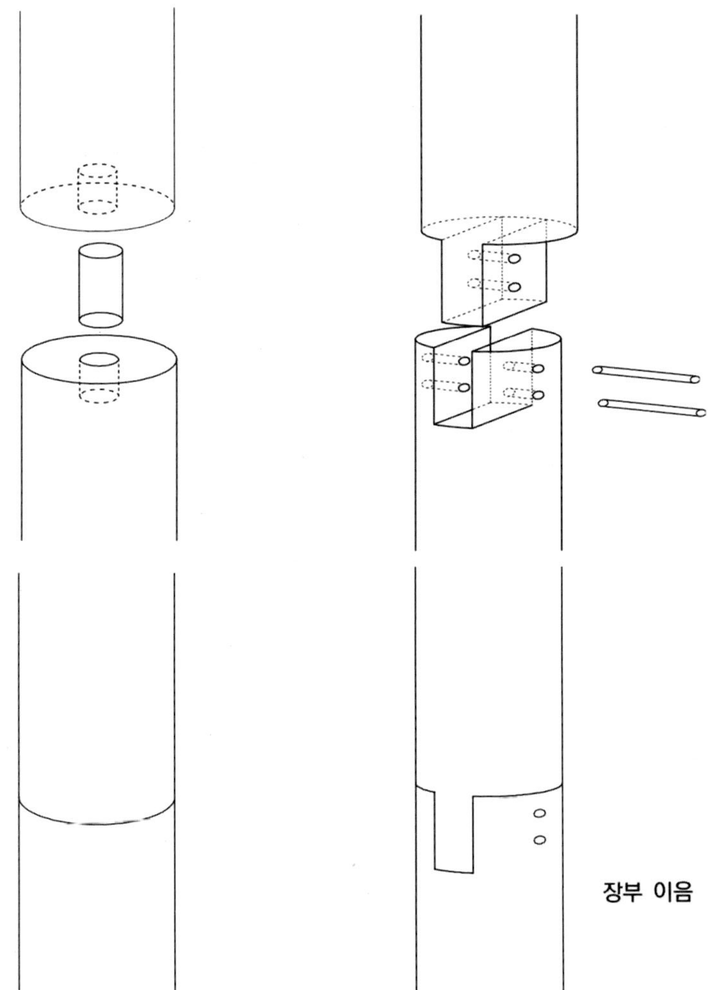

장부 이음

보 + 보 이음 산지 C3

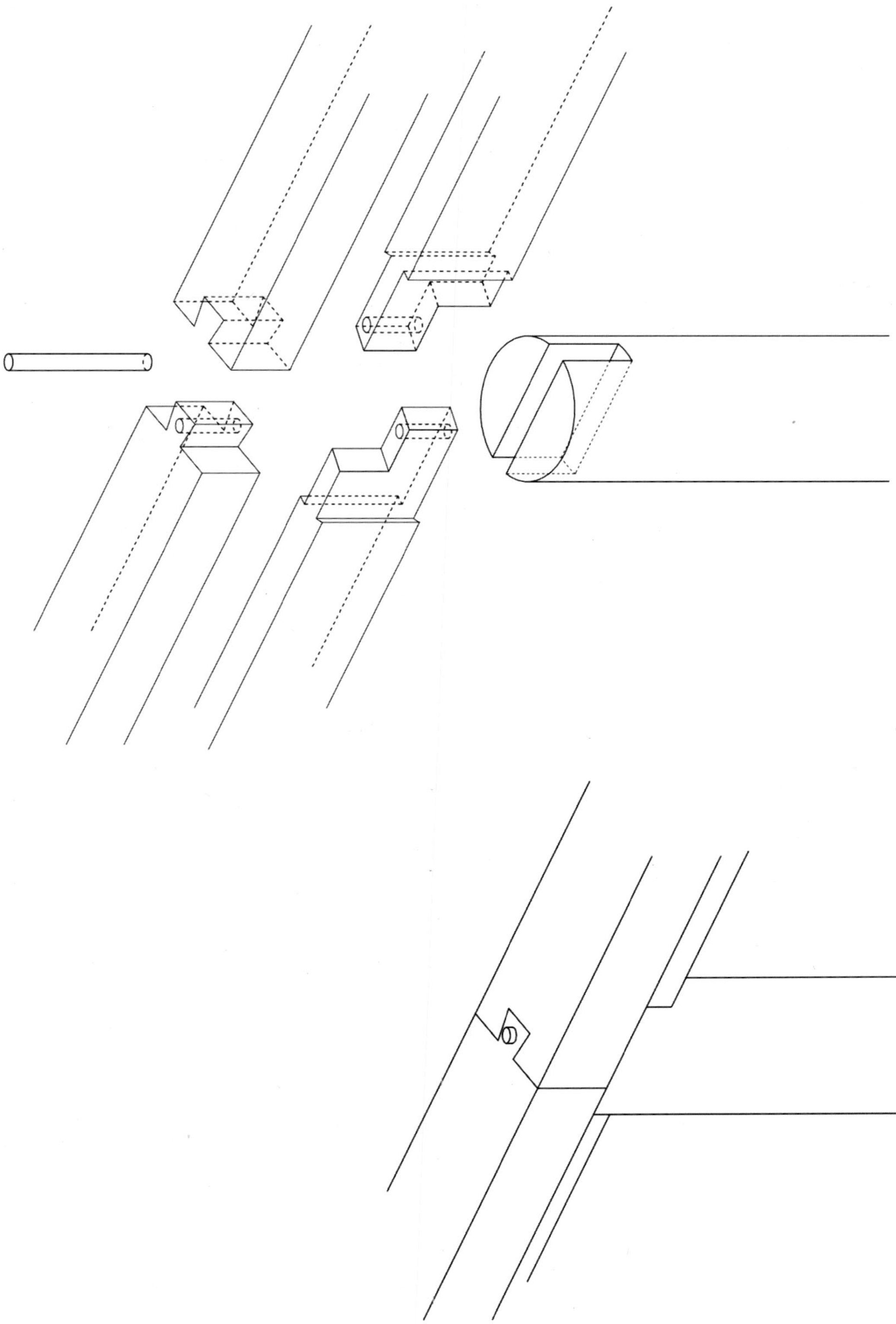

보 + 보 이음 산지 C3

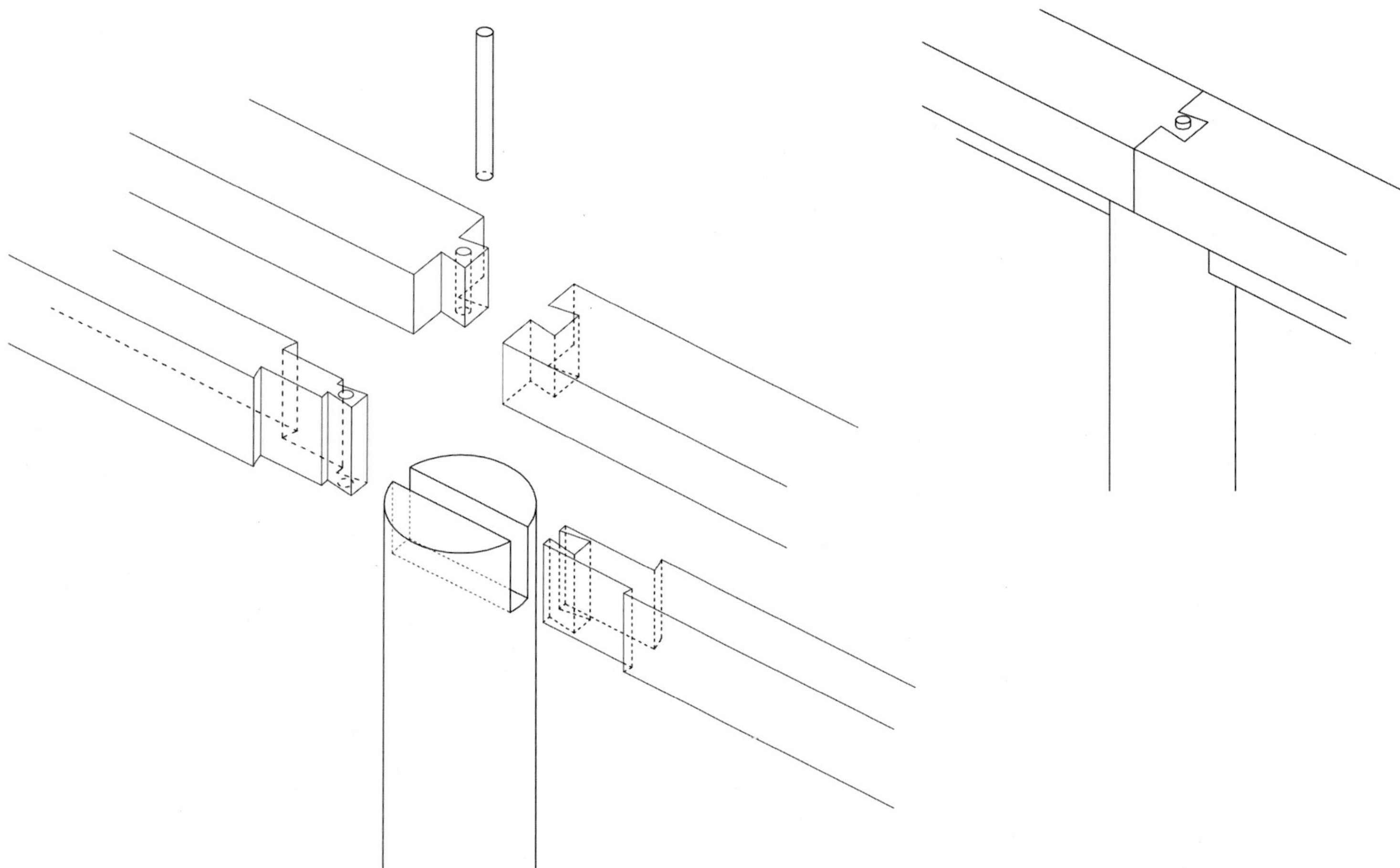

보 + 보 이음 산지 C3

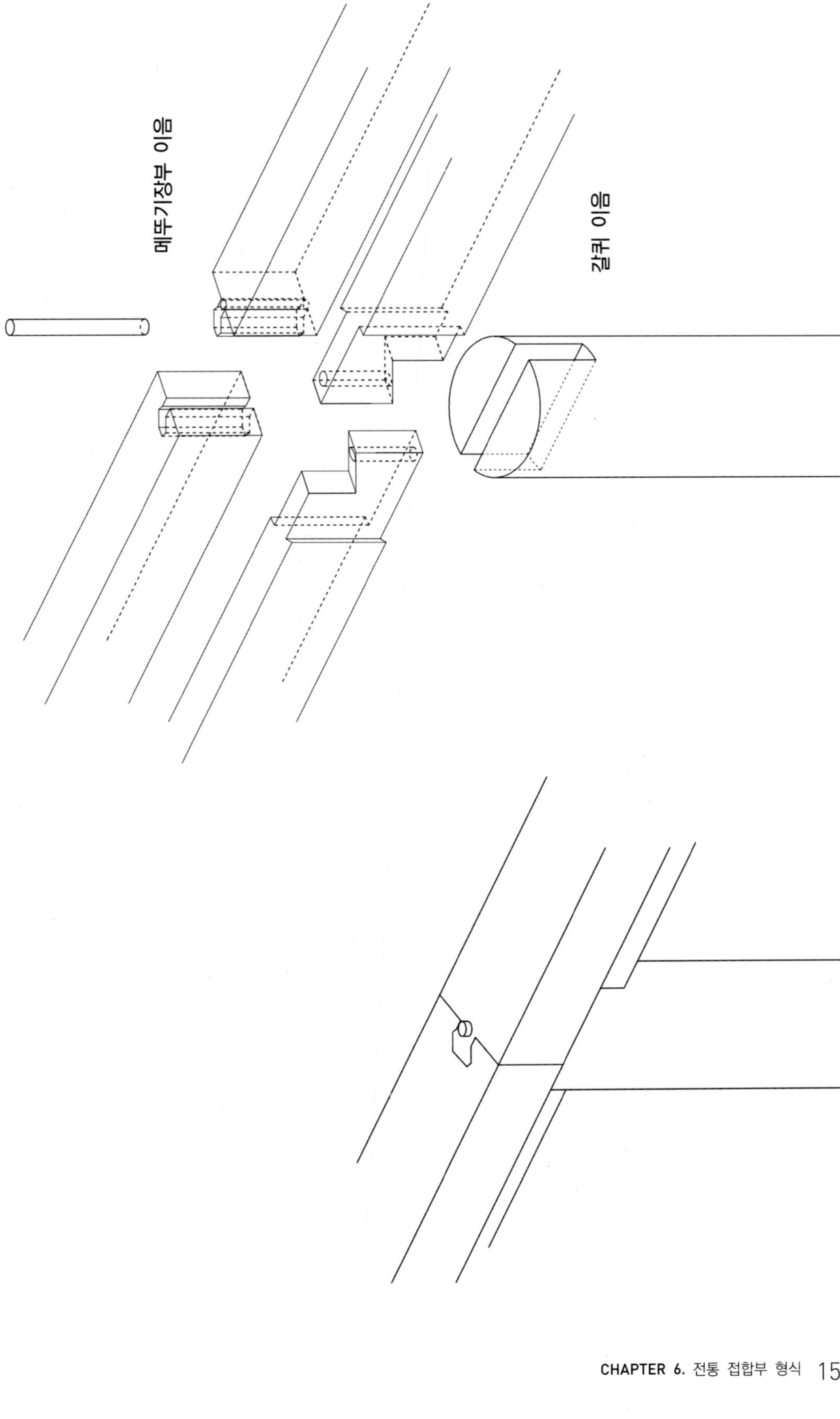

보 + 보 이음 산지 C3

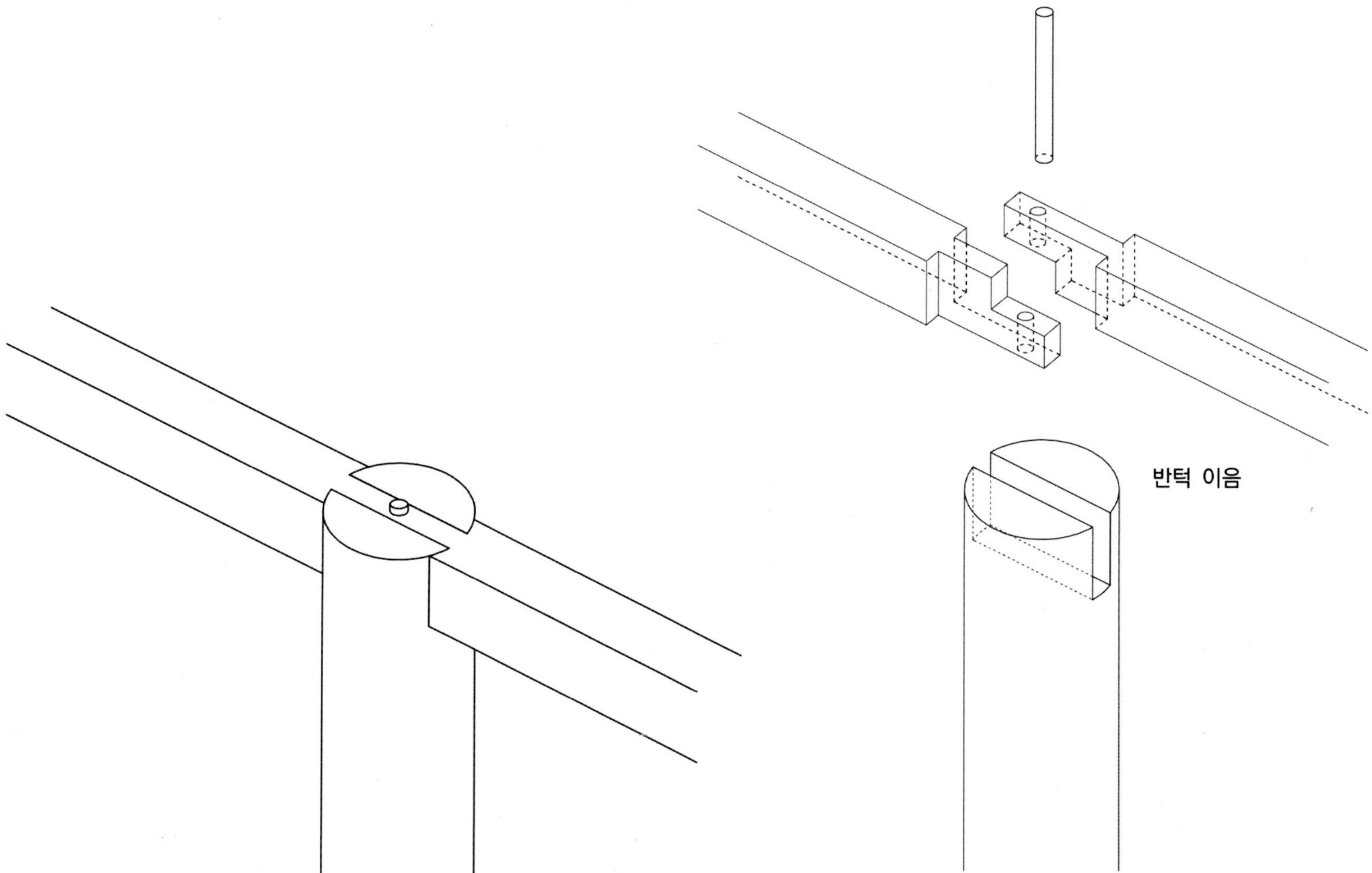

보 + 보 이음 산지 C3

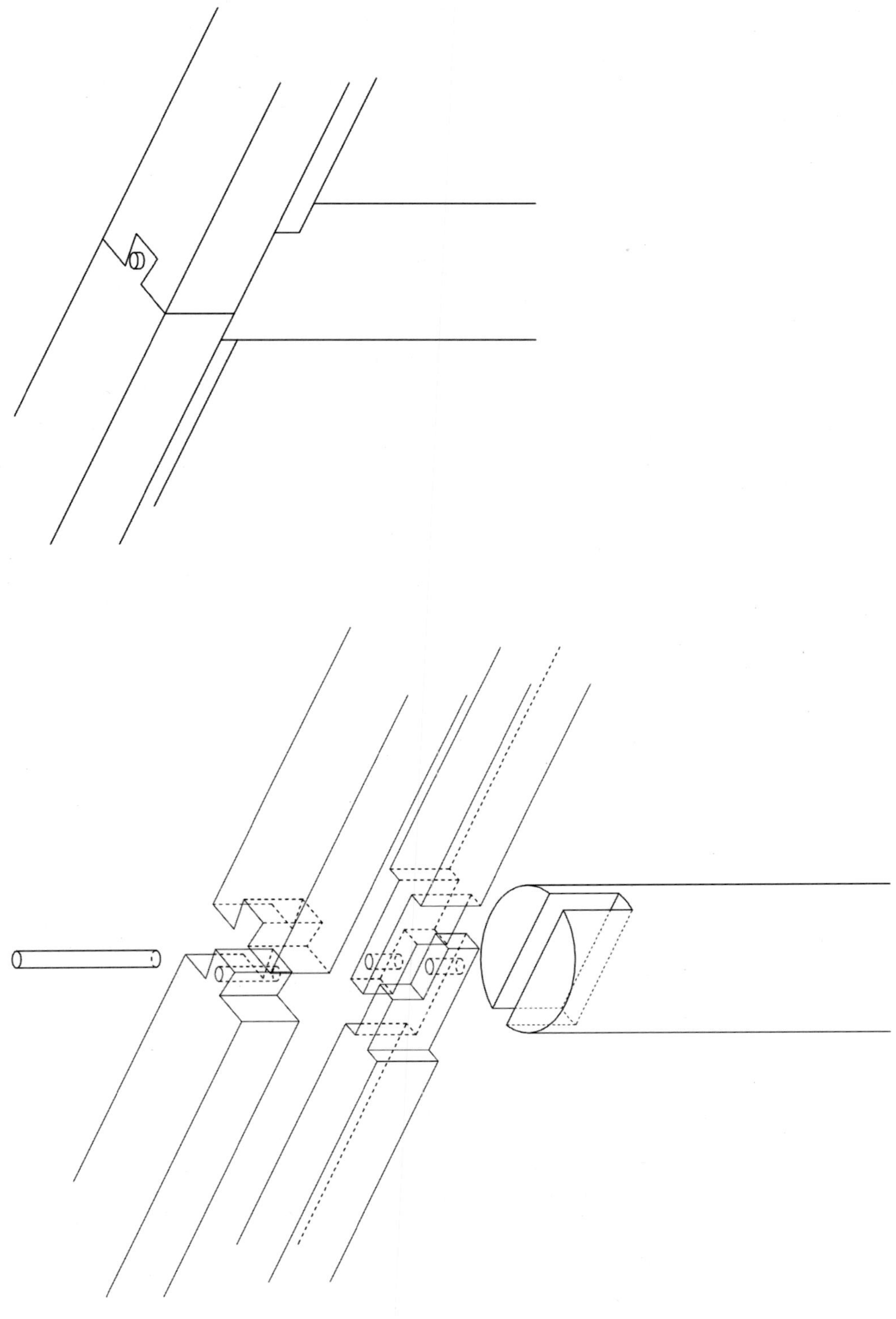

전통접합부 사용사례

구분	보+보 이음	기둥+기둥 이음	보+보 기둥삽입이음	기둥+보 맞춤	기둥+가로지르는 보 맞춤	기둥+보 산지	기둥+기둥 이음	보+보 이음 산지
주먹장이음/맞춤	•금산사 미륵전 •선암사 대웅전 도리 •영광 불갑사 대웅전 도리 •귀신사 대적광전 도리 •안동봉정사 대웅전 도리 •율곡사 대웅전 장여 •영주 부석사 조사당 장여 •울진 불영사 응진전 평방 •율곡사 평방 •법주사 대웅전 평방	•나주 향교 대성전 •내소사	•불영사 응진전 •화암사 극락전 •능가사 대웅전 •도갑사 대웅전 •청도 대적사 극락전 창방 •법주사 대웅전 •봉정사 대웅전 •마곡사 영산전	•미황사 응진전 •율곡사 대웅전 •경복궁 근정전 •임영관 삼문 •제주 관덕정 •쌍계사 대웅전 •화성 융릉 정자각 •사릉 정자각	•법주사 대웅보전 창방과 안초공 •법주사 팔상전 창방과 안초공 •귀신사 대적광전 창방과 안초공 •불영사 응진전 장여와 보 •선암사 대웅전 보와 장여 •불갑사 대웅전보와 도리 •정혜사 대웅전 승두와 장여 •법주사 팔상전 승두와 장여 •피향정		•귀신사 대적광전	
반턱 주먹장이음/맞춤	•숭림사 보광전 도리 •봉정사 극락전 도리 •정수사 법당 •선암사 대웅전 •법주사 대웅전 장여 •화암사 극락전 장여		•봉정사 극락전 •하동 쌍계사 대웅전 •완주 화암사 극락전 •선운사 참당암 대웅전 •기림사 대적광전 •법주사 대웅전		•임영관 삼문 •봉정사 극락전 •도갑사 해탈문 •정수사 법당 •완주 송광사 대웅전 •하동 쌍계사 대웅전 •숭림사 보광전 •화암사 극락전 •귀신사 대적광전 •숭례문 •불영사 응진전			
쌍주먹장이음	•선암사 대웅전 평방 •능가사 대웅전 평방 •동화사 대웅전 평방 •예천 권씨 종택 마루 계자난간치마널 •남해 용문사 마루 귀틀						•양동 관가정	

구분	보+보 이음	기둥+기둥 이음	보+보 기둥삽입이음	기둥+보 맞춤	기둥+가로지르는 보 맞춤	기둥+보 산지	기둥+기둥 이음	보+보 이음 산지
엇갈이 산지이음	•하동 쌍계사 대웅전 도리 •낙선재 마루귀틀	•불갑사 만세루 •불갑사 대웅전 •정혜사 대웅전 •화엄사 대웅전 활주 •도갑사 대웅전 •나주 향교 대성전 •귀신사 대적광전 •완주 송광사 극락전 •금산 교회 창틀 •수덕사 대웅전 •내소사 •송광사 나한전 •임영관 삼문	•선암사 대웅전					
나비장이음	•영천향교 대성전 창방 •숭례문 평방 •하동 쌍계사 대웅전 •법주사 대웅보전 평방 •근정전 평방 •기림사 대적광전 도리 •법주사 대웅전 도리 •정수사 법당 도리	•부용정 •숭례문 (변형 나비장)						
도투마리 은장이음	•부석사 조사당 도리							
자촉이음		•법주사 대웅전 사천주						
갈퀴이음			•봉정사 대웅전 창방					
반턱이음/맞춤	•능가사 대웅전 퇴보와 대들보		•숭례문 창방 •봉정사 극락전 대들보 •화암사 극락전 창방 •선암사 대웅전 창방 •통도사 대웅전 창방		•수덕사 대웅전 •금산사 미륵전			

구분	보+보 이음	기둥+기둥 이음	보+보 기둥삽입이음	기둥+보 맞춤	기둥+가로지르는 보 맞춤	기둥+보 산지	기둥+기둥 이음	보+보 이음 산지
맞장부이음	• 귀신사 대적광전 도리							
두겹주먹장맞춤	• 창덕궁부용정 도리와 장부							
엇댄산지이음						• 통도사 대웅보전		• 통도사 대웅전
촉이음							• 금산사 미륵전 • 기림사 대적광전 +나비장 • 봉정사 대웅전 • 선암사 대웅전 • 덕수궁 대한문	
장부이음							• 법주사 대웅전 • 금산사 미륵전	
메뚜기 장부이음	• 봉정사 대웅전 • 숭례문 평방 • 덕수궁 대한문							
갈퀴이음			• 봉정사 대웅전 • 숭례문					

6.2 보+보, 보+기둥, 기둥+기둥이음, 기둥이음 및 맞춤 강도와 강성

전통 목구조의 구조 안전성을 평가하기 위한 중요한 입력 값 중 하나인 접합부의 강성과 강도를 알아야 신뢰 할만한 구조해석이라고 볼 수 있다. 접합부 물성을 입력값과 부재력을 평가하기 위한 데이터베이스를 구축하여 실험결과 값을 조사하였다. 하지만 다양한 접합부 형태와 크기에 대한 실험적 결과가 많이 부족하여, 저자의 지식으로 비판적인 자료수집이 불가하였다. 따라서, 그 동안 저자가 전통접합부 실험과, 수치해석결과를 바탕으로 전통 접합부의 강도와 강성을 정리하였다.

이음접합부의 강성과 강도는 사용된 부재의 수종과 접합부 형태 및 가공 정밀도에 의해서 결정된다. 따라서 각 이음 접합부의 저항력은 수종과, 접합부 형태, 가공 정밀도에 의한 공식으로 표현 되며, 외기환경 변화에 따른 접합부 물성 변화를 반영할 수 있는 수정계수를 곱한 최종 부재력으로 표현된다. 이음 접합부는 사용되는 부재 용도와 위치에 따라 인장과 압축하중에 노출 되어 있지만, 이음 접합부의 파괴는 압축하중에 의해 파괴되기 보다는 인장하중에 의해 접합부내 섬유직교방향 인장응력과 전단응력에 의해 파괴가 된다(Jeong *et al.*, 2012, Jeong 2021).

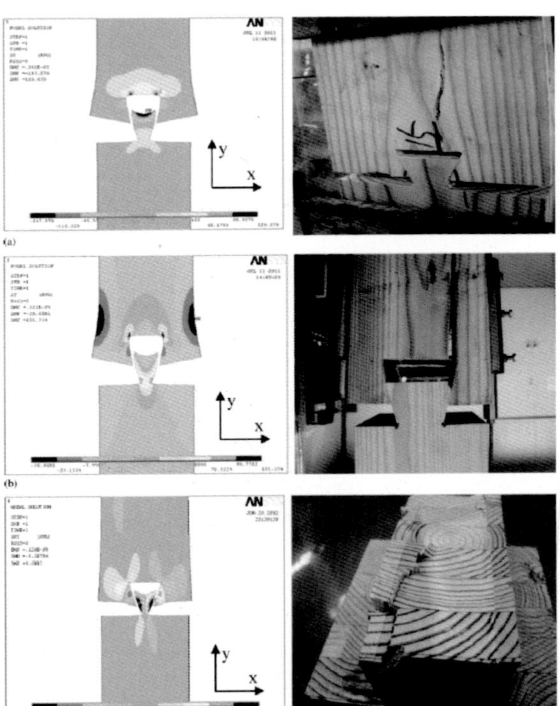

그림 6-1. 주먹장 접합부 응력분포도 및 파괴형태

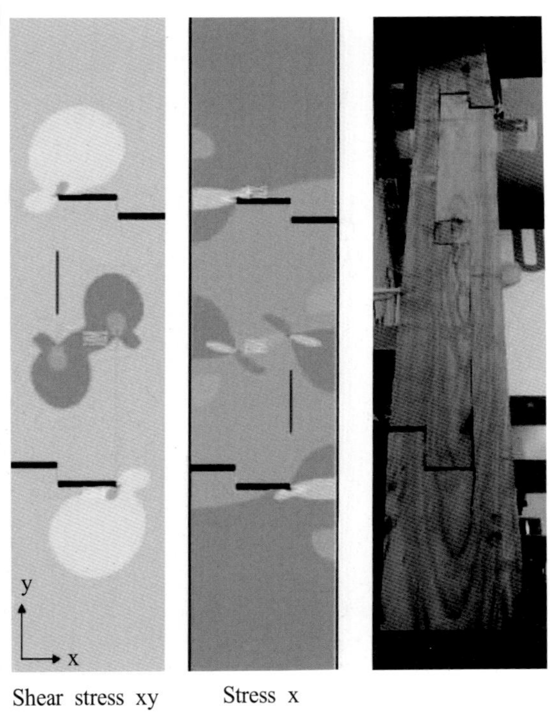

그림 6-2. 엇갈이산지이음 응력 분포도 및 파괴형태

실험과 유한요소 모델 결과를 바탕으로 이음 및 맞춤 접합부의 강도 및 강성 예측 프로그램을 개발 하였다. 주먹장이음, 엇갈이산지이음, 사개 맞춤 수치해석 실행화면 예시를 보여준다. 본 프로그램을 통해 외기환경 변화에 의한 이음과 맞춤 접합부의 강도 및 강성변화를 예측할 수 있다.

$$P = a\left(\frac{\sigma_x}{f_{t,90}} + \frac{\tau_{xy}}{f_v}\right) \leq 0$$

여기서,

a : 상수

σ_x : 수직응력

τ_{xy} : 전단응력

$f_{t,90}$: 섬유직교방향 인장강도

f_v : 전단강도

맞춤 접합부의 경우 기둥+보, 기둥 퇴보+산지, 보+충량, 기둥+가로지르는 보를 들 수 있다. 전통접합부의 수평부재와 수직부재의 연결은 모멘트력에 대한 저항이 주요 설계값 이라고 볼 수 있으며, 모멘트력에 의해 발생하는 섬유방향과 섬유직교방향 인장응력과 전단응력의 조합응력에 의해 결정된다고 볼 수 있다(Jeong *et al.*, 2012, Jeong 2021).

기둥+보 맞춤의 경우 주로 수평력에 의한 모멘트력 하중으로 부재에 작용되는 전단응력과 인장응력으로 표현할 수 있다. 하중이 작용하는 방향의 보 부재 접합부의 mortise reentrant corner 파괴가 주요파괴 형태이다(Jeong *et al.*, 2018).

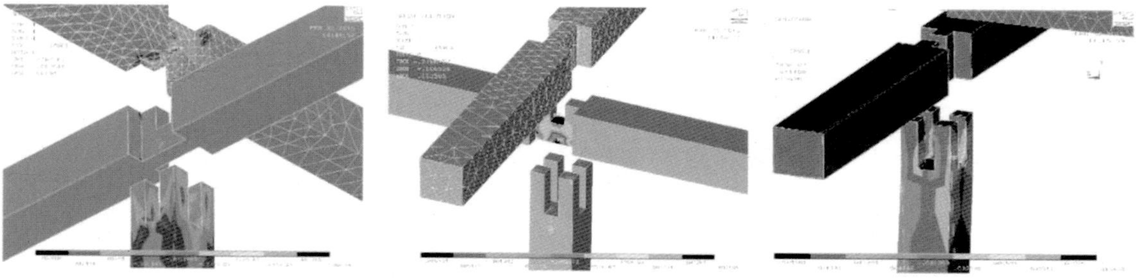

그림 6-3. 사개맞춤의 응력분포(Jeong *et al.*, 2018)

$$\frac{\sigma_z}{T} + \frac{\tau_{yz}}{S} - 1 \leq 0$$

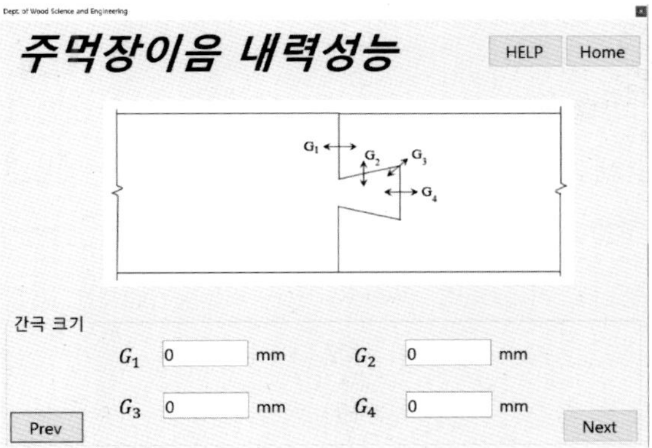

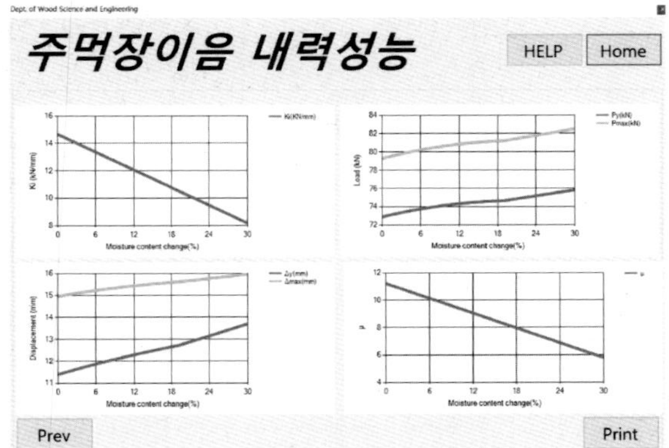

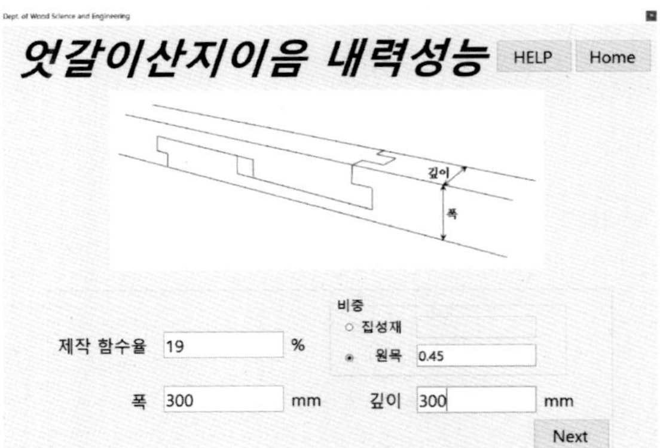

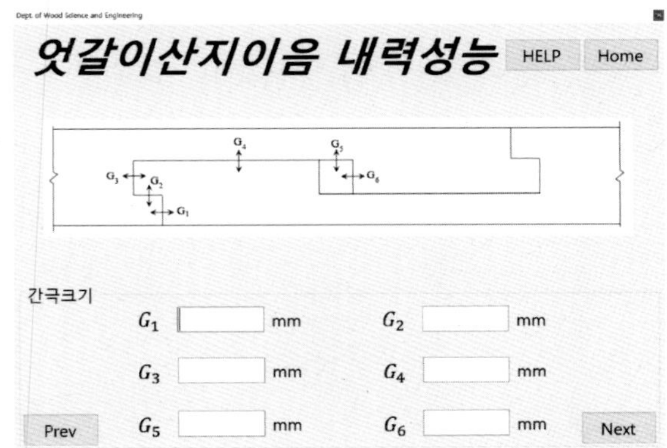

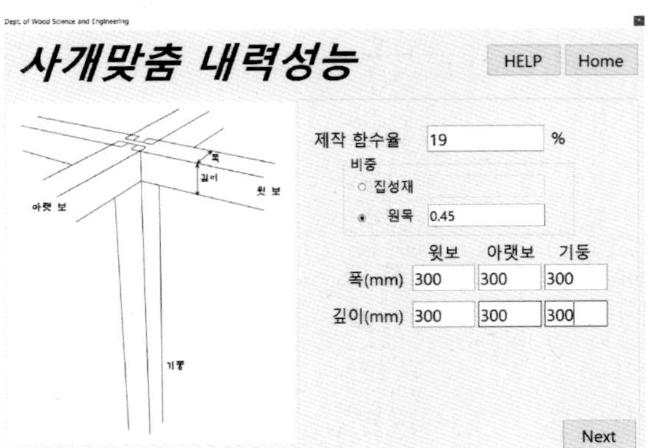

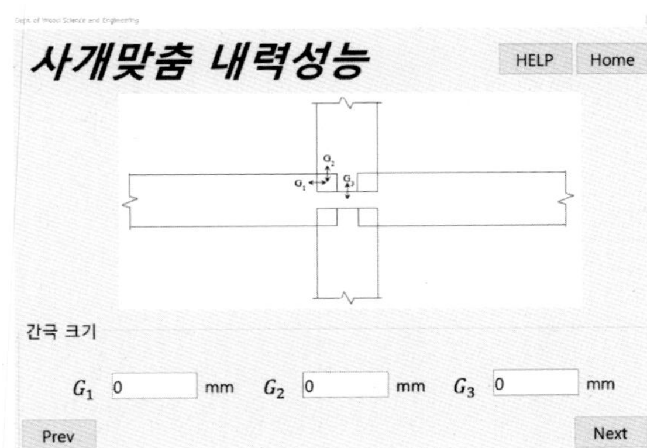

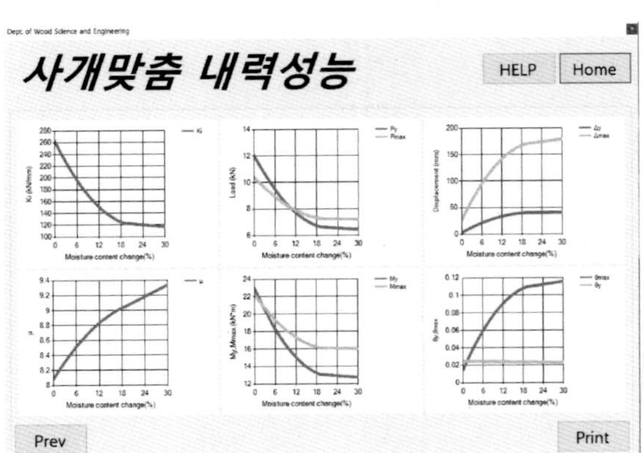

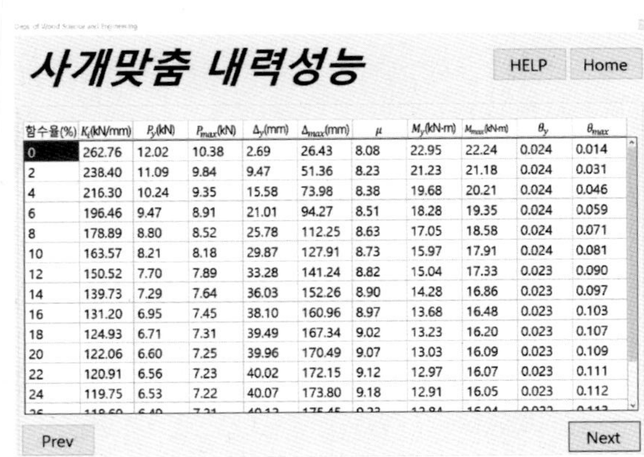

함수율(%)	K_i(kN/mm)	P_y(kN)	P_{max}(kN)	Δ_y(mm)	Δ_{max}(mm)	μ	M_y(kN-m)	M_{max}(kN-m)	θ_y	θ_{max}
0	262.76	12.02	10.38	2.69	26.43	8.08	22.95	22.24	0.024	0.014
2	238.40	11.09	9.84	9.47	51.36	8.23	21.23	21.18	0.024	0.031
4	216.30	10.24	9.35	15.58	73.98	8.38	19.68	20.21	0.024	0.046
6	196.46	9.47	8.91	21.01	94.27	8.51	18.28	19.35	0.024	0.059
8	178.89	8.80	8.52	25.78	112.25	8.63	17.05	18.58	0.024	0.071
10	163.57	8.21	8.18	29.87	127.91	8.73	15.97	17.91	0.024	0.081
12	150.52	7.70	7.89	33.28	141.24	8.82	15.04	17.33	0.023	0.090
14	139.73	7.29	7.64	36.03	152.26	8.90	14.28	16.86	0.023	0.097
16	131.20	6.95	7.45	38.10	160.96	8.97	13.68	16.48	0.023	0.103
18	124.93	6.71	7.31	39.49	167.34	9.02	13.23	16.20	0.023	0.107
20	122.06	6.60	7.25	39.96	170.49	9.07	13.03	16.09	0.023	0.109
22	120.91	6.56	7.23	40.02	172.15	9.12	12.97	16.07	0.023	0.111
24	119.75	6.53	7.22	40.07	173.80	9.18	12.91	16.05	0.023	0.112

■ 산지 접합부 내력

전통 목구조에서 보와 보, 기둥과 보, 기둥과 기둥을 연결하기 위한 산지 접합부가 사용된다. 보와 보가 산지로 연결되는 경우 단일전단에 해당된다. 보의 머리가 기둥 안에 삽입된 경우로 기둥과 보에 구멍을 뚫어 산지로 연결된 경우는 역학적으로는 이중전단 경우에 해당한다. 따라서, 단일전단과 이중전단에 해당하는 전단 설계강도를 예측하기 위하여 먼저 다루어야 할 사항은 부재의 방향, 즉 하중을 받는 주부재와 부부재 목재 목리 방향과 산지의 방향이다. 산지 접합부가 단일전단과 이중전단 하중을 받을 때 파괴형태에 따른 최대 파괴하중을 예측하는 것이다. 이를 위하여 본 연구센터에서는 실험을 통하여 예측식을 도출하였으며, 예측식을 이용하여 산지접합부의 설계강도를 도출하는 아래의 프로그램을 완성하였다.

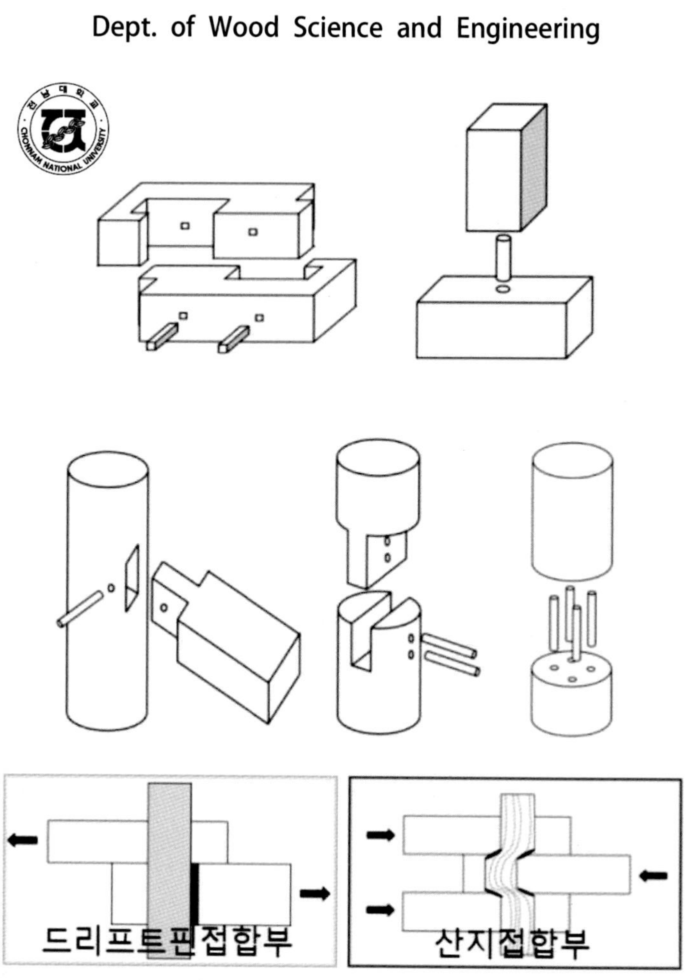

그림 6-4. 산지 접합부 내력 예측 프로그램 화면

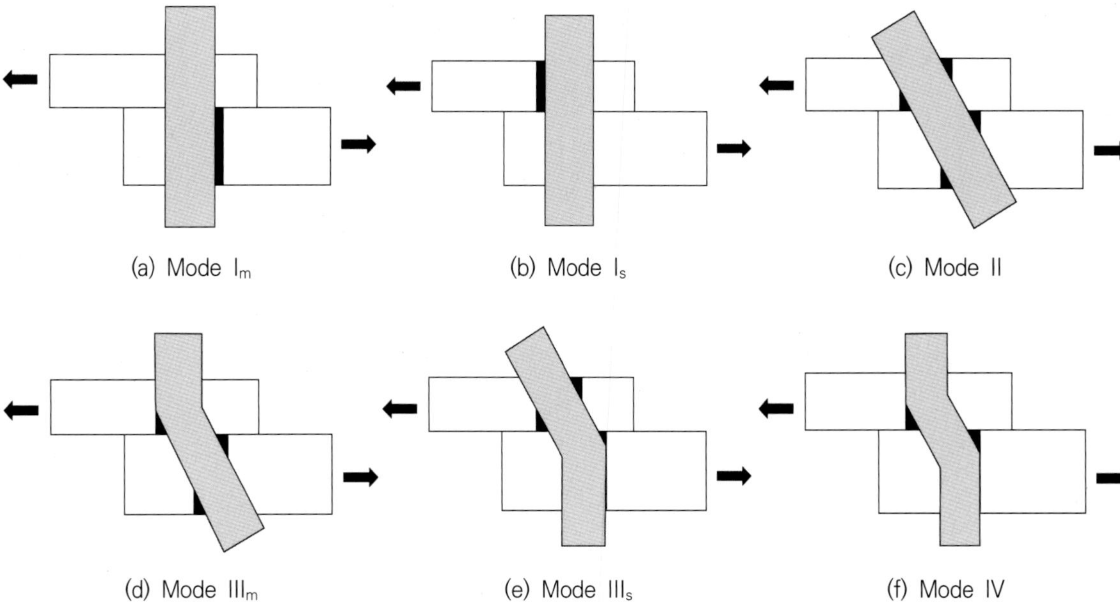

그림 6-5. 산지접합부 단일전단파괴형태(NDS 2015)

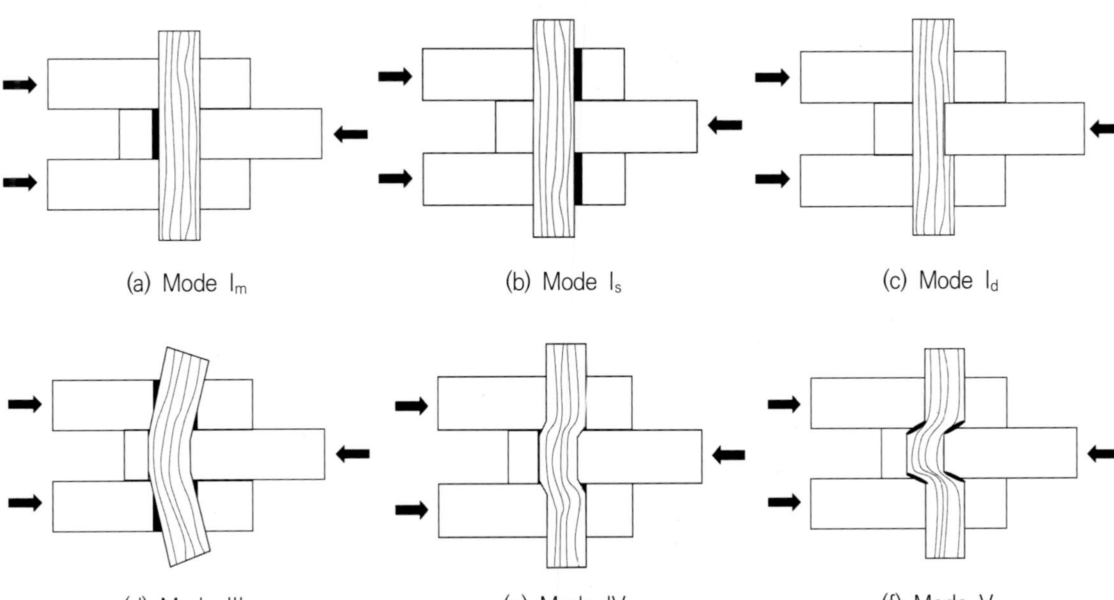

그림 6-6. 그림 산지접합부 이중전단파괴형태(Sandberg *et al.*, 2000)

■ 산지접합부 지압내력 실험을 통한 지압강도 예측식(Kong and Jeong, 2016)

$$F_{e\parallel} = (0.13090 \times \mathrm{D}) + (-33.14540 \times SG_{main\ member}) + (-0.06519 \times \alpha) + (42.55317 \times SG_{wood\ peg}) \qquad R^2=0.98 \qquad (1)$$

$$F_{e\perp} = (-0.10016 \times \mathrm{D}) + (21.06121 \times \mathrm{SG}_{wood\ peg}) + (-0.01400 \times \alpha) \qquad R^2=0.96 \qquad (2)$$

$$F_{e\perp\ end\ grain} = (17.24562 \times \mathrm{SG}_{main\ member}) \qquad R^2=0.99 \qquad (3)$$

Fe//: 하중이 주부재에 대해 섬유평행방향일 때 지압강도(MPa)

Fe⊥: 하중이 주부재에 대해 섬유직교방향일 때 지압강도(MPa)

$Fe\perp_{end\ grain}$: 하중이 주부재에 대해 섬유직교방향일 때 지압강도(MPa)

α: angle of the wood peg(PA = 0, PE = 90)

D: wood peg diameter(mm)

$SG_{main\ member}$: specific gravity of main member

$SG_{wood\ peg}$: specific gravity of wood peg

NDS(2014)에서 제시되어 있는 드리프트 핀 접합부의 single shear 6가지 파괴모드에 대한 내력 예측식(Drift pin single shear yield limit equations)

$$Z_{I_m} = \frac{D t_m F_{em}}{R_d} \qquad (4)$$

$$Z_{I_s} = \frac{D t_s F_{es}}{R_d} \qquad (5)$$

$$Z_{II} = \frac{k_1 D t_s F_{es}}{R_d} \qquad (6)$$

$$Z_{III_m} = \frac{k_2 D t_m F_{em}}{(1 + 2R_e) R_d} \qquad (7)$$

$$Z_{III_s} = \frac{k_3 D t_s F_{em}}{(2 + R_e) R_d} \qquad (8)$$

$$Z_{IV} = \frac{D^2}{R_d} \sqrt{\frac{2 F_{em} F_{yb}}{3(1 + R_e)}} \qquad (9)$$

■ 산지접합부의 double shear 내력 예측식

$$Z_{I_m} = Dt_m F_{em} \tag{10}$$

$$Z_{I_s} = 2Dt_s F_{es} \tag{11}$$

$$Z_{III_s} = \frac{2Dt_s F_{em} F_{es}}{2F_{es+} F_{em}} (\sqrt{Q} - 1) \tag{12}$$

$$Q = \frac{2(Ft_{es} + F_{em})}{F_{em}} + \frac{2F_{yb}(2F_{es} + F_{em})D^2}{3F_{em}F_{es}t_s^2}) \tag{13}$$

$$Z_{IV} = 2D^2 \sqrt{\frac{2F_{yb}F_{em}F_{es}}{3(F_{es+}F_{em)}}} \tag{14}$$

$$Z_{I_d} = lesser \quad of \quad \{Dt_m F_{ed}\} \quad or \quad \{2Dt_s F_{ed}\} \tag{15}$$

$$Z_{V_d} = 2\frac{\pi D^2}{4} F_{ev} \tag{16}$$

■ 단일전단 및 이중전단 예측식 결과 중 KBC, NDS에 사용되는 휨강도, 산지 지압강도 예측식

$$F_{yb} = 171.3 \ SG_{wood\ peg}^{1.13} \tag{17}$$

$$F_{ed} = 39.0 \ SG_{12\ wood\ peg}{}^{2.04} \tag{18}$$

* Miller *et al.*(2010)의 Fyb, Sandberg *et al.*(2000)의 Fed 예측식 사용

F_{em} = 주부재 지압강도 dowel bearing strength of the wood in the main member(MPa)

F_{es} = 측부재 지압강도 dowel bearing strength of the wood in the side members(MPa)

F_{yb} = 휨강도 dowel bending yield strength(MPa)

R_e = F_{em}/F_{es}

F_{yb} = 산지휨강도(MPa) Miller *et al.*(2010)

F_{ed} = 산지지압강도(MPa) Sandberg *et al.*(2000)

$SG_{wood\ peg}$ = 산지비중

$SG_{12wood\ peg}$ = 함수율 12% 일 때의 산지비중

* 산지 휨실험, 지압강도 실험결과와 Schmidt and Daniels(1999)의 실험결과를 이용하여 예측식 산출함

* Fev : 한국산 ~~유용수종~~의 목재성질(국립산림과학원, 2008)에 있는 물푸레나무의 방사방향 전단강도 19.12MPa에 1.3을 곱하여 24.856MPa으로 사용

■ Reduction term, R_d

Fastener size	Yield mode	Reduction term, Rd
6.35mm≤D	Im, Is	4Kθ
	II	3.6 Kθ
	IIIm, IIIs, IV	3.2 Kθ
D < 6.35mm	Im, Is, II, IIIm, IIIs, IV	KD

Notes:

$K\theta = 1 + 0.25(\theta/90)$

θ = 섬유평행(∥)일 때 0, 섬유직교(⊥)일 때 90을 적용

K_D = 2.2(D ≤ 4.318mm, 4.318mm 이하일 때)

K_D = 10D+0.5(4.318mm < D < 6.35mm, 4.318mm보다 크고 6.35mm 미만일 때)

보다 정교한 강도를 예측하기 위해서는 접합부의 형태와 접합부 내의 단면 정보 및 가공의 정밀도, 접합부의 상태를 알아야 한다. 따라서 본 도서에서는 짜맞춤 접합부의 강도를 예측하기 위한 로직과 기대 강도를 예측하는 것으로 그 범위를 정하고자 한다.

산지 접합부 단일전단(Single shear) 사례

$Z_{\parallel}$	$Z_{s\perp}$	$Z_{m\perp}$	$Z_{\perp}$(end grain)
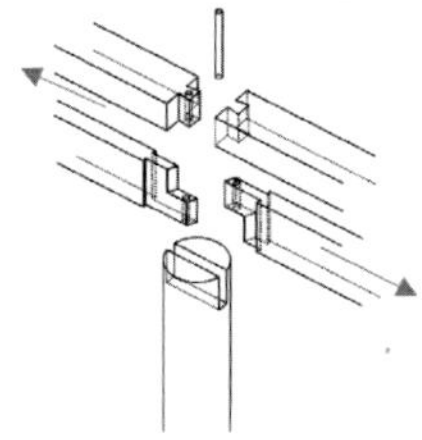		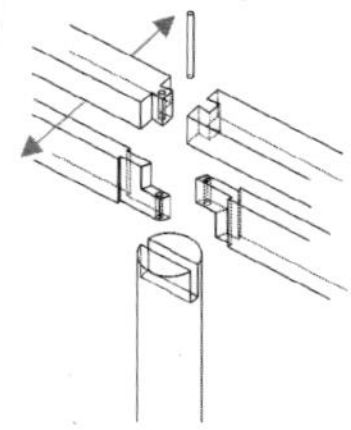	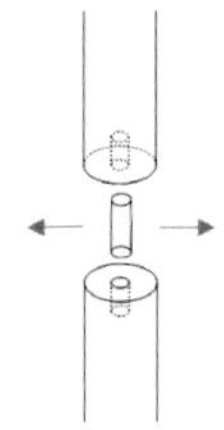
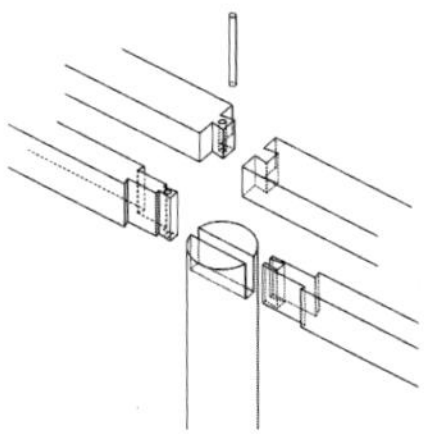		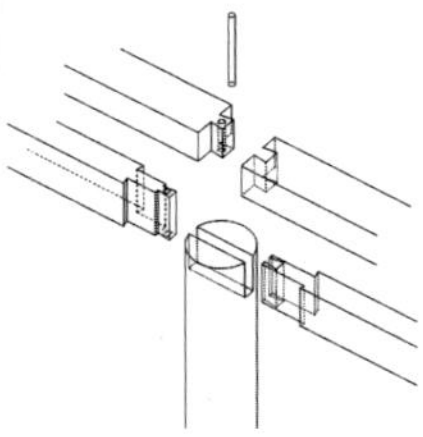	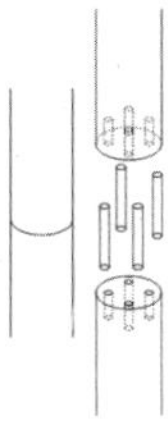
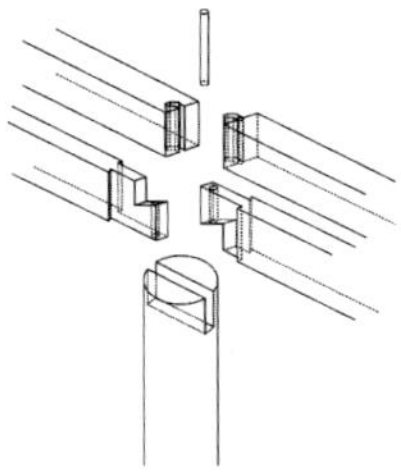		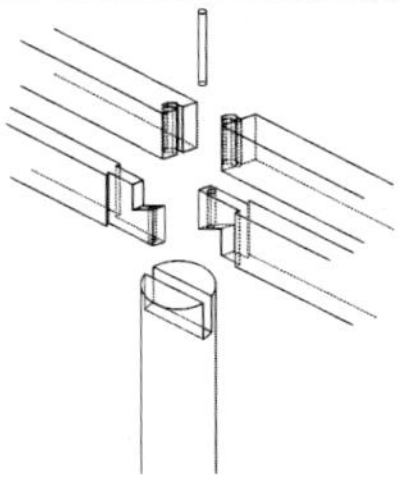	
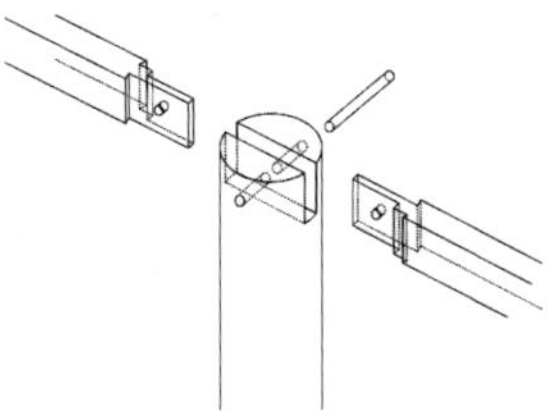	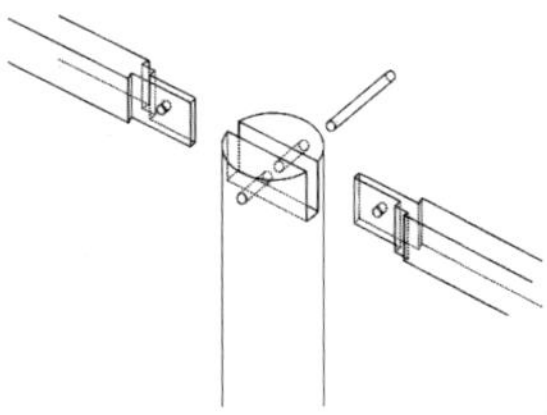		
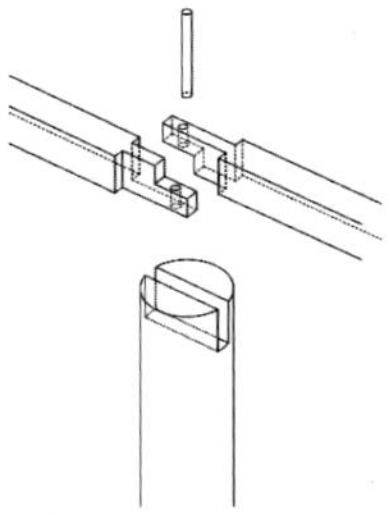			
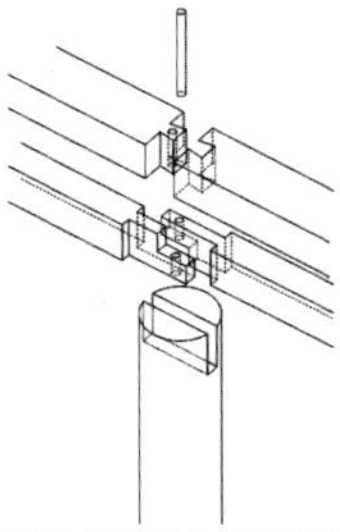			

산지 접합부 이면전단(Double shear) 사례

$Z_{\parallel}$	$Z_{s\perp}$	$Z_{m\perp}$	$Z_{\perp}$
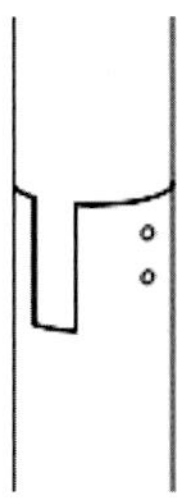	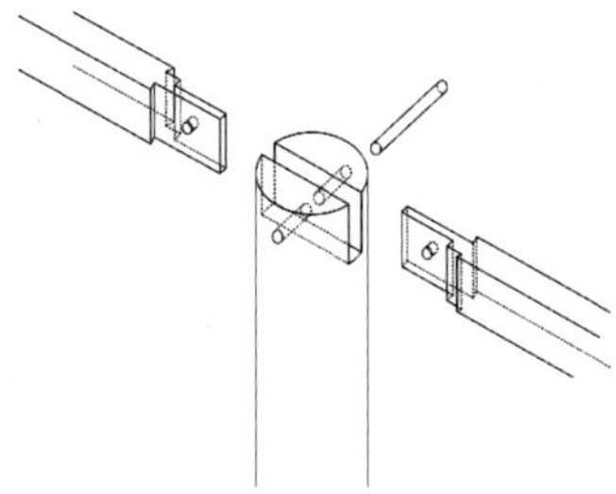		
	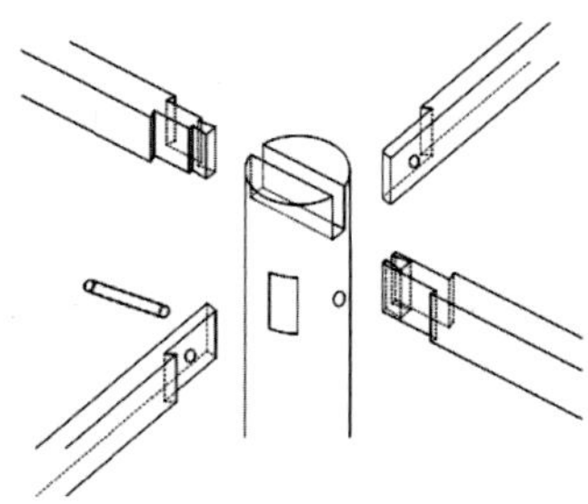		
	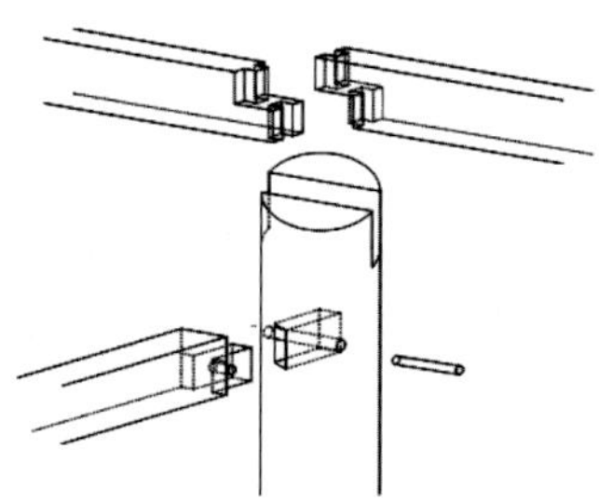		
	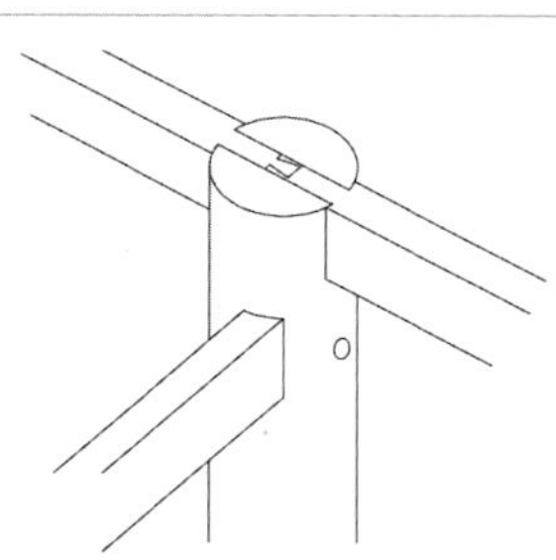		
	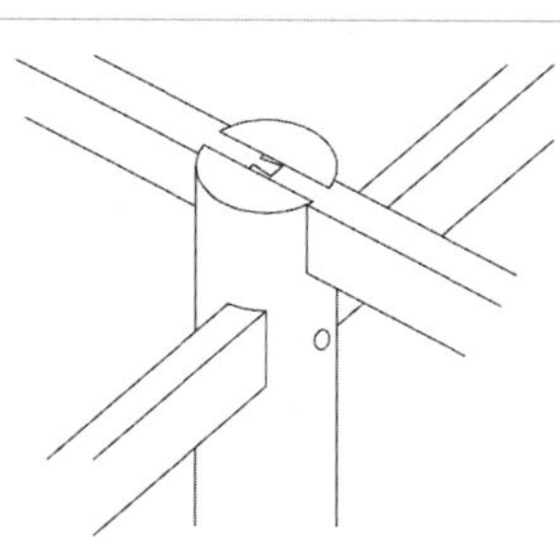		

6.3. 전통접합부 설계강도

아래 표는 전통접합부 주먹장이음, 엇갈이산지이음, 사개맞춤의 함수율과 부재 크기에 따른 구조성능 표를 보여준다.

표 6-1. 접합부 설계 전단강도를 위한 조정인자

	ASD only	ASD and LRFD							LRFD only		
	Load Duration Factor[1]	Wet Service Factor[2]	Tempe-rature Factor	Group Action Factor	Geometry Factor[3]	End Grain Factor	Diaphragm Factor	Toe-Nail Factor	Format Conversion Factor	Resistance Factor	Time Effect Factor
									KF	ϕ	
Z'=Zx	C_D	C_M	C_t	C_g	C_Δ	C_{eg}	C_{di}	C_{tn}	3.32	0.65	λ

[1] 하중지속계수, C_D는 1.6이 초과해선 안 됨

[2] 습윤계수 C_M

[3] 끝면거리, 측면거리 미확보에 따른 수정계수 C_Δ

주먹장이음 구조성능

함수율	(G = 0.45, 폭 = 50 mm, 깊이 = 100 mm, 공극 = 0 mm, and 19%)					
	k_i	P_y	P_{max}	Δ_y	Δ_{max}	μ
%	kN/mm	kN	kN	mm	mm	
0	14.67	12.32	13.18	3.06	5.97	11.21
4	13.80	12.35	13.21	3.03	5.96	10.49
8	12.93	12.37	13.24	2.99	5.95	9.77
12	12.06	12.39	13.26	2.96	5.94	9.04
16	11.20	12.40	13.27	2.94	5.93	8.32
20	10.33	12.43	13.31	2.91	5.93	7.59
24	9.46	12.56	13.45	2.89	5.94	6.87
28	8.59	12.69	13.59	2.88	5.95	6.15
30	8.16	12.76	13.66	2.87	5.96	5.78
함수율	(G = 0.45, 폭 = 100 mm, 깊이 = 150 mm, 공극 = 0 mm, and 19%)					
	k_i	P_y	P_{max}	Δ_y	Δ_{max}	μ
%	kN/mm	kN	kN	mm	mm	
0	14.67	30.04	32.53	5.75	10.46	11.21
4	13.80	30.09	32.58	5.71	10.45	10.49

함수율	(G = 0.45, 폭 = 100 mm, 깊이 = 150 mm, 공극 = 0 mm, and 19%)					
	k_i	P_y	P_{max}	Δ_y	Δ_{max}	μ
%	kN/mm	kN	kN	mm	mm	
8	12.93	30.13	32.62	5.68	10.45	9.77
12	12.06	30.16	32.65	5.65	10.44	9.04
16	11.20	30.17	32.67	5.63	10.44	8.32
20	10.33	30.23	32.73	5.61	10.44	7.59
24	9.46	30.45	32.97	5.60	10.47	6.87
28	8.59	30.66	33.20	5.60	10.51	6.15
30	8.16	30.77	33.32	5.59	10.53	5.78

함수율	(G = 0.45, 폭 = 200 mm, 깊이 = 400 mm, 공극 = 0 mm, and 19%)					
	k_i	P_y	P_{max}	Δ_y	Δ_{max}	μ
%	kN/mm	kN	kN	mm	mm	
0	14.67	74.35	80.89	10.34	20.01	11.21
4	13.80	74.45	81.00	10.38	20.03	10.49
8	12.93	74.53	81.09	10.43	20.05	9.77
12	12.06	74.58	81.15	10.48	20.07	9.04
16	11.20	74.61	81.18	10.52	20.09	8.32
20	10.33	74.73	81.31	10.58	20.12	7.59
24	9.46	75.16	81.78	10.69	20.22	6.87
28	8.59	75.59	82.25	10.80	20.32	6.15
30	8.16	75.80	82.48	10.85	20.38	5.78

함수율	(G = 0.45, 폭 = 400 mm, 깊이 = 400 mm, 공극 = 0 mm, and 19%)					
	k_i	P_y	P_{max}	Δ_y	Δ_{max}	μ
%	kN/mm	kN	kN	mm	mm	
0	14.67	74.35	80.89	13.39	15.81	11.21
4	13.80	74.45	81.00	13.66	15.87	10.49
8	12.93	74.53	81.09	13.92	15.93	9.77
12	12.06	74.58	81.15	14.17	16.00	9.04
16	11.20	74.61	81.18	14.40	16.06	8.32
20	10.33	74.73	81.31	14.66	16.13	7.59
24	9.46	75.16	81.78	15.04	16.27	6.87
28	8.59	75.59	82.25	15.43	16.40	6.15
30	8.16	75.80	82.48	15.62	16.47	5.78

엇갈이산지이음

함수율	(G = 0.45, 폭 = 50 mm, 깊이 = 100 mm, 공극 = 0 mm, and 19%)					
	k_i	P_y	P_{max}	Δ_y	Δ_{max}	μ
%	kN/mm	kN	kN	mm	mm	
0	5.31	24.99	24.75	3.60	17.31	2.20
4	5.26	25.04	24.81	3.61	17.59	2.25
8	5.21	25.08	24.85	3.62	17.86	2.29
12	5.16	25.10	24.88	3.63	18.12	2.32
16	5.11	25.12	24.90	3.63	18.38	2.33
20	5.07	25.18	24.97	3.64	18.64	2.37
24	5.02	25.43	25.21	3.68	18.97	2.48
28	4.98	25.68	25.45	3.71	19.30	2.59
30	4.96	25.80	25.57	3.73	19.47	2.64
함수율	(G = 0.45, 폭 = 100 mm, 깊이 = 150 mm, 공극 = 0 mm, and 19%)					
	k_i	P_y	P_{max}	Δ_y	Δ_{max}	μ
%	kN/mm	kN	kN	mm	mm	
0	5.85	38.95	36.77	4.50	17.31	2.75
4	5.80	39.05	36.87	4.52	17.59	2.81
8	5.75	39.12	36.95	4.53	17.86	2.86
12	5.70	39.18	37.00	4.54	18.12	2.90
16	5.65	39.21	37.03	4.54	18.38	2.92
20	5.61	39.31	37.13	4.55	18.64	2.96
24	5.57	39.69	37.48	4.60	18.97	3.10
28	5.54	40.07	37.84	4.64	19.30	3.24
30	5.52	40.26	38.02	4.66	19.47	3.31
함수율	(G = 0.45, 폭 = 200 mm, 깊이 = 400 mm, 공극 = 0 mm, and 19%)					
	k_i	P_y	P_{max}	Δ_y	Δ_{max}	μ
%	kN/mm	kN	kN	mm	mm	
0	14.97	224.56	202.30	20.02	28.85	54.79
4	14.94	225.24	202.93	20.09	29.32	55.13
8	14.91	225.76	203.41	20.15	29.77	55.39
12	14.88	226.13	203.75	20.18	30.21	55.58
16	14.83	226.34	203.94	20.21	30.63	55.68
20	14.81	226.93	204.48	20.26	31.08	55.92
24	14.86	229.09	206.42	20.45	31.62	56.74
28	14.92	231.26	208.37	20.64	32.17	57.56
30	14.94	232.35	209.35	20.74	32.45	57.98

함수율	(G = 0.45, 폭 = 50 mm, 깊이 = 100 mm, 공극 = 0 mm, and 19%)					
	k_i	P_y	P_{max}	Δ_y	Δ_{max}	μ
%	kN/mm	kN	kN	mm	mm	
0	14.97	277.70	275.05	40.05	57.71	173.43
4	14.94	278.25	275.69	40.19	58.64	174.19
8	14.91	278.67	276.19	40.30	59.55	174.77
12	14.88	278.97	276.54	40.37	60.43	175.18
16	14.83	279.14	276.74	40.42	61.27	175.41
20	14.81	279.88	277.46	40.52	62.16	175.96
24	14.86	282.60	280.15	40.90	63.25	177.91
28	14.92	285.35	282.84	41.29	64.35	179.87
30	14.94	286.72	284.20	41.48	64.90	180.85

사개맞춤

함수율	(G = 0.45, 폭 = 50 mm, and 깊이 = 100 mm)									
	k_i	P_y	P_{max}	Δ_y	Δ_{max}	μ	M_y	M_{max}	θ_y	θ_{max}
%	kN/mm	kN	kN	mm	mm		kN.m	kN.m		
0	113.86	3.56	2.86	5.53	57.51	2.92	6.72	5.68	0.011	0.024
4	93.73	2.78	2.41	10.61	78.12	3.08	5.29	4.80	0.011	0.038
8	77.51	2.15	2.05	14.51	94.70	3.21	4.15	4.08	0.011	0.049
12	65.22	1.67	1.77	17.25	107.27	3.32	3.27	3.54	0.010	0.057
16	56.85	1.34	1.57	18.83	115.81	3.41	2.67	3.16	0.010	0.063
20	52.89	1.18	1.48	19.12	119.94	3.48	2.39	2.98	0.010	0.065
24	51.89	1.15	1.46	18.65	121.38	3.55	2.33	2.96	0.009	0.066
30	50.39	1.09	1.44	17.95	123.53	3.65	2.23	2.93	0.009	0.068

함수율	(G = 0.45, 폭 = 200 mm, and 깊이 = 200 mm)									
	k_i	P_y	P_{max}	Δ_y	Δ_{max}	μ	M_y	M_{max}	θ_y	θ_{max}
%	kN/mm	kN	kN	mm	mm		kN.m	kN.m		
0	175.17	7.04	5.96	4.36	44.71	5.05	13.40	12.50	0.017	0.020
4	144.20	5.85	5.27	12.65	76.41	5.26	11.22	11.15	0.016	0.041
8	119.26	4.89	4.71	19.15	101.93	5.44	9.46	10.05	0.016	0.058
12	100.34	4.16	4.29	23.85	121.26	5.59	8.12	9.22	0.016	0.071
16	87.46	3.65	3.99	26.76	134.40	5.70	7.20	8.65	0.015	0.079
20	81.37	3.42	3.85	27.70	140.76	5.78	6.77	8.38	0.015	0.083
24	79.83	3.36	3.83	27.47	142.96	5.87	6.68	8.35	0.015	0.085
30	77.53	3.28	3.80	27.12	146.27	5.99	6.55	8.31	0.014	0.087

함수율	(G = 0.45, 폭 = 300 mm, and 깊이 = 300 mm)									
	k_i	P_y	P_{max}	Δ_y	Δ_{max}	μ	M_y	M_{max}	θ_y	θ_{max}
%	kN/mm	kN	kN	mm	mm		kN.m	kN.m		
0	262.76	12.02	10.38	2.69	26.43	8.08	22.95	22.24	0.024	0.014
4	216.30	10.24	9.35	15.58	73.98	8.38	19.68	20.21	0.024	0.046
8	178.89	8.80	8.52	25.78	112.25	8.63	17.05	18.58	0.024	0.071
12	150.52	7.70	7.89	33.28	141.24	8.82	15.04	17.33	0.023	0.090
16	131.20	6.95	7.45	38.10	160.96	8.97	13.68	16.48	0.023	0.103
20	122.06	6.60	7.25	39.96	170.49	9.07	13.03	16.09	0.023	0.109
24	119.75	6.53	7.22	40.07	173.80	9.18	12.91	16.05	0.023	0.112
30	116.29	6.41	7.18	40.22	178.76	9.33	12.71	16.00	0.022	0.115

함수율	(G = 0.45, 폭 = 400 mm, and 깊이 = 400 mm)									
	k_i	P_y	P_{max}	Δ_y	Δ_{max}	μ	M_y	M_{max}	θ_y	θ_{max}
%	kN/mm	kN	kN	mm	mm		kN.m	kN.m		
0	350.35	17.00	14.80	1.01	8.14	11.11	32.50	31.98	0.032	0.008
4	288.40	14.63	13.43	18.50	71.54	11.50	28.14	29.28	0.032	0.050
8	238.52	12.71	12.33	32.40	122.57	11.81	24.63	27.11	0.031	0.084
12	200.69	11.25	11.49	42.71	161.23	12.06	21.97	25.45	0.031	0.110
16	174.93	10.26	10.91	49.43	187.52	12.24	20.15	24.32	0.031	0.127
20	162.75	9.79	10.64	52.22	200.23	12.36	19.30	23.80	0.031	0.135
24	159.67	9.69	10.61	52.66	204.64	12.49	19.13	23.76	0.030	0.138
30	155.06	9.55	10.56	53.32	211.25	12.67	18.88	23.69	0.030	0.143

함수율	(G = 0.45, 폭 = 500 mm, and 깊이 = 500 mm)									
	k_i	P_y	P_{max}	Δ_y	Δ_{max}	μ	M_y	M_{max}	θ_y	θ_{max}
%	kN/mm	kN	kN	mm	mm		kN.m	kN.m		
0	437.94	21.98	19.22	−0.66	−10.15	14.15	42.04	41.71	0.039	0.003
4	360.50	19.01	17.51	21.42	69.10	14.61	36.61	38.35	0.039	0.055
8	298.15	16.62	16.13	39.03	132.89	15.00	32.22	35.63	0.039	0.097
12	250.87	14.80	15.08	52.14	181.21	15.30	28.89	33.57	0.039	0.129
16	218.66	13.56	14.37	60.77	214.08	15.51	26.62	32.15	0.039	0.151
20	203.44	12.97	14.03	64.48	229.96	15.65	25.56	31.51	0.038	0.161
24	199.59	12.86	13.99	65.26	235.47	15.80	25.35	31.46	0.038	0.165
30	193.82	12.68	13.94	66.42	243.75	16.01	25.04	31.39	0.038	0.171

산지 접합부 일면전단 강도(kN)

주부재크기 (mm)	측부재크기 (mm)	산지직경 (mm)	$Z_{\parallel}$	$Z_{s\perp}$	$Z_{m\perp}$	$Z_{\perp}$
			주부재비중 = 0.45, 측부재비중 = 0.45, and 산지비중 = 0.65			
100	20	20	0.94	0.83	0.94	0.83
		30	1.62	1.13	1.62	1.13
		50	3.35	1.48	2.98	1.48
	60	20	1.83	1.89	1.49	1.56
		30	3.14	3.01	2.28	2.19
		50	6.50	4.45	3.52	2.87
	100	20	2.18	2.29	1.83	1.91
		30	3.72	3.48	2.79	2.60
		50	7.72	5.91	4.73	3.41
120	20	20	0.94	0.83	0.94	0.83
		30	1.62	1.13	1.62	1.13
		50	3.35	1.48	3.35	1.48
	60	20	1.83	1.91	1.49	1.56
		30	3.67	3.39	2.65	2.56
		50	7.59	4.45	3.96	3.36
	120	20	2.28	2.33	1.86	1.91
		30	4.47	4.18	3.34	3.12
		50	9.26	7.10	5.68	4.09
140	20	20	0.94	0.83	0.94	0.83
		30	1.62	1.13	1.62	1.13
		50	3.35	1.48	3.35	1.48
	60	20	1.83	1.91	1.49	1.56
		30	4.00	3.39	3.03	2.95
		50	8.75	4.45	4.45	3.87
	100	20	2.28	2.33	1.86	1.91
		30	4.58	4.36	3.36	3.19
		50	9.48	7.42	5.35	4.19
	140	20	2.28	2.33	1.86	1.91
		30	5.22	4.88	3.90	3.64
		50	10.81	8.28	6.62	4.78
160	20	20	0.94	0.83	0.94	0.83
		30	1.62	1.13	1.62	1.13
		50	3.35	1.48	3.35	1.48
	60	20	1.83	1.91	1.49	1.56
		30	4.00	3.39	3.10	2.96
		50	9.95	4.45	4.96	4.40

주부재크기 (mm)	측부재크기 (mm)	산지직경 (mm)	$Z_{\|\|}$	$Z_{s\perp}$	$Z_{m\perp}$	$Z_{\perp}$
			주부재비중 = 0.45, 측부재비중 = 0.45, and 산지비중 = 0.65			
160	100	20	2.28	2.33	1.86	1.91
		30	4.72	4.38	3.67	3.42
		50	10.49	7.42	5.73	4.64
	160	20	2.28	2.33	1.86	1.91
		30	5.47	5.28	4.22	4.09
		50	12.35	9.46	7.57	5.46
180	20	20	0.94	0.83	0.94	0.83
		30	1.62	1.13	1.62	1.13
		50	3.35	1.48	3.35	1.48
	60	20	1.83	1.91	1.49	1.56
		30	4.00	3.39	3.10	2.96
		50	10.06	4.45	5.49	4.45
	100	20	2.28	2.33	1.86	1.91
		30	4.72	4.38	3.67	3.42
		50	11.55	7.42	6.15	5.11
	140	20	2.28	2.33	1.86	1.91
		30	5.47	5.24	4.22	4.09
		50	12.51	10.16	7.21	5.53
	180	20	2.28	2.33	1.86	1.91
		30	5.47	5.28	4.22	4.09
		50	13.89	10.65	8.52	6.14
200	20	20	0.94	0.83	0.94	0.83
		30	1.62	1.13	1.62	1.13
		50	3.35	1.48	3.35	1.48
	60	20	1.83	1.91	1.49	1.56
		30	4.00	3.39	3.10	2.96
		50	10.06	4.45	6.05	4.45
	100	20	2.28	2.33	1.86	1.91
		30	4.72	4.38	3.67	3.42
		50	12.66	7.42	6.61	5.60
	140	20	2.28	2.33	1.86	1.91
		30	5.47	5.24	4.22	4.09
		50	13.47	10.39	7.56	5.96
	200	20	2.28	2.33	1.86	1.91
		30	5.47	5.28	4.22	4.09
		50	15.44	11.83	9.46	6.83

주부재크기 (mm)	측부재크기 (mm)	산지직경 (mm)	$Z_{\parallel}$	$Z_{s\perp}$	$Z_{m\perp}$	$Z_{\perp}$
			주부재비중 = 0.45, 측부재비중 = 0.45, and 산지비중 = 0.65			
220	20	20	0.94	0.83	0.94	0.83
		30	1.62	1.13	1.62	1.13
		50	3.35	1.48	3.35	1.48
	60	20	1.83	1.91	1.49	1.56
		30	4.00	3.39	3.10	2.96
		50	10.06	4.45	6.61	4.45
	100	20	2.28	2.33	1.86	1.91
		30	4.72	4.38	3.67	3.42
		50	12.68	7.42	7.08	6.11
	140	20	2.28	2.33	1.86	1.91
		30	5.47	5.24	4.22	4.09
		50	14.18	10.39	7.95	6.40
	180	20	2.28	2.33	1.86	1.91
		30	5.47	5.28	4.22	4.09
		50	15.57	11.44	9.08	6.88
	220	20	2.28	2.33	1.86	1.91
		30	5.47	5.28	4.22	4.09
		50	16.95	12.51	10.41	7.51
240	20	20	0.94	0.83	0.94	0.83
		30	1.62	1.13	1.62	1.13
		50	3.35	1.48	3.35	1.48
	60	20	1.83	1.91	1.49	1.56
		30	4.00	3.39	3.10	2.96
		50	10.06	4.45	7.18	4.45
	100	20	2.28	2.33	1.86	1.91
		30	4.72	4.38	3.67	3.42
		50	12.68	7.42	7.58	6.63
	140	20	2.28	2.33	1.86	1.91
		30	5.47	5.24	4.22	4.09
		50	14.18	10.39	8.36	6.87
	180	20	2.28	2.33	1.86	1.91
		30	5.47	5.28	4.22	4.09
		50	16.13	11.44	9.41	7.29
	240	20	2.28	2.33	1.86	1.91
		30	5.47	5.28	4.22	4.09
		50	16.95	13.11	11.36	8.19

산지접합부 이면 전단강도(kN)

주부재크기 (mm)	측부재크기 (mm)	산지직경 (mm)	$Z_{\parallel}$	$Z_{s\perp}$	$Z_{m\perp}$	$Z_{\perp}$
			주부재비중 = 0.45, 측부재비중 = 0.45, and 산지비중 = 0.65			
100	20	20	7.59	8.34	7.59	8.34
		30	12.96	11.30	12.96	11.30
		50	26.84	14.84	26.84	14.84
	60	20	11.37	11.37	11.37	11.37
		30	25.58	24.42	24.86	23.70
		50	67.11	44.53	37.10	37.10
	100	20	11.37	11.37	11.37	11.37
		30	25.58	25.58	25.58	25.58
		50	67.11	64.96	37.10	37.10
120	20	20	7.59	8.34	7.59	8.34
		30	12.96	11.30	12.96	11.30
		50	26.84	14.84	26.84	14.84
	60	20	11.37	11.37	11.37	11.37
		30	25.58	24.42	24.86	23.70
		50	71.07	44.53	44.53	44.53
	120	20	11.37	11.37	11.37	11.37
		30	25.58	25.58	25.58	25.58
		50	71.07	66.05	44.53	44.53
140	20	20	7.59	8.34	7.59	8.34
		30	12.96	11.30	12.96	11.30
		50	26.84	14.84	26.84	14.84
	60	20	11.37	11.37	11.37	11.37
		30	25.58	24.42	24.86	23.70
		50	71.07	44.53	51.95	44.53
	100	20	11.37	11.37	11.37	11.37
		30	25.58	25.58	25.58	25.58
		50	71.07	64.96	51.95	51.95
	140	20	11.37	11.37	11.37	11.37
		30	25.58	25.58	25.58	25.58
		50	71.07	67.89	51.95	51.95
160	20	20	7.59	8.34	7.59	8.34
		30	12.96	11.30	12.96	11.30
		50	26.84	14.84	26.84	14.84
	60	20	11.37	11.37	11.37	11.37
		30	25.58	24.42	24.86	23.70
		50	71.07	44.53	59.37	44.53

주부재크기 (mm)	측부재크기 (mm)	산지직경 (mm)	Z_{II}	$Z_{s\perp}$	$Z_{m\perp}$	$Z_{\perp}$
			주부재비중 = 0.45, 측부재비중 = 0.45, and 산지비중 = 0.65			
160	100	20	11.37	11.37	11.37	11.37
		30	25.58	25.58	25.58	25.58
		50	71.07	64.96	59.37	57.65
	160	20	11.37	11.37	11.37	11.37
		30	25.58	25.58	25.58	25.58
		50	71.07	70.33	59.37	59.37
180	20	20	7.59	8.34	7.59	8.34
		30	12.96	11.30	12.96	11.30
		50	26.84	14.84	26.84	14.84
	60	20	11.37	11.37	11.37	11.37
		30	25.58	24.42	24.86	23.70
		50	71.07	44.53	65.08	44.53
	100	20	11.37	11.37	11.37	11.37
		30	25.58	25.58	25.58	25.58
		50	71.07	64.96	66.79	57.65
	140	20	11.37	11.37	11.37	11.37
		30	25.58	25.58	25.58	25.58
		50	71.07	67.89	66.79	60.96
	180	20	11.37	11.37	11.37	11.37
		30	25.58	25.58	25.58	25.58
		50	71.07	71.07	66.79	66.25
200	20	20	7.59	8.34	7.59	8.34
		30	12.96	11.30	12.96	11.30
		50	26.84	14.84	26.84	14.84
	60	20	11.37	11.37	11.37	11.37
		30	25.58	24.42	24.86	23.70
		50	71.07	44.53	65.08	44.53
	100	20	11.37	11.37	11.37	11.37
		30	25.58	25.58	25.58	25.58
		50	71.07	64.96	70.16	57.65
	140	20	11.37	11.37	11.37	11.37
		30	25.58	25.58	25.58	25.58
		50	71.07	67.89	71.07	60.96
	200	20	11.37	11.37	11.37	11.37
		30	25.58	25.58	25.58	25.58
		50	71.07	71.07	71.07	69.40

주부재크기 (mm)	측부재크기 (mm)	산지직경 (mm)	$Z_{\|\|}$	$Z_{s\perp}$	$Z_{m\perp}$	$Z_{\perp}$
			주부재비중 = 0.45, 측부재비중 = 0.45, and 산지비중 = 0.65			
220	20	20	7.59	8.34	7.59	8.34
		30	12.96	11.30	12.96	11.30
		50	26.84	14.84	26.84	14.84
	60	20	11.37	11.37	11.37	11.37
		30	25.58	24.42	24.86	23.70
		50	71.07	44.53	65.08	44.53
	100	20	11.37	11.37	11.37	11.37
		30	25.58	25.58	25.58	25.58
		50	71.07	64.96	70.16	57.65
	140	20	11.37	11.37	11.37	11.37
		30	25.58	25.58	25.58	25.58
		50	71.07	67.89	71.07	60.96
	180	20	11.37	11.37	11.37	11.37
		30	25.58	25.58	25.58	25.58
		50	71.07	71.07	71.07	66.25
	220	20	11.37	11.37	11.37	11.37
		30	25.58	25.58	25.58	25.58
		50	71.07	71.07	71.07	71.07
240	20	20	7.59	8.34	7.59	8.34
		30	12.96	11.30	12.96	11.30
		50	26.84	14.84	26.84	14.84
	60	20	11.37	11.37	11.37	11.37
		30	25.58	24.42	24.86	23.70
		50	71.07	44.53	65.08	44.53
	100	20	11.37	11.37	11.37	11.37
		30	25.58	25.58	25.58	25.58
		50	71.07	64.96	70.16	57.65
	140	20	11.37	11.37	11.37	11.37
		30	25.58	25.58	25.58	25.58
		50	71.07	67.89	71.07	60.96
	180	20	11.37	11.37	11.37	11.37
		30	25.58	25.58	25.58	25.58
		50	71.07	71.07	71.07	66.25
	240	20	11.37	11.37	11.37	11.37
		30	25.58	25.58	25.58	25.58
		50	71.07	71.07	71.07	71.07

6.4 기둥-보 맞춤과 기둥-도리방향, 벽체 회전 강성

전통목구조의 벽체 프레임 강성의 경우 접합부의 종류와 가공정밀도, 기둥연결 상태에 의해 지배된다. 이는 벽체를 사용하지 않은 경우 즉 w1에 제한된다. 벽체가 존재 할 경우 벽체의 형태 즉 채움벽과 채움벽의 비율, 벽체길이와 두께, 기둥의 크기에 따라 모멘트력이 크게 다르게 계산 된다. 아래의 그림은 전통목구조의 벽체형태의 예시를 보여준다.

벽체 종류와 유형분류

벽체 형식	벽체 종류	벽체 유형	회전
W1	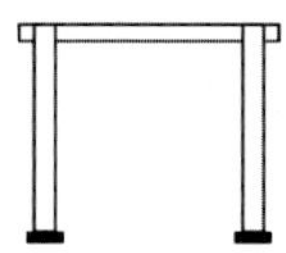	프레임	1/30 1/15
W2	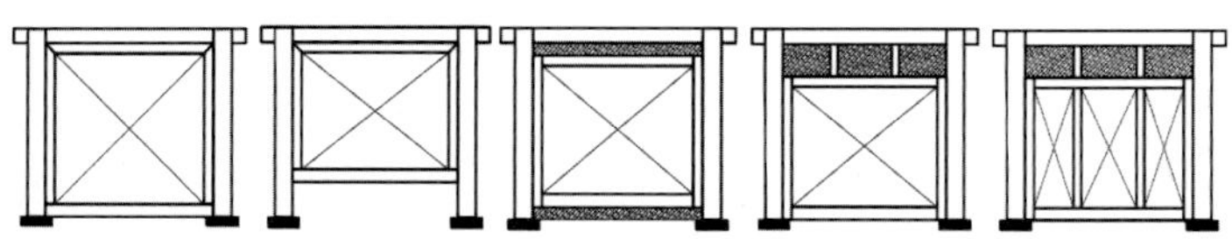	프레임 (부분 채움벽 개구부율 (2/3 초과))	1/30 1/15
W4	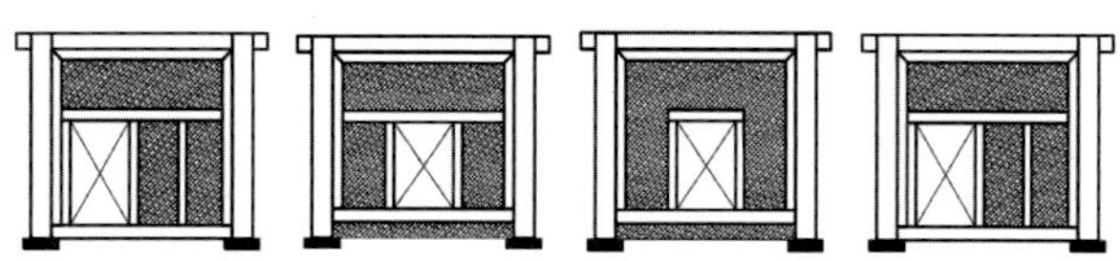	부분 채움벽 개구부율 (1/3 이하)	1/120 1/60 1/15
W4-2	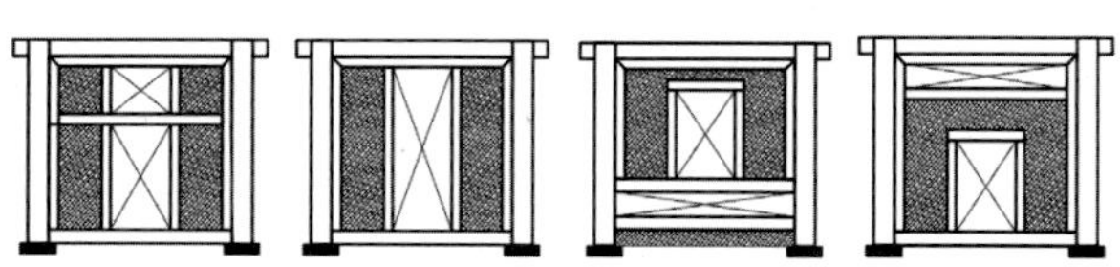	부분 채움벽 개구부율 (1/3-2/3)	1/120 1/60 1/15
W3, W5, W6	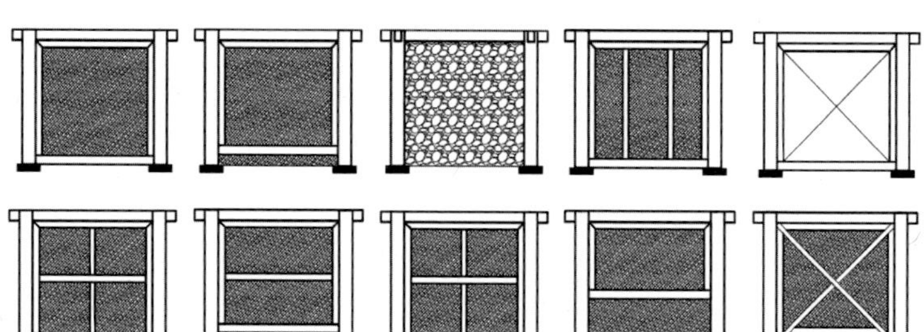	전면흙벽	1/120 1/15

골조 구조성능(완전 개방)

	K_i	P_y	Pmax	$\triangle_y$	$\triangle_{MAX}$	Ductility ratio
S	0.007(0.57)	0.27(0.00)	0.38(0.21)	41.48(0.52)	125.42(0.06)	3.55(0.57)
SD(주먹장이음)	0.042(1.61)	0.32(0.40)	0.37(0.35)	78.67(1.06)	147.11(0.07)	13.43(1.53)
SU(엇갈이산지이음)	0.003(0.66)	0.15(0.93)	0.41(0.14)	36.80(0.40)	149.89(0.53)	4.81(0.57)
	M_y	M_{max}	θ_y	θ_{max}	$(M/\theta)y$	$(M/\theta)_{max}$
S	0.44(0.00)	0.61(0.21)	0.03(0.37)	0.083(0.22)	14.66	7.34
SD(주먹장이음)	0.52(0.40)	0.60(0.36)	0.047(0.87)	0.093(0.21)	11.06	6.45
SU(엇갈이산지이음)	0.25(0.92)	0.67(0.14)	0.03(0.40)	0.110(0.09)	8.33	6.09

S: 통 기둥
SD: 기둥을 주먹장이음으로 구성
SU: 기둥을 엇갈이산지이음으로 구성

벽체 구조성능(전면흙벽)

Diameter (mm)	W3, W5, W6 Moment-resisting capacity(kN.m), θ_y = 1/120 (전면흙벽) Length(mm)										
	2000	2500	3000	3500	4000	4500	5000	5500	6000	6500	7000
150	57.71	64.46	52.32	60.45	64.71	73.13	80.75	89.22	97.53	106.02	114.47
200	67.95	74.70	81.45	88.20	94.95	101.70	108.45	115.20	121.95	128.70	135.45
300	88.43	95.18	101.93	108.68	115.43	122.18	128.93	135.68	142.43	149.18	155.93
400	108.90	115.65	122.40	129.15	135.90	142.65	149.40	156.15	162.90	169.65	176.40
500	129.38	136.13	142.88	149.63	156.38	163.13	169.88	176.63	183.38	190.13	196.88
600	149.85	156.60	163.35	170.10	176.85	183.60	190.35	197.10	203.85	210.60	217.35
700	170.33	177.08	183.83	190.58	197.33	204.08	210.83	217.58	224.33	231.08	237.83
Diameter (mm)	W4 Moment-resisting capacity(kN.m), θ_{y1} = 1/120 (부분흙벽 - 개구부가 1/3 이하일 경우) Length(mm)										
	2000	2500	3000	3500	4000	4500	5000	5500	6000	6500	7000
150	12.83	14.33	9.58	11.15	12.44	14.01	15.57	17.14	18.71	20.28	21.85
200	15.10	16.60	18.10	19.60	21.10	22.60	24.10	25.60	27.10	28.60	30.10
300	19.65	21.15	22.65	24.15	25.65	27.15	28.65	30.15	31.65	33.15	34.65
400	24.20	25.70	27.20	28.70	30.20	31.70	33.20	34.70	36.20	37.70	39.20
500	28.75	30.25	31.75	33.25	34.75	36.25	37.75	39.25	40.75	42.25	43.75
600	33.30	34.80	36.30	37.80	39.30	40.80	42.30	43.80	45.30	46.80	48.30
700	37.85	39.35	40.85	42.35	43.85	45.35	46.85	48.35	49.85	51.35	52.85

Diameter (mm)	W4 Moment-resisting capacity(kN.m), θ_{y2} = 1/60 Length(mm)										
	2000	2500	3000	3500	4000	4500	5000	5500	6000	6500	7000
150	25.65	28.65	20.33	23.61	25.85	29.15	32.35	35.65	38.94	42.24	45.54
200	30.20	33.20	36.20	39.20	42.20	45.20	48.20	51.20	54.20	57.20	60.20
300	39.30	42.30	45.30	48.30	51.30	54.30	57.30	60.30	63.30	66.30	69.30
400	48.40	51.40	54.40	57.40	60.40	63.40	66.40	69.40	72.40	75.40	78.40
500	57.50	60.50	63.50	66.50	69.50	72.50	75.50	78.50	81.50	84.50	87.50
600	66.60	69.60	72.60	75.60	78.60	81.60	84.60	87.60	90.60	93.60	96.60
700	75.70	78.70	81.70	84.70	87.70	90.70	93.70	96.70	99.70	102.70	105.70

Diameter (mm)	W4-2 Moment-resisting capacity(kN.m), θ_{y1} = 1/120 (부분흙벽 - 개구부가 1/3-2/3일 경우) Length(mm)										
	2000	2500	3000	3500	4000	4500	5000	5500	6000	6500	7000
150	6.41	7.16	4.65	5.41	6.11	6.87	7.64	8.41	9.17	9.94	10.71
200	7.55	8.30	9.05	9.80	10.55	11.30	12.05	12.80	13.55	14.30	15.05
300	9.83	10.58	11.33	12.08	12.83	13.58	14.33	15.08	15.83	16.58	17.33
400	12.10	12.85	13.60	14.35	15.10	15.85	16.60	17.35	18.10	18.85	19.60
500	14.38	15.13	15.88	16.63	17.38	18.13	18.88	19.63	20.38	21.13	21.88
600	16.65	17.40	18.15	18.90	19.65	20.40	21.15	21.90	22.65	23.40	24.15
700	18.93	19.68	20.43	21.18	21.93	22.68	23.43	24.18	24.93	25.68	26.43

Diameter (mm)	W4-2 Moment-resisting capacity(kN.m), θ_{y2} = 1/60 Length(mm)										
	2000	2500	3000	3500	4000	4500	5000	5500	6000	6500	7000
150	12.83	14.33	9.58	11.15	12.44	14.01	15.57	17.14	18.71	20.28	21.85
200	15.10	16.60	18.10	19.60	21.10	22.60	24.10	25.60	27.10	28.60	30.10
300	19.65	21.15	22.65	24.15	25.65	27.15	28.65	30.15	31.65	33.15	34.65
400	24.20	25.70	27.20	28.70	30.20	31.70	33.20	34.70	36.20	37.70	39.20
500	28.75	30.25	31.75	33.25	34.75	36.25	37.75	39.25	40.75	42.25	43.75
600	33.30	34.80	36.30	37.80	39.30	40.80	42.30	43.80	45.30	46.80	48.30
700	37.85	39.35	40.85	42.35	43.85	45.35	46.85	48.35	49.85	51.35	52.85

CHAPTER 07

하중과 하중의 분배 (힘의 흐름)

CHAPTER 07

하중과 하중의 분배(힘의 흐름)

7.1 전통 목구조 하중과 흐름

시대의 정신과 얼이 스며있는 전통목구조의 구조 안전성에 대한 과학적인 접근은 많은 모순을 내재하고 있지만, 현시대의 건축구조학을 바탕으로 전통 목구조 구조성능을 이해하는데 그 취지를 두고자 한다. 이러한 과정을 통하여 전통 목구조의 시대적인 변천과 규모, 형태, 용도, 시대, 지역에 따른 전통목구조의 주요 수직, 수평부재의 하중 흐름을 분석함으로써 전통 목구조의 안전성을 검토하고자 한다.

하중은 크게 수직하중과 수평하중으로 나뉘며, 수직하중을 발생시키는 중력과 부재의 밀도와 체적으로 인한 자중이 있다. 이를 현대 건축구조에선 사하중이라고 하며, 사람과 같이 움직이며, 한시적으로 작용하는 하중을 활하중이라고 한다. 이 두 하중이 전통목구조에 작용하는 하중이며, 구조물을 이루는 주된 구조부재와 비구조재가 지지해야 할 하중이라고 볼 수 있다. 먼저, 전통 목구조에 있어 큰 사하중을 차지하는 지붕의 무게는 지붕을 이루고 있는 재료, 즉, 기와, 보토, 적토 등, 그리고 지붕의 형태와 규모에 의해서 산출된다. 지붕을 지탱하는 공포부재와 보부재, 기둥부재의 크기와 개수에 의한 자중, 그리고 기둥 사이 벽체를 이루는 부재 재료와 크기에 따른 자중을 들 수 있다.

전통 목구조에서 수직하중의 대부분은 지붕부에 의해 산출된다고 해도 과언이 아니다. 따라서 지붕의 형태와 건축물의 규모에 따른 지붕 크기 및 지붕을 이루고 있는 재료 구성 비율을 고려하여 산출 할 수 있다. 여기에 지붕부 아래의 부재 즉, 공포 및 축부, 보, 벽 부재의 크기와 밀도에 따른 질량을 더하면 건축물 자체에서 산출된 수직하중이 된다. 여기에 지역에 따른 적설하중을 더하면 수직하중이 된다.

이러한 자중은 위에서 아래로 흘러 기초와 지상으로 전달 소멸되야 구조물과 구조부재가 그 역할을 할 수 있다. 산출된 지붕의 무게는 공포시스템을 따라 보부재로 공포의 형식에 의해 집중 혹은 분포하중형태로 전달 되어진다. 보를 받치고 있거나 체결이된 수직부재인 기둥이 보 부재로 전달된 수직하중을 tributary area 만큼 하중을 받고 기초 지상으로 전달한다. 지반은 이러한 하중을 충분히 견딜 수 있도록 평활하고 단단해야 한다.

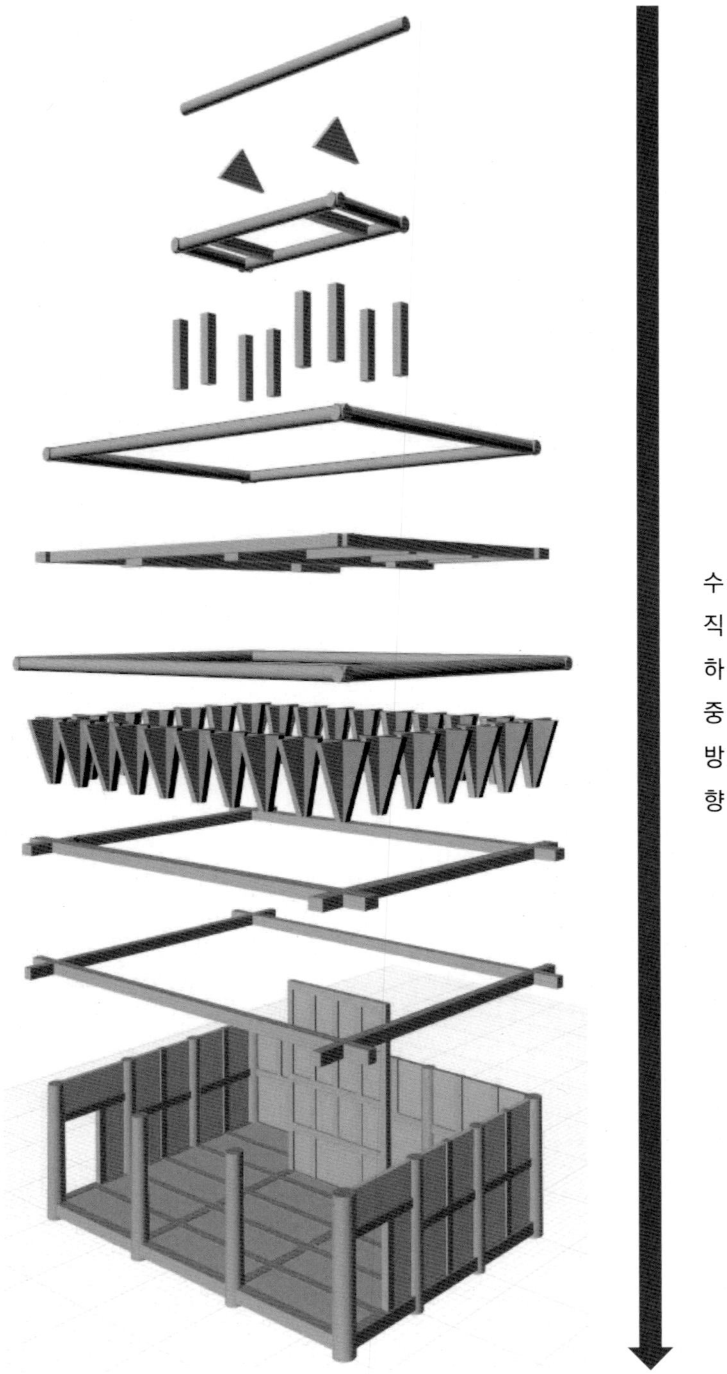

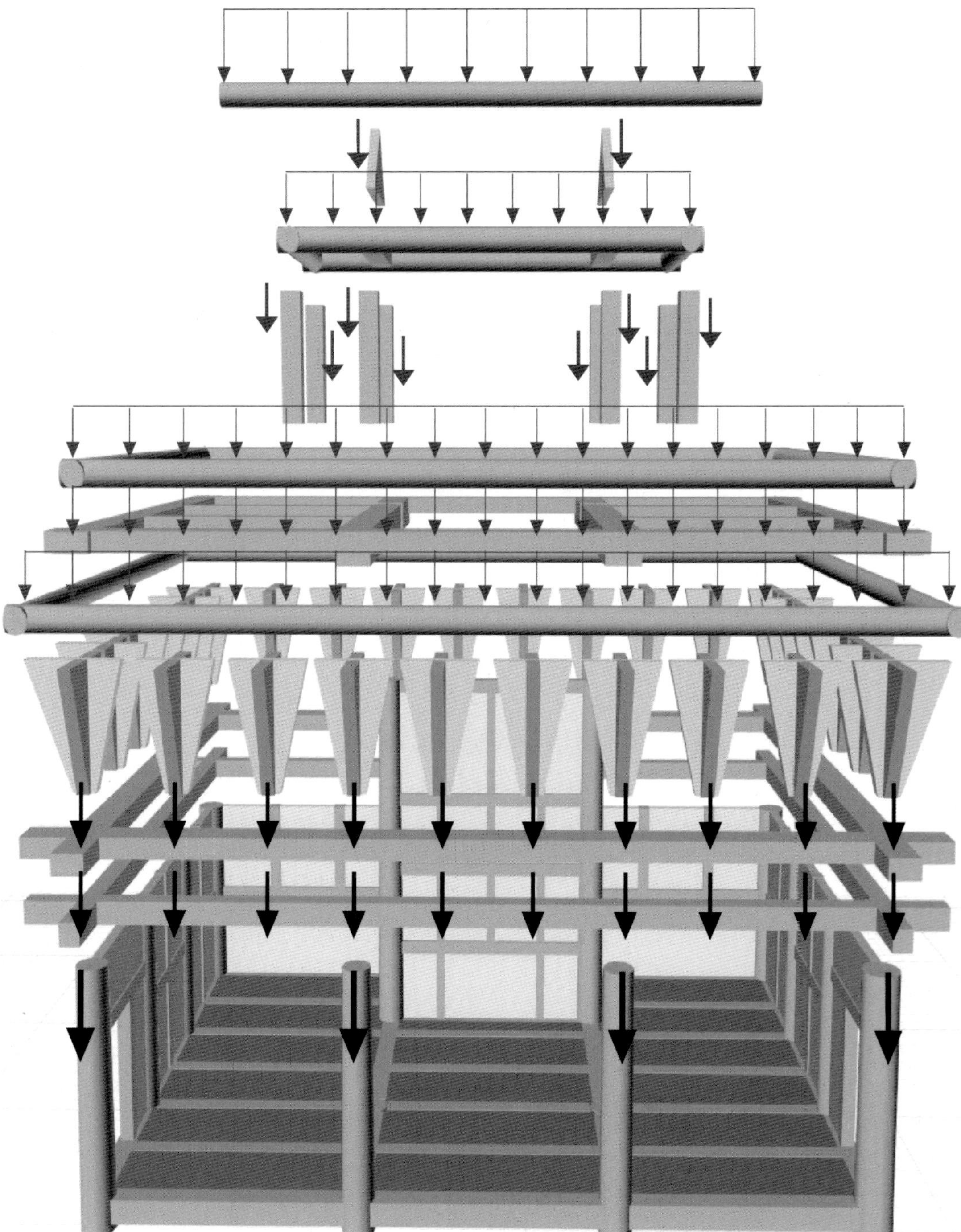

그림 7-1. 전통 목조건축 부재별 수직 집중하중과 수직 분포하중 흐름도 1

표 7-1. 1차, 2차부재 종류 및 하중전달

1차/2차 부재	부재	수직하중	수평하중
2 차 부재(수직하중 저항)	지붕	김혜원 외 3 인(2010)의 논문에서 지붕하중계산방법은 건물 면적과 지붕하중 상관관계 회기식으로 표현되었다. 건축물의 전체 지붕하중은 아래식에 의해 산출할 수 있다. $\mathrm{Y} = 0.393x + 581.9$ $\text{지붕하중 (kgf)} = \mathrm{Y} \times \mathrm{x}$ 여기서, X: 건축면적(m^2) Y: 지붕하중(kgf/m^2)	
2 차 부재(수직하중 저항)	종도리	종도리에 작용하는 하중을 대공으로 전달 대공에서 종량으로 전달	
2 차 부재(수직하중 저항)	종량	화반을 통해 내려온 종도리의 하중을 동자주로 전달	
2 차 부재(수직하중 저항)	중도리	장연과 단연의 끝부분이 걸리며 이곳의 하중을 동자주로 전달	
2 차 부재(수직하중 저항)	동자주	종량과 중도리를 통해 전달된 하중을 대량이나 충량으로 전달	
1 차 부재(주부재)	대량	상부하중을 앞면과 배면 기둥으로 전달	
2 차 부재(수직하중 저항)	주심도리	서까래, 특히 장연 부분에 걸리는 하중을 기둥으로 전달 주심도리 장여 주심도리에 작용하는 하중을 전달	
2 차 부재(수직하중 저항)	보아지	보의 하중 일부를 기둥으로 전달	
2 차 부재(수직하중 저항)	퇴량/충량	상부하중 전달보다는 외부기둥과의 일체성을 확보	
2 차 부재(수직하중 저항)	공포	공포 공포위 상부하중을 보와 도리로 전달	
1 차부재(수평내력 저항)	**보/도리**	**공포위 상부하중을 기둥과 벽으로 전달**	**보/기둥 골조로 수평저항**
1 차부재(수평내력 저항)	**기둥**	**보 상부하중을 초석으로 전달**	**보/기둥 골조로 수평저항**
1 차부재(수평내력 저항)	**벽**	**보 상부하중을 기단으로 전달**	**지진에 의해 발생된 impact 를 저항**

7.2 수직하중

아래의 그림은 전통 목조건축 수직 하중이 종도리부터 기둥으로 전달되는 수직하중 흐름도를 평면도와 삼차원 구조도를 바탕으로 설명하였다.

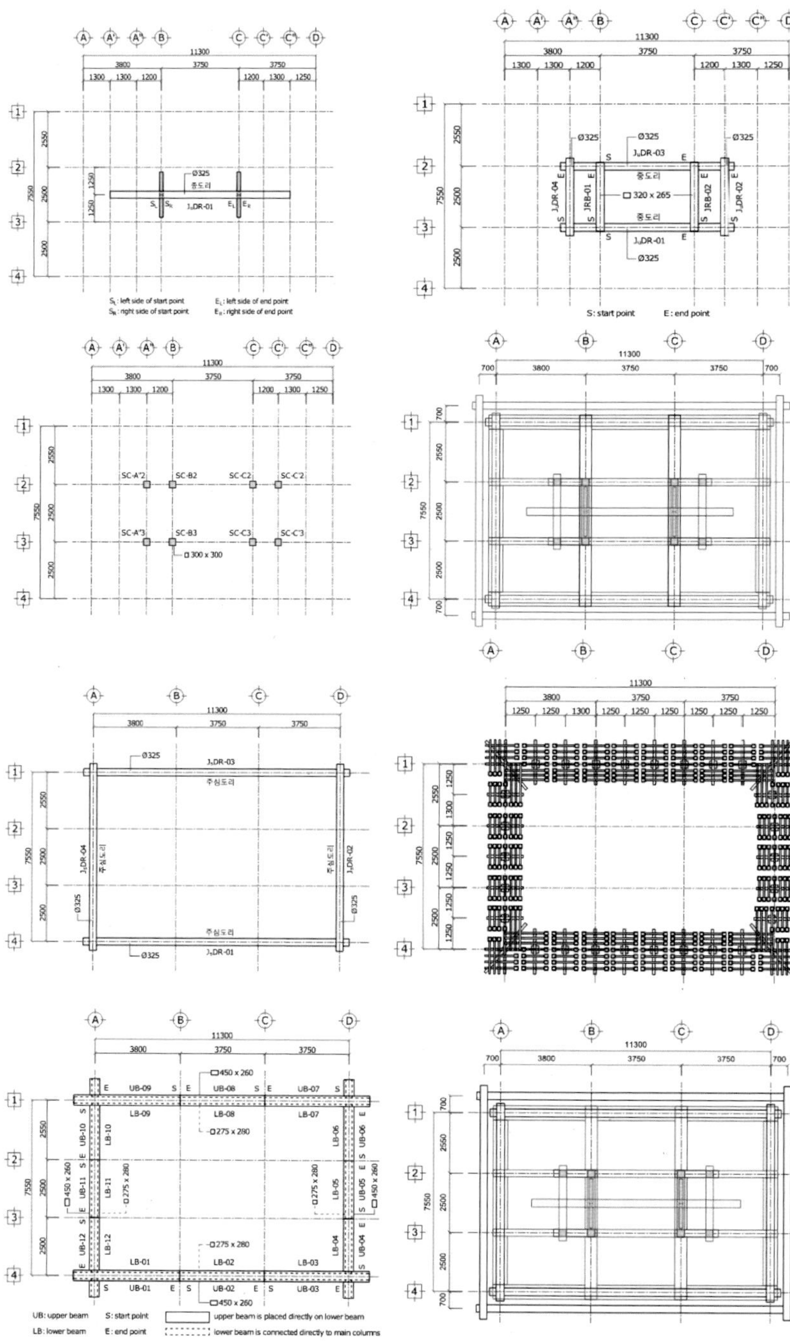

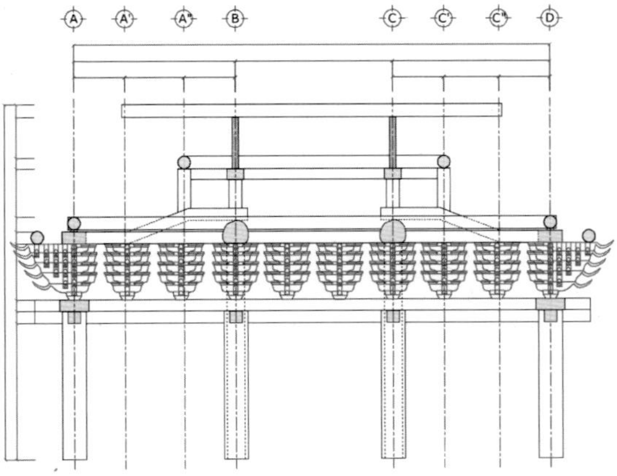

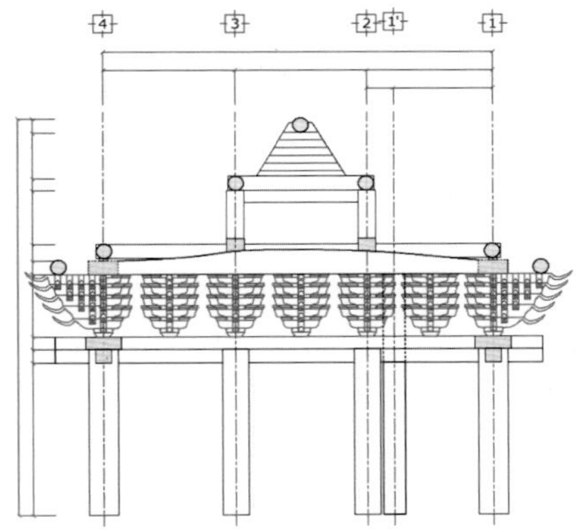

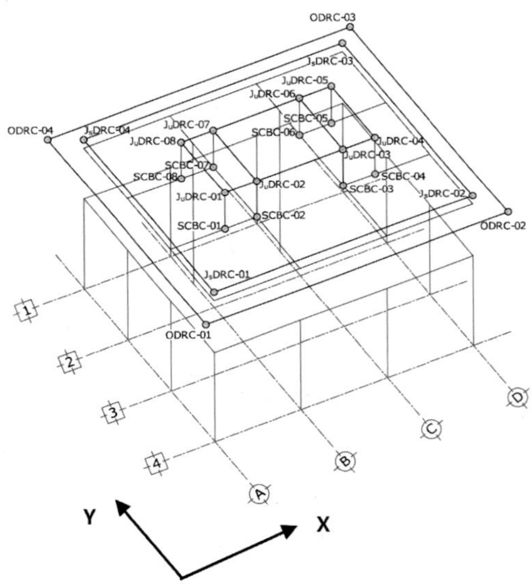

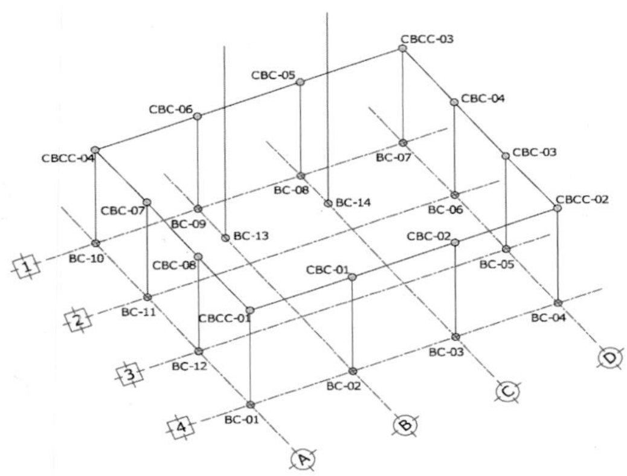

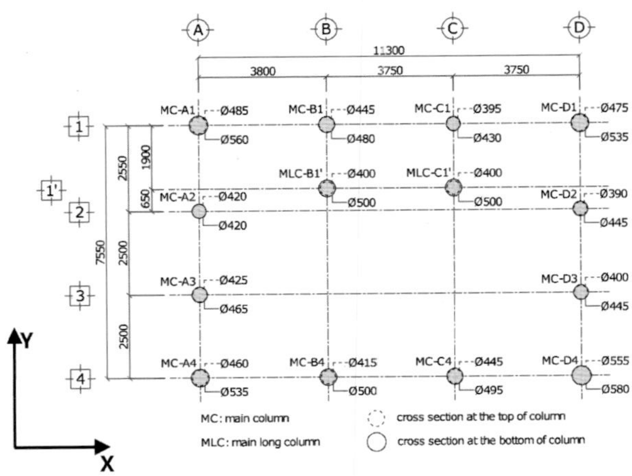

11300
3800
3750
3750
MC-A1 Ø485 Ø560
MC-B1 Ø445 Ø480
MC-C1 Ø395 Ø430
MC-D1 Ø475 Ø535
MLC-B1' Ø400 Ø500
MLC-C1' Ø400 Ø500
MC-A2 Ø420 Ø420
MC-D2 Ø390 Ø445
MC-A3 Ø425 Ø465
MC-D3 Ø400 Ø445
MC-A4 Ø460 Ø535
MC-B4 Ø415 Ø500
MC-C4 Ø445 Ø495
MC-D4 Ø555 Ø580
7550
2550
1900
650
2500
2500
MC: main column
MLC: main long column
cross section at the top of column
cross section at the bottom of column

각 지붕부를 이루는 부재의 체적과 밀도 그리고 지붕무게를 더한 하중을 도리가 분포하중 형태로 받는다.

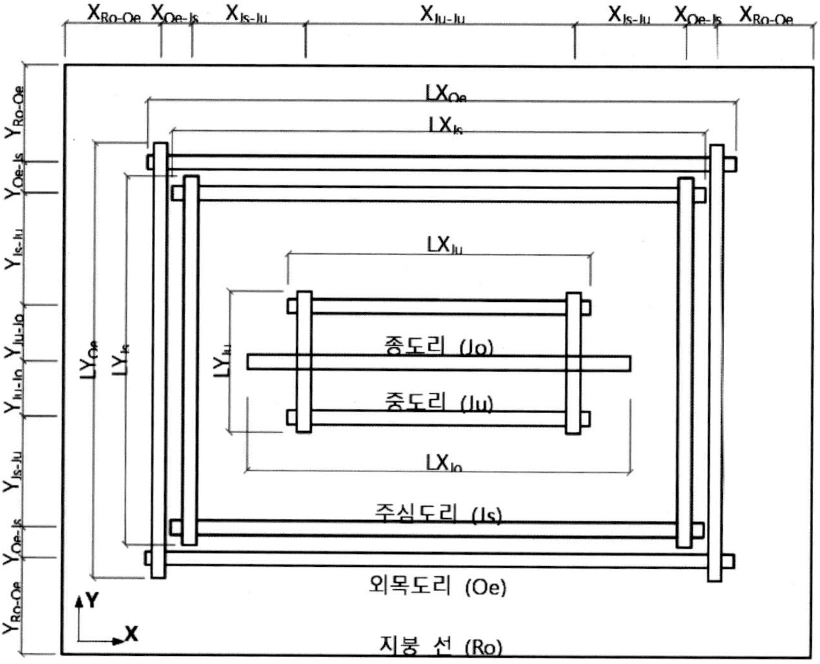

X_{Ro-Oe} = 외목도리 중심에서 지붕선 끝까지 거리 (x 방향)

X_{Oe-} = 외목도리 중심에서 주심도리 중심까지 거리 (x 방향)

X_{Js-Ju} = 주심도리 중심에서 중도리 중심까지 거리 (x 방향)

X_{Ju-Ju} = 중도리 중심에서 중도리 중심까지 거리 (x 방향)

Y_{Ro-O} = 외목도리 중심에서 지붕선 끝까지 거리 (y 방향)

Y_{Oe-J} = 외목도리 중심에서 주심도리 중심까지 거리 (y 방향)

Y_{Js-J} = 주심도리 중심에서 중도리 중심까지 거리 (y 방향)

Y_{Ju-J} = 중도리 중심에서 중도리 중심까지 거리 (y 방향)

LX_{Oe} = 외목도리 길이 (x 방향)

LX_{Js} = 주심도리 길이 (x 방향)

LX_{Ju} = 중도리 길이 (x 방향)

LX_{Jo} = 종도리 길이 (x 방향)

LY_{Oe} = 외목도리 길이 (y 방향)

LY_{Js} = 주심도리 길이 (y 방향)

LY_{Ju} = 중도리 길이 (y 방향)

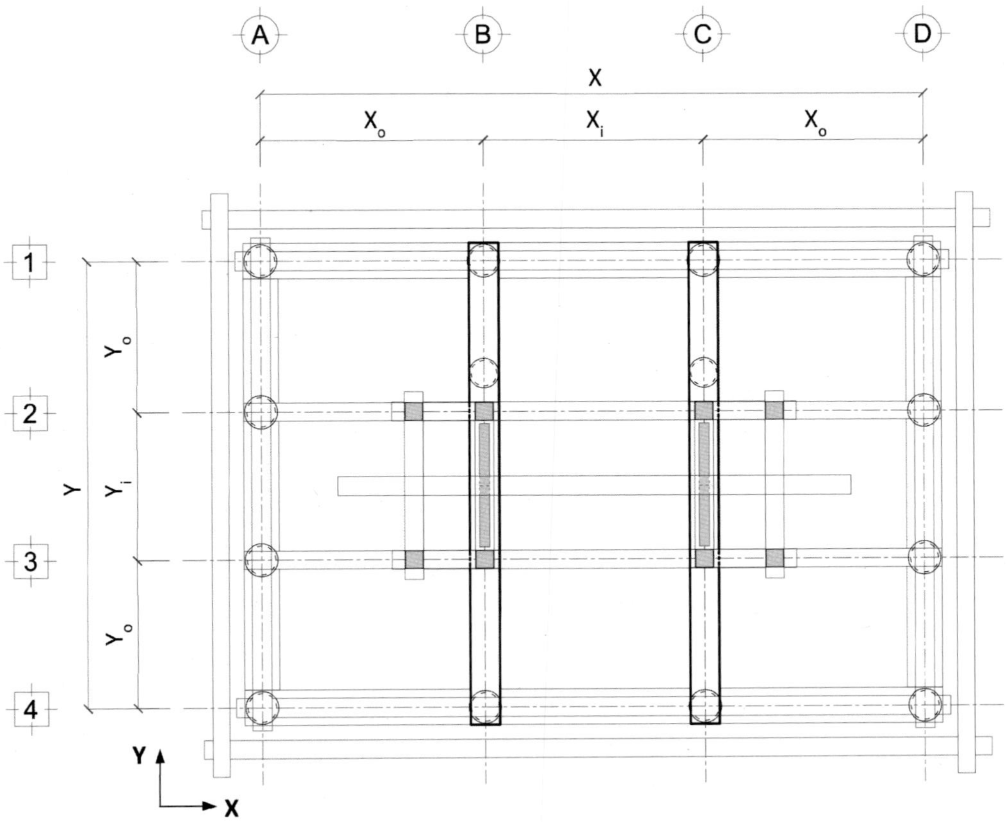

X_o = 정면/배면 외측칸 크기 (x 방향)

X_i = 정면/배면 내측칸 크기 (x 방향)

X = 정면 길이 (x 방향)

Y_o = 좌/우 측면 외측 칸 크기 (y 방향)

Y_i = 좌/우 측면 내측 칸 크기 (y 방향)

Y = 좌/우 측면 길이 (y 방향)

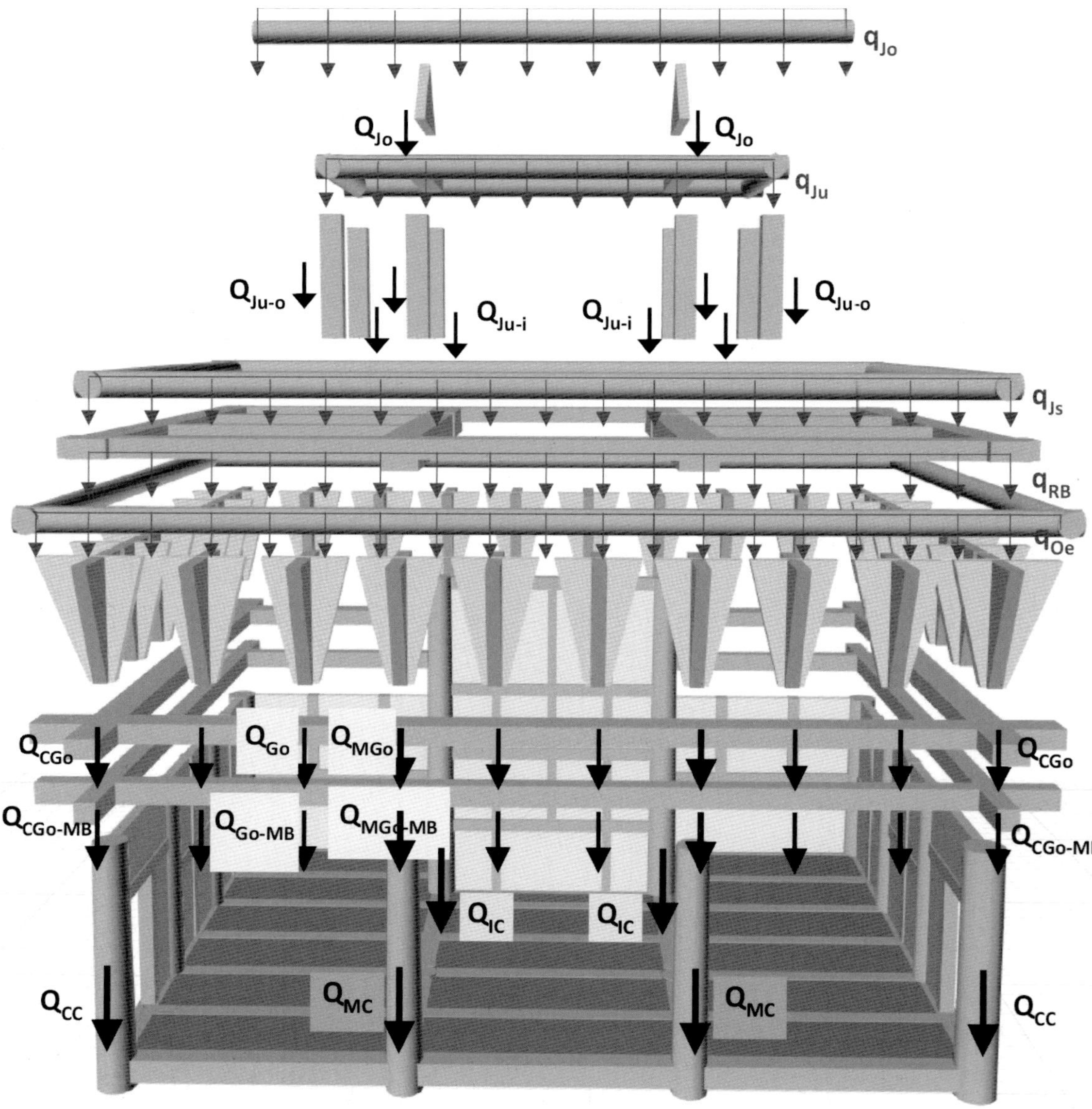

그림 7-2. 전통 목조건축 부재별 수직 집중하중과 수직 분포하중 흐름도 2

■ 도리 하중(Line load) x 방향

$$q_{Jo} = w_{Ro} \cdot Y_{Ju-Jo} + \rho_{Jo} \cdot A_{Jo} \tag{1}$$

$$q_{Ju} = w_{Ro} \cdot \left(Y_{Js-Ju} + Y_{Ju-Jo}\right)/2 + \rho_{Ju} \cdot A_{Ju} \tag{2}$$

$$q_{Js} = w_{Ro} \cdot \left(Y_{Oe-Js} + Y_{Js-Ju}\right)/2 + \rho_{Js} \cdot A_{Js} \tag{3}$$

$$q_{Oe} = w_{Ro} \cdot \left(Y_{Ro-Oe} + Y_{Oe-Js}/2\right) + \rho_{Oe} \cdot A_{Oe} \tag{4}$$

■ 도리 하중(Line load) y 방향

$$q_{Ju} = w_{Ro} \cdot X_{Js-Ju}/2 + \rho_{Ju} \cdot A_{Ju} \tag{5}$$

$$q_{Js} = w_{Ro} \cdot \left(X_{Oe-Js} + X_{Js-Ju}\right)/2 + \rho_{Js} \cdot A_{Js} \tag{6}$$

$$q_{Oe} = w_{Ro} \cdot \left(X_{Ro-Oe} + X_{Oe-Js}/2\right) + \rho_{Oe} \cdot A_{Oe} \tag{7}$$

■ 주심도리를 받는 장여 하중(q_{RB})

$$q_{RB} = q_{Js} + \rho_{RB} \cdot A_{RB} \tag{8}$$

여기서,

q_{Jo}, q_{Ju}, q_{Js}, and q_{Oe} = 종도리, 중도리, 주심도리, 외목도리 길이 하중

w_{Ro} = 지붕하중

ρ_{Jo}, ρ_{Ju}, ρ_{Js}, and ρ_{Oe} = 종도리, 중도리, 주심도리, 외목도리 밀도

A_{Jo}, A_{Ju}, A_{Js}, and A_{Oe} = 종도리, 중도리, 주심도리, 외목도리 단면적

ρ_{RB} = 장여 밀도

A_{RB} = 장여 단면적

7.3 집중하중

■ **종도리를 받는 부재(대공) 집중하중(Q_{Jo})**

$$Q_{Jo} = \left(q_{Jo} \cdot LX_{Jo}\right)/2 + W_{Su} \quad (9)$$

■ **중도리를 받는 동자주 집중하중(내측 Q_{Ju-i} , 외측 Q_{Ju-o})**

$$Q_{Ju-o} = \left(q_{Ju} \cdot LY_{Ju}\right)/2 + W_{Sus} \quad (10)$$

$$Q_{Ju-i} = \left(q_{Ju} \cdot LX_{Ju}\right)/2 + Q_{Jo}/2 + W_{Sus} \quad (11)$$

여기서,

q_{Jo} = 종도리 길이하중 (x 방향)

q_{Ju} = 중도리 길이하중 (x, y 방향)

LX_{Jo} = 종도리 길이 (x 방향)

LY_{Ju} = 중도리 길이 (y 방향)

LX_{Ju}= 중도리 길이 (x 방향)

W_{Su} = 종도리를 받는 부재(대공) 무게

W_{Sus} = 동자주 무게

■ **공포 집중하중(Q_{Go})**

$$Q_{Go} = (q_{RB} + q_{Oe}) \cdot (d_{GoX} \ or \ d_{GoY}) + W_{Go} \quad (12)$$

$$Q_{CGo} = (q_{RB} + q_{Oe}) \cdot (d_{GoX} + d_{GoY}) + W_{Go} \quad (13)$$

$$Q_{MGo}(X) = (q_{RB} + q_{Oe}) \cdot d_{GoX} + \left(1/3 \cdot Q_{Ju-o} + 1/2 \cdot Q_{Ju-}\ \right) + W_{RB \to Go} + W_{Go} \quad (14)$$

$$Q_{MGo}(Y) = (q_{RB} + q_{Oe}) \cdot d_{GoY} + 1/3 \cdot Q_{Ju-o} + W_{RB \to Go} + W_{Go} \quad (15)$$

여기서,

Q_{CGo} = 귀공포 집중하중

$Q_{MGo}(X)$ = 정면/배면 내측 공포 집중하중

$Q_{MGo}(Y)$ = 좌/우 측면 공포 집중하중

d_{GoX} = 정면/배면 공포간 간격

d_{GoY} = 좌/우 측면 공포간 간격

W_{Go} = 공포 무게

$W_{RB\rightarrow Go}$ = 충량과 대들보의 자중은 각각 내측 공포로 이동

■ 창방 집중하중

$$Q_{Go-MB} = Q_{Go} + \rho_{MB} \cdot A_{MB} \cdot (d_{GoX}\ or\ d_{GoY}) \tag{16}$$

$$Q_{CGo-M} = Q_{CGo} + \rho_{MB} \cdot A_{MB} \cdot (d_{GoX} + d_{GoY}) \tag{17}$$

$$Q_{MGo-MB} = Q_{MGo} + \rho_{MB} \cdot A_{MB} \cdot (d_{GoX}\ or\ d_{GoY}) \tag{18}$$

여기서,

Q_{Go-MB} , Q_{CGo-MB} , and Q_{MGo-MB} = 기둥 사이 공포로부터 전달된 창방에 작용하는 집중하중, 귀공포로부터 전달된 창방에 작용하는 집중하중, 평주 상부 공포로부터 전달된 창방에 작용하는 집중하중

ρ_{MB} = 창방/평방 밀도

A_{MB} = 창방/평방 단면적

■ 기둥 집중하중

$$Q_{CC} = Q_{CGo-MB} + [\sum Q_{Go-M}\ (X) + \sum Q_{Go-M}\ (Y)]/2 + W_{CC} + W_{wall\rightarrow CC} \tag{19}$$

$$Q_{MC} = Q_{MGo-MB} + [\sum Q_{Go-MB}(X)\ \ or\ \ \sum Q_{Go-M}\ (Y)] + W_{MC} + W_{wall\rightarrow MC} \tag{20}$$

$$Q_{IC} = \left(Q_{Ju-o} + 3/2 \cdot Q_{Ju-i}\right) + W_{RB\rightarrow IC} + W_{IC} + W_{wall\rightarrow IC} \tag{21}$$

여기서,

Q_{CC}, Q_{MC}, and Q_{IC} = 우주, 평주, 내진주 집중하중

$\sum Q_{Go-MB}(X)$ = 정면 기둥 사이 공포로부터 전달된 창방에 작용하는 집중하중 총 합

$\sum Q_{Go-M}\ (Y)$ = 좌 혹은 우 측면 기둥 사이 공포로부터 전달된 창방에 작용하는 집중하중 총 합

W_{CC}, W_{MC}, and W_{IC} = 우주, 평주, 내진주 무게

$W_{wall\rightarrow CC}$, $W_{wall\rightarrow MC}$, and $W_{wall\rightarrow IC}$ = 우주, 평주, 내진주로 흐른 벽 자중

$W_{RB\rightarrow IC}$ = 대들보의 부분하중은 내진주로 흐름

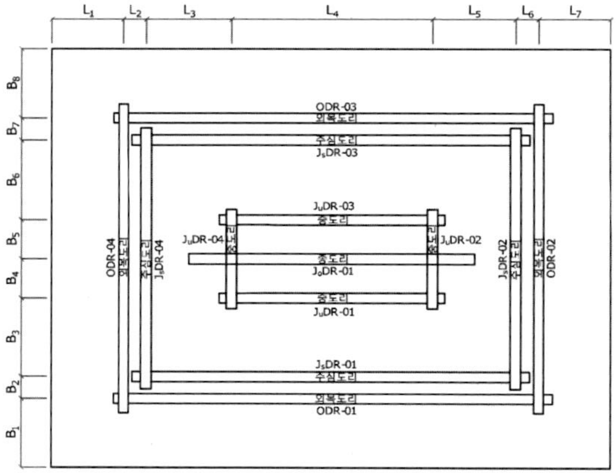

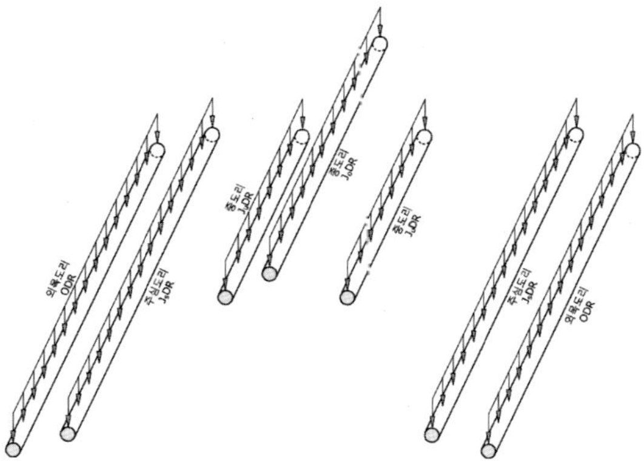

L_1	L_2	L_3	L_4	L_5	L_6	L_7
m	m	m	m	m	m	m
2.2	0.9	2.6	6.15	2.55	0.9	2.2

B_1	B_2	B_3	B_4	B_5	B_6	B_7	B_8
m	m	m	m	m	m	m	m
2.2	0.9	2.5	1.25	1.25	2.55	0.9	2.2

도리	하중영역		길이하중
		m	kN/m
ODR-01	$B_1 + B_2/2$	2.65	46.38
ODR-02	$L_7 + L_6/2$	2.65	46.38
ODR-03	$B_8 + B_7/2$	2.65	46.38
ODR-04	$L_1 + L_2/2$	2.65	46.38
JsDR-01	$(B_2 + B_3)/2$	1.70	29.75
JsDR-02	$(L_5 + L_6)/2$	1.73	30.19
JsDR-03	$(B_6 + B_7)/2$	1.73	30.19
JsDR-04	$(L_2 + L_3)/2$	1.75	30.63
JuDR-01	$(B_3 + B_4)/2$	1.88	32.81
JuDR-02	$L_5/2$	1.28	22.31
JuDR-03	$(B_5 + B_6)/2$	1.90	33.25
JuDR-04	$L_3/2$	1.30	22.75
JoDR-01	$(B_4 + B_5)/2$	1.25	21.88

7.4 수평하중

전통목구조에 작용하는 수평하중은 중첩의 원리에 의해 하중이 구조물의 무게중심에 작용하는 가정을 바탕으로 하중을 계산한다. 따라서 전통 목구조의 무게와, 부재의 강성, 접합부의 강성을 바탕으로 한 이력 damping을 계산하여 전통목구조가 가지고 있는 에너지 흡수능력을 고려한 수평력, 즉 전단력을 적용한다.

수평하중은 크게 풍하중과 지진하중을 들 수 있다. 풍하중과 지진하중은 건축물의 규모와 지붕의 형태, 지역과 관련이 있다. 먼저 지역의 경우 건축물이 위치한 지형과 풍속, 온도에 의한 풍압을 계산하여 풍력 즉 수평 하중을 산출하는데 필요한 물리적 특성 변수를 포함하고 있다. 또한 지진하중 산출시 필요한 지반요건과 지역계수 즉 유효지반가속도의 물리적 특성 변수를 포함하고 있다.

전통 목조건축의 경우 저층으로 이루어져 있어 주요 수평하중 요소로 지진하중에 대한 설계를 다루고자 한다. 먼저 건축물의 성능수준을 기능수행, 즉시복구, 인명보호, 붕괴방지 수준으로 성능을 분류할 수 있다. 여기서 전통 목구조를 구성하고 있는 구조요소와 비구조요소의 목표 건축물 성능수준에 대한 각각의 성능수준은 아래의 표와 같다.

건축물의 성능수준	구조부재	비 구조부재
기능수행	거주가능	기능수행
즉시복구	거주가능	위치유지
인명보호	인명안전	인명안전
붕괴방지	붕괴방지	-

다음으로 내진등급을 들 수 있는데 내진등급은 특, I, II, 3가지로 분류가 된다. 각각의 내진등급별 성능수준에 해당하는 즉, 해당 성능수준별 재현주기의 설계지진을 활용하여 목표 내진성능을 분석한다.

내진등급	성능목표		설계지진
	재현주기	성능수준	
특	2400 년	인명보호	기본설계지진 × 중요도계수(I_S :1.5)
	1000 년	기능수행	-
I	2400 년	붕괴방지	-
	1400 년	인명보호	기본설계지진 × 중요도계수(I_S 1.2)
II	2400 년	붕괴방지	-
	1000 년	인명보호	기본설계지진 × 중요도계수(I_S 1.0)

전통목조건축물이 위치하는 지역의 지진구역계수와 내진등급에 따른 해당 목표성능 설계지진 값을 이용하여 분석한다.

표 7-2. 재현주기 별 위험계수 I, 지진 구역계수 Z(평균재현주기 500년에 해당)

재현주기							
50 년	100 년	200 년	500 년	1000 년	1400 년	2400 년	4800 년
위험도계수(I)							
0.4	0.57	0.73	1.0	1.4	1.6	2.0	2.6
지진구역							
I : 지진구역 II 를 제외한 대한민국 전역				II : 홍천, 철원, 화천, 횡성, 평창, 양구, 인제, 고성, 양양, 춘천, 속초			
지진구역 계수, Z							
0.11				0.07			

$$S = Z \times I$$

지반종류		지진 지역					
		단주기 지반증폭계수(Fa)			1 초주기 지반증폭계수(Fv)		
		S≤0.1	S = 0.2	S = 0.3	S≤0.1	S = 0.2	S = 0.3
S1	암반지반	1.12	1.12	1.12	0.84	0.84	0.84
S2	얕고 단단한 지반	1.4	1.4	1.3	1.5	1.4	1.3
S3	얕고 연약한 지반	1.7	1.5	1.3	1.7	1.6	1.5
S4	깊고 단단한 지반	1.6	1.4	1.2	2.2	2.0	1.8
S5	깊고 연약한 지반	1.8	1.3	1.3	3.0	2.7	2.4
S6	부지 고유의 특성 평가가 요구되는 지반						

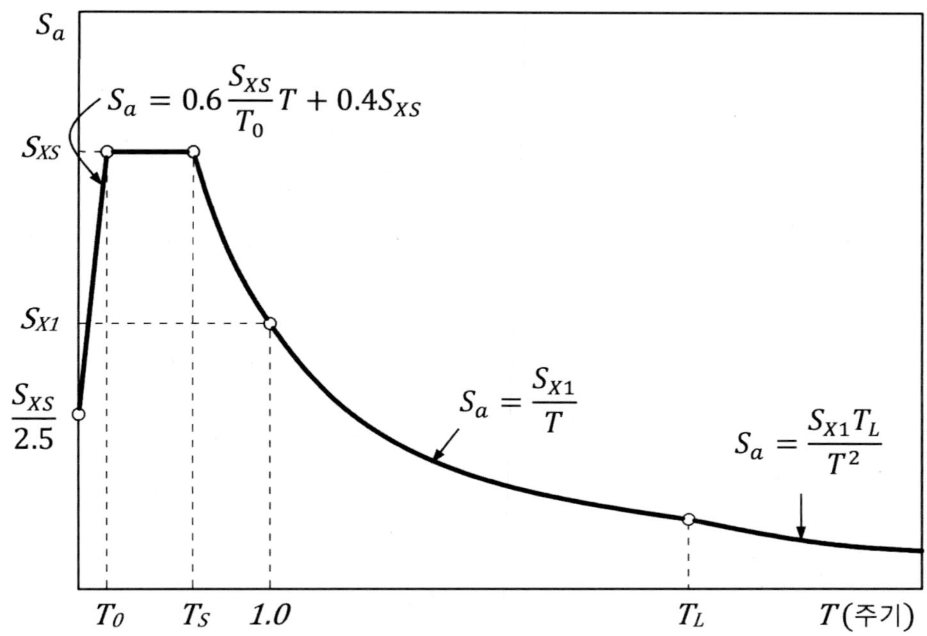

Elastic Spectrum

$$S_a(T) = \begin{cases} 0.6\frac{S_{xS}}{T_0}T + 0.4S_{xS} & T \le T_0 \\ S_{xs} & T_0 < T \le T_s \\ \frac{S_{x1}}{T} & T_S < T \le T_L \\ \frac{S_{x1}T_L}{T^2} & T > T_L \end{cases}$$

기존 건축물과 신축건축물에 대한 탄성스펙트럼은 다음의 표와 같다. 기존 건축물의 경우 평균재현주기(500년) 지역계수에 위험도계수를 곱하여 주기별 스펙트럼을 구하는 반면, 신축건물의 경우 1000년 재현주기를 기본으로 하여 위험도계수를 곱하여 2400년에 해당하는 재현주기로 반영한 다음 이것을 2/3로 나누어 1400년 재현주기의 지진위험에 해당하는 스펙트럼을 내진 기본설계 지진으로 고려한다.

기존 건물의 전단력을 구할 때 구조물이 비탄성 변위시 감소되는 전단력 값을 동일한 변위가 선형탄성 변형시 필요한 전단력 값으로 반영한다. 반면 신축건물의 설계시 전단력에 반응수정계수를 포함한 값을 곱하여 비탄성변형에 의한 전단력 감소를 반영한다.

기존 건축물	신축 건축물
$\mathbf{S = Z \times I}$ Z : 500 년 평균 재현주기	$\mathrm{S = Z \times I}$ Z : 1000 년 평균 재현주기
$\boldsymbol{S_{xs} = S \times 2.5 \times F_a}$	$S_{xs} = S \times 2.5 \times F_a \times \frac{2}{3}$
$\boldsymbol{S_{x1} = S \times F_v}$	$S_{x1} = S \times F_v \times \frac{2}{3}$
$\boldsymbol{T_0 = 0.2\, S_{x1}/S_{xS}}$	$T_0 = 0.2\, S_{x1}/S_{xS}$
$\boldsymbol{T_S = S_{x1}/S_{xS}}$	$T_S = S_{x1}/S_{xS}$
$\boldsymbol{T_L = 5}$**초**	$T_L = 5$초

기존 건축물	신축 건축물
$\mathbf{V = CS_a W}$	$\mathrm{V} = C_S W$

C: 최대 비탄성변위와 선형탄성변위 조정을 위한 수정계수

건물형식	층수			
	1	2	3	4 층 이상
전단벽	1.4	1.2	1.1	1
모멘트	1.3	1.1	1	1
조적조	1	1	1	1

- 지진응답계수, C_S

$$C_s = \frac{S_{D1}}{\left[\frac{R}{I_E}\right]T} \qquad T \le T_L$$

$$C_s = \frac{S_{D1}T_L}{\left[\frac{R}{I_E}\right]T^2} \qquad T > T_L$$

그러나, 다음 값을 초과하지 않아도 된다.

$$C_S = \frac{S_{DS}}{\left[\frac{R}{I_E}\right]}$$

그러나, 0.01 이상이어야 한다.

기존 건축물	신축 건축물

$$\mathbf{T = 0.0488(h)^{\frac{3}{4}}},$$

h_n: 건축물의 밑면부터 최상층까지 높이(m)

주기상한계수(수치해석에 의한 고유주기는 약산식에 의해 구한 고유주기 값에 주기상한계수를 곱한 값을 초과 할 수 없다.)

S_{X1}	Cu
0.4 이상	1.4
0.3	1,4
0.2	1.5
0.15	1.6
0.1 이하	1.7

지진력의 연직분포

$$F_x = \frac{w_i(h_x)^k}{\sum_{i=1}^{n} w_i(h_i)^k} V$$

- k : 건축물 주기에 따른 분포계수
  k = 1 : 0.5초 이하의 주기를 가진 건축물
  k = 2 : 2.5초 이상의 주기를 가진 건축물
  단, 0.5초와 2.5초 사이의 주기를 가진 군축물에서는 k는 1과 2 사이의 값을 직선보간하여 구한다.
  H_i, h_x: 밑면으로부터 i층, x층까지 높이

수평전단력분포

$$V_x = \sum_{i=x}^{n} F_i$$

수평비틀림모멘트(격막이 유연하지 않은 경우)
수평비틀림모멘트는 구조물의 질량 중심과 강성 중심 간의 편심에 의한 비틀림모멘트와 우발비틀림모멘트의 합으로 한다. 비틀림모멘트는 편심거리에 층전단력을 곱하여 산정, 우발비틀림모멘트는 지진력 작용방향에 직각인 평면치수의 5%에 해당하는 우발편심과 층전단력을 곱하여 산정한 모멘트로 한다.

수평 비틀림 모멘트
비틀림 동적증폭
P-⊿ 효과

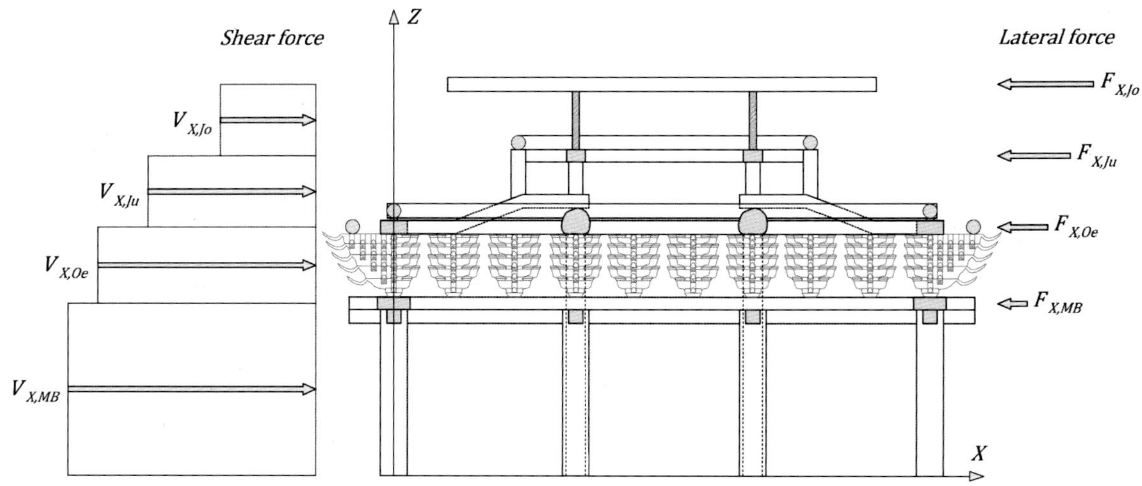

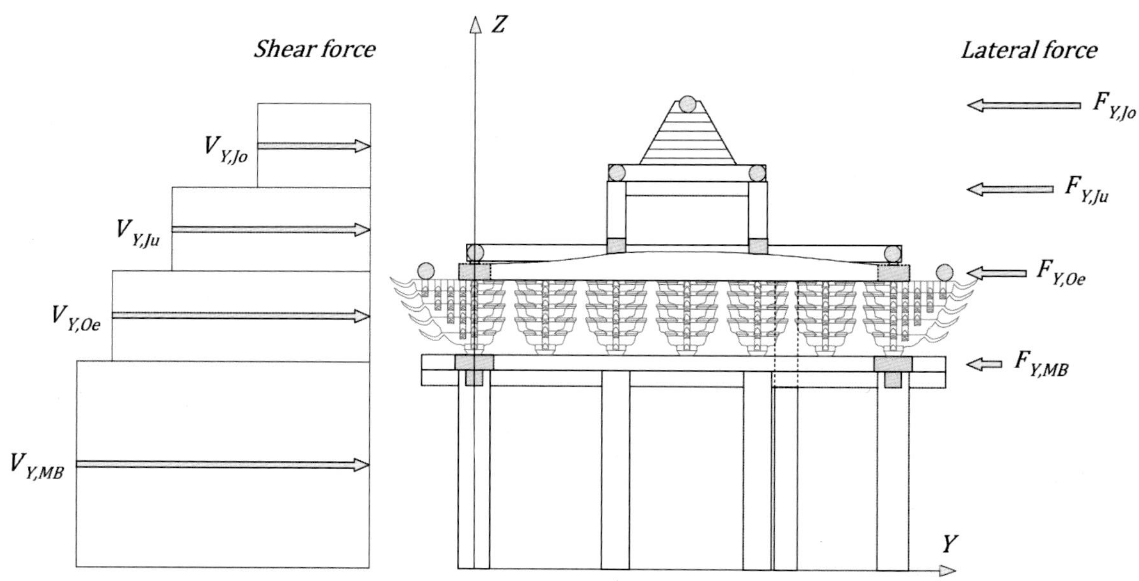

그림 7-3. 지진하중에 의한 전통목구조 수평 전단력 분포

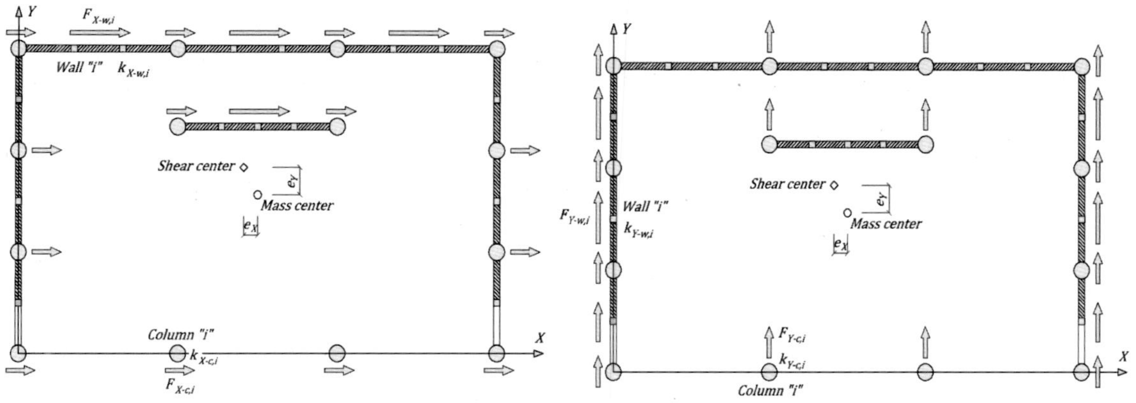

그림 7-4. 질량중심(mass center MC), 전단중심(shear center SC), 편심(story eccentricity e)

■ 질량중심

$$\bar{X}_{MC} = \frac{\sum_{i=1}^{m} W_i \cdot \bar{X}_i}{\sum_{i=1}^{m} W_i}$$

$$\bar{Y}_{MC} = \frac{\sum_{i=1}^{m} W_i \cdot \bar{Y}_i}{\sum_{i=1}^{m} W_i}$$

■ 전단중심

$$\bar{X}_{SC} = \frac{\sum_{i=1}^{m} k_{Y,i} \cdot \bar{X}_i}{\sum_{i=1}^{m} k_{Y,i}}$$

$$\bar{Y}_{SC} = \frac{\sum_{i=1}^{m} k_{X,i} \cdot \bar{Y}_i}{\sum_{i=1}^{m} k_{X,i}}$$

■ 편심

$$e_X = \bar{X}_{SC} - \bar{X}_{MC}$$

$$e_Y = \bar{Y}_{SC} - \bar{Y}_{MC}$$

■ 우발편심

$$e_{0,X} = 0.05 \cdot L_X$$

$$e_{0,Y} = 0.05 \cdot L_Y$$

여기서,

$\bar{X}_{MC}$, $\bar{Y}_{MC}$ = 질량중심 x, y 좌표

$\bar{X}_i$, $\bar{Y}_i$ = 수직부재 x, y 좌표

W_i = 수직부재 무게

m = 수직부재 개수

$\bar{X}_{SC}$, $\bar{Y}_{SC}$ = 전단중심 x, y 좌표

$k_{X,i}$, $k_{Y,i}$ = x, y 방향 수직부재 강성

e_X, e_Y = x, y 방향 편심

$e_{0,X}$, $e_{0,Y}$ = x, y 방향 우발 편심

L_X, L_Y = x, y 방향 건물 길이

■ **비틀림 모멘트**

rigid 격막일 경우

$$M_{T1,X} = V_{level"j",X} \cdot (e_Y + e_{0,Y} \cdot A_t)$$

$$M_{T2,X} = V_{level"j",X} \cdot (e_Y - e_{0,Y} \cdot A_t)$$

$$M_{T1,Y} = V_{level"j",Y} \cdot (e_X + e_{0,X} \cdot A_t)$$

$$M_{T2,Y} = V_{level"j",Y} \cdot (e_X - e_{0,X} \cdot A_t)$$

여기서

$M_{T1,X}$, $M_{T2,X}$ = X 방향 전단력으로 인한 수평 비틀림 모멘트

$M_{T1,Y}$, $M_{T2,Y}$ = Y 방향 전단력으로 인한 수평 비틀림 모멘트

$V_{level"j",X}$, $V_{level"j",Y}$ = X, Y 방향 j 레벨 전단력

A_t = 비틀림 증폭 계수 (seismic design category C or D, H-1 torsional irregularity

$$A_t = \left[\frac{\delta_{max}}{1.2 \cdot \delta_{aver}}\right]^2$$

δ_{max} = j 레벨 최대 수평 변위

δ_{aver} = j 레벨 평균 수평 변위

■ **수직부재 전단력 분포**

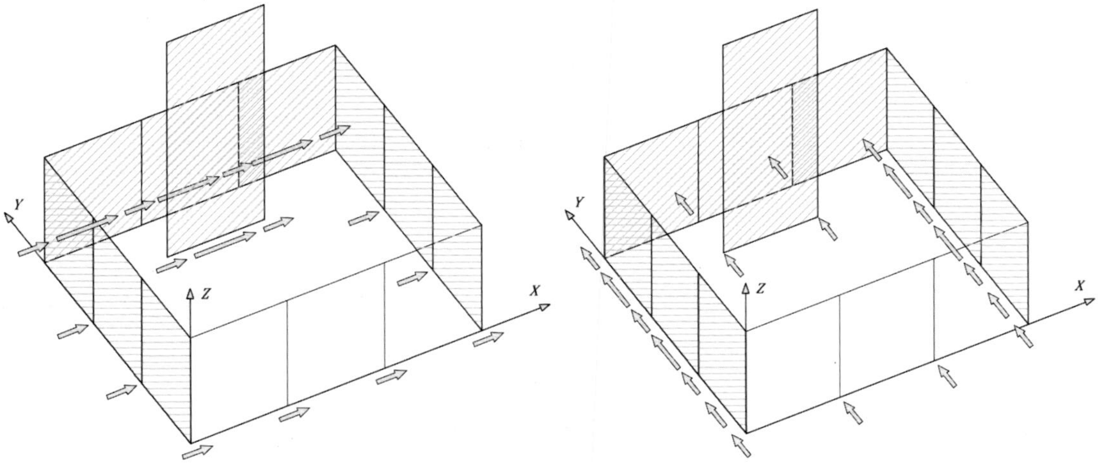

그림 7-5. X, Y 방향 수직부재 전단력 분포

$$V_{element"j",X} = \frac{k_{element"j",X}}{\sum_{i=1}^{m} k_{element"i",X}} \cdot V_X + \frac{[M_{T1,X}\ or\ M_{T2,X}] \cdot k_{element"j",X} \cdot d_{element"j",Y}}{\sum_{i=1}^{m} k_{element"i",X} \cdot d_{element"i",Y}^2}$$

$$V_{element"j",Y} = \frac{k_{element"j",Y}}{\sum_{i=1}^{m} k_{element"i",Y}} \cdot V_Y + \frac{[M_{T1,Y}\ or\ M_{T2,Y}] \cdot k_{element"j",Y} \cdot d_{element"j",X}}{\sum_{i=1}^{m} k_{element"i",Y} \cdot d_{element"i",X}^2}$$

여기서,

$V_{element"j",X}$, $V_{element"j",Y}$ = X, Y 방향 j 번째 수직부재 전단력

V_X, V_Y = X, Y 방향 전단력

$k_{element"j",X}$, $k_{element"j",Y}$ = X, Y 방향 j 번째 수직부재 수평 강성

$d_{element"j",X}$, $d_{element"j",Y}$ = 전단 중심부터 j 부재 까지 X, Y 방향 거리

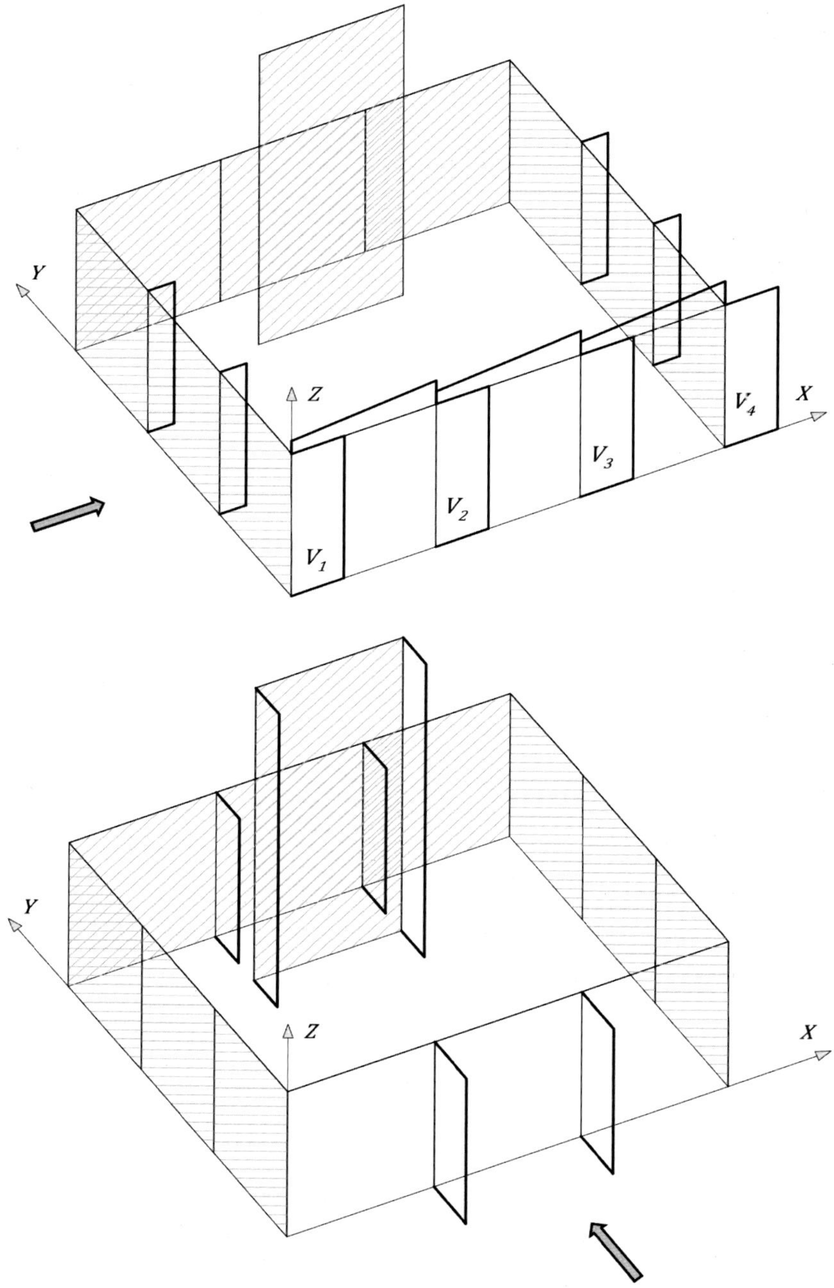

그림 7-6. 수직부재 전단력 다이어그램

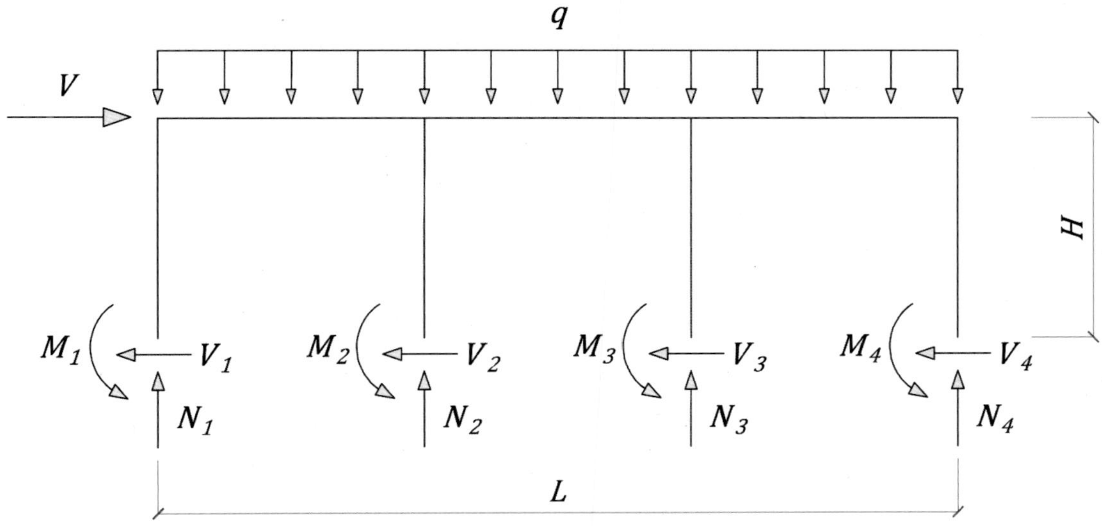

V_1, V_2, V_3, V_4 = 수직부재 전단력

N_1, N_2, N_3, N_4 = 수직부재 압축력

M_1, M_2, M_3, M_4 = 휨모멘트 수직부재 하부

$V = V_1 + V_2 + V_3 + V_4$

$q \cdot L = N_1 + N_2 + N_3 + N_4$

가정: $M_1 : M_2 : M_3 : M_4 = V_1 : V_2 : V_3 : V_4$

$M_1 = M$

$M_2 = \alpha_2 \cdot M$

$M_3 = \alpha_3 \cdot M$

$M_4 = \alpha_4 \cdot M$

$M + \alpha_2 \cdot M + \alpha_3 \cdot M + \alpha_4 \cdot M + q \cdot \frac{L^2}{2} = V \cdot H + N_1 \cdot L + N_2 \cdot \frac{2L}{3} + N_3 \cdot \frac{L}{3}$

$M = \left(V \cdot H + N_1 \cdot L + N_2 \cdot \frac{2L}{3} + N_3 \cdot \frac{L}{3} - q \cdot \frac{L^2}{2}\right) / (1 + \alpha_2 + \alpha_3 + \alpha_4)$

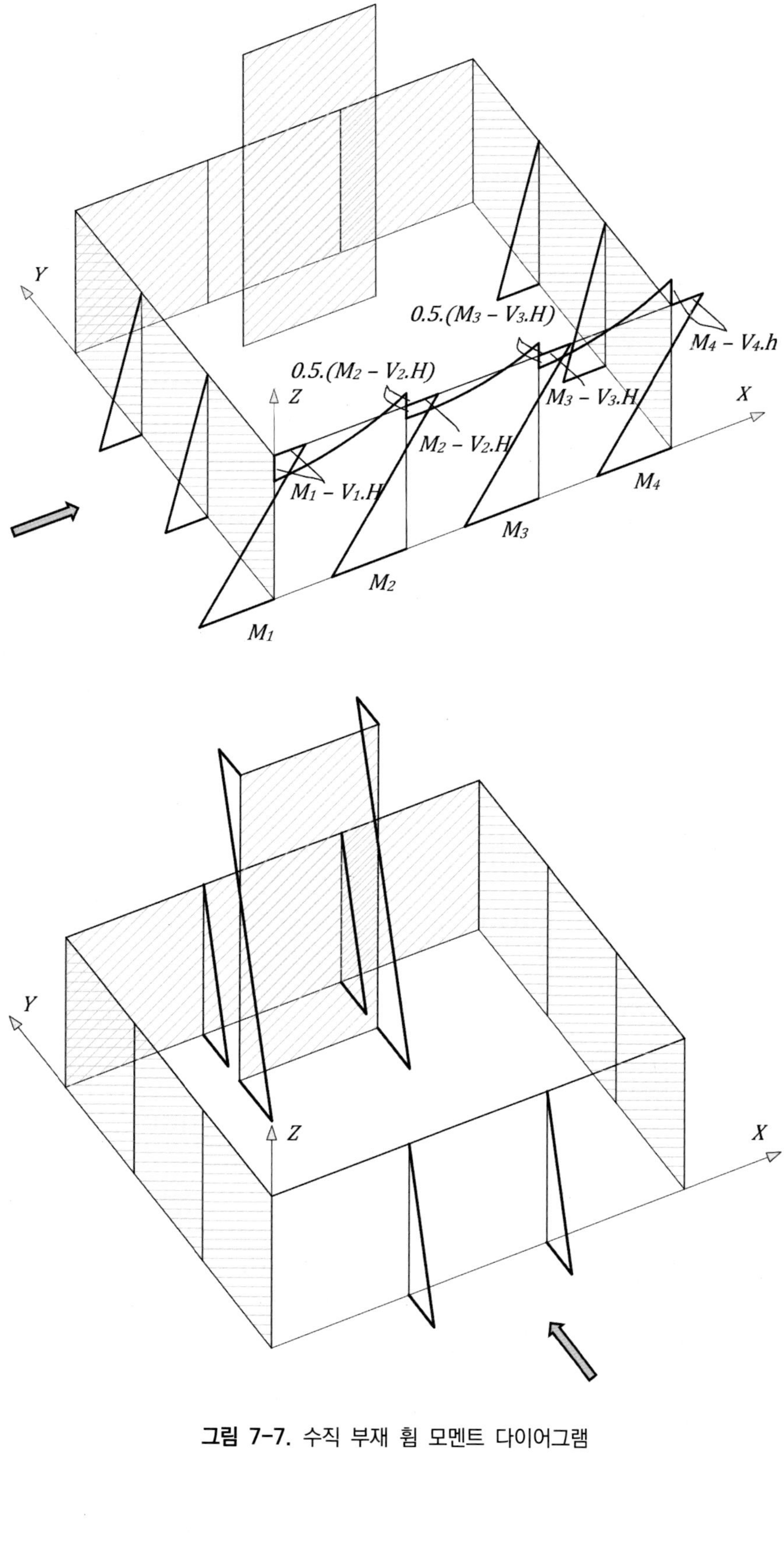

그림 7-7. 수직 부재 휨 모멘트 다이어그램

CHAPTER 08

구조 안전성 평가

CHAPTER 08

구조 안전성 평가

8.1 전통 목구조 구조 안전성 철학

대한민국은 오랜 역사를 가진 나라답게 많은 문화유산을 보유하고 있으며, 그 중 건조 문화재이며 대형 사이즈인 국보급, 보물급 목조건축물 236건을 보유하고 있다. 이는 우리민족의 자랑이며 긍지로 후세대에 남겨 주어야 할 유산이다. 하지만, 독창적이며 시대적 문화와 정신을 담은 전통목조건축물은 그 형태가 현대의 건축물과 그 형식이 상이하며, 사용한 재료 역시 다르다. 따라서, 콘크리트 구조, 철골구조, 조적 구조에 기반한 구조공학적 접근은 불가하며, 심지어 ASCE 41-17에서 제시하는 경골 목조건축물 성능분석을 활용하는 것 또한 불가하다. Capacity design 철학을 사용하여 주 구조부재 중 수평저항에 해당하는 1차부재인 벽과 골조 접합부의 수평내력성능을 검토하고, 수직저항 부재인 2차부재의 경우 기둥과 보, 접합부의 축력과 전단력, 모멘트력을 검토한다.

표 8-1. 구조부재의 성능수준과 파괴양상

	성능수준		
벽체	붕괴방지(CP)	인명안전(LS)	거주가능(IO)
1 차 부재	·접합부 거의 탈락(숫장부와 암장부, 혹은 밀착부위의 2/3 이상 탈락), 벽체 전단 파괴 ·골조와 벽체 부분 탈락	·접합부 밀착 부위가 느슨해짐(숫장부와 암장부, 혹은 밀착부위의 1/3 이하 탈락) ·벽체와 골조사이 공간이 생김 ·벽체에 전단방향으로 금이 생김	·접합부 밀착 변형, 보와 접하는 상위 부분 벽 눌림
2 차 부재	·접합부 탈락 및 파괴 ·벽체 전단파괴 ·골조와 벽체 탈락 ·도리, 보 접합부 파괴	·접합부 거의 탈락(숫장부와 암장부, 혹은 밀착부위의 2/3 이상 탈락), 벽체 전단 파괴 ·골조와 벽체 부분 탈락	·접합부 밀착 변형, 보와 접하는 상위 부분 벽 눌림

벽체	성능수준		
	붕괴방지(CP)	인명안전(LS)	거주가능(IO)
[2] 주먹장이음	4mm 이하 for larch 2mm 이하 for pine	3.5% (yield displacement 1mm for larch) 4.0% (yield displacement 0.5mm for pine)	1mm for larch 0.5mm for pine
[2] 엇갈이산지 이음	6mm 이하 for larch 7mm 이하 for pine	1.5% (yield displacement 2mm for larch) 3.0% (yield displacement 2mm for pine)	2mm for larch 2mm for pine
[1,2] 골조 Drift ratio	3% (maximum displacement 70mm for larch) 4% (maximum displacement 70mm for pine)	2.5% (yield displacement 40mm for larch) 3.0% (yield displacement 60mm for pine)	2%(yield) for larch 2%(yield) for pine
시스템 Drift ratio	4%	3%	2%

[1]Frame only 2.4m height(Jeong *et al.*, 2018)

[2]Cross section: 180-240 mm × 180-240 mm(Jeong 2021, Jeong *et al.*, 2018, Jeong and Song 2017)

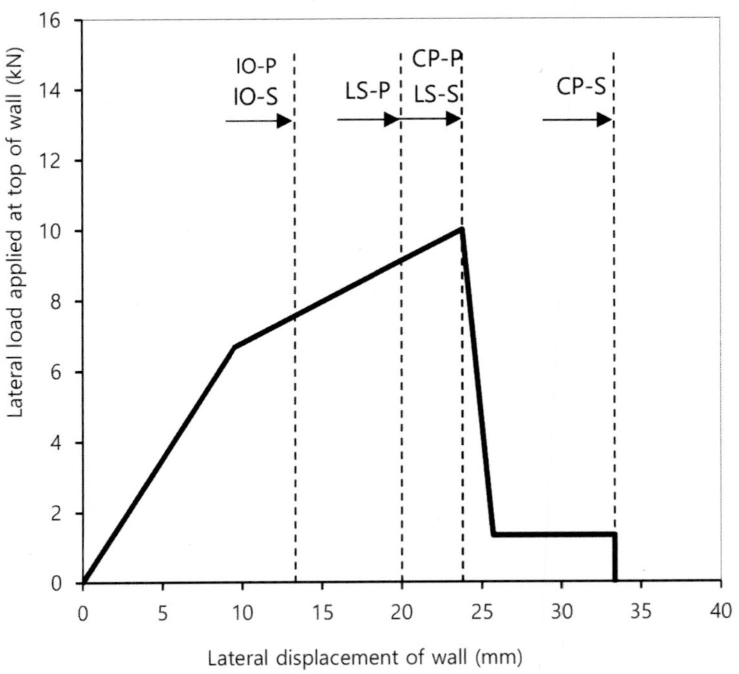

성능수준

IO - Immediate Occupancy

LS - Life Safety

CP - Collapse Prevention

■ **전통목구조 성능기반설계 구조요소 성능수준**

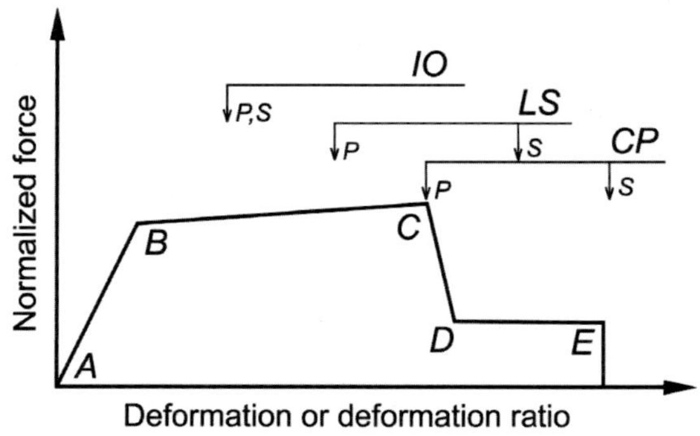

거주가능(Immediate occupancy, IO) : 잔류변형이 일어나는 지점부터 인명안전에 해당하는 변형값에 0.67을 곱한 값 사이에서 결정

인명안전(Life safety, LS) : E 지점 변형에 0.75를 곱한 값

붕괴방지(Collapse prevention, CP) : E지점 변형

선형해석시 사용되는 m계수는

- 1차 부재, 2차 부재 거주가능(Immediate occupancy, IO) : 잔류변형이 일어나는 지점부터 인명안전에 해당하는 변형값에 0.67을 곱한 값 사이에서 결정된 값을 항복변위로 나눈 값에 0.75를 곱한 값
- 1차 부재 인명안전(Life safety, LS) : C 지점 변형에 0.75를 두 번 곱한값
- 1차 부재 붕괴방지(Life safety, LS) : C 지점 변형값과 E 지점 변형값에 0.75를 곱한 값 사이 지점에 0.75를 곱한값

- 2차 부재 인명안전(Life safety, LS) : E 지점 변형에 0.75를 두번 곱한 값
- 2차 부재 붕괴방지(Collapse prevention, CP) : E지점 변형에 0.75를 곱한 값

선형해석이 가진 단점을 보완하기 위하여 나온 방법으로 displacement based design이 있다. 이 방법은 건축물의 형태, 건축물의 재료, 건축물의 구조에 따른 내진 조정인자를 적용한 설계가 아닌, 수평, 수직 하중에 대한 건축물의 거동을 push-over 해석을 통하여 건축물의 하중 변위 거동을 해석한다. 이는 건축물 전체 system 거동을 반영하는 것으로 건축물 자체의 특성을 반영한다고 볼 수 있다. 이는 목구조 설계에 있어서 목구조 재료와 접합부의 소성거동을 반영하여 설계할 수 있다는 점에서 목구조 내진 설계에 적합한 방법이라고 볼 수 있다.

8.2 내진 분석방법 분류 및 사용제한, 절차별 분석방법과정

내진설계에 대한 방법론으로 현대 건축학에서 적용하는 방법은 크게 선형해석과 비선형해석으로 나누어지며, 선형해석은 선형정적해석(force based design), 선형 동적해석(linear dynamic method, response spectrum method), 비선형 정적해석(non-linear static analysis, pushover analysis), 비선형 동적해석(non-linear dynamic analysis, non-linear time history analysis, nonlinear modal displacement based method)으로 나뉜다.

Push over analysis에는 capacity spectrum method와 displacement coefficient method가 있으며, 또한 이 보다 좀 더 발전된 형태인, 즉 고차모드를 고려한 modal displacement based design 과 N2 방법이 존재한다. 사실 상기 방법은 크게 push over analysis 혹은 displacement based design category 안에 있으며, 1차 모드만 고려하는지 아니면 고차모드를 고려하는지에 따라 차이가 나며, 탄-소성영역에서 ductility를 어떻게 고려하는지에 따라 방법론적 차이를 보인다.

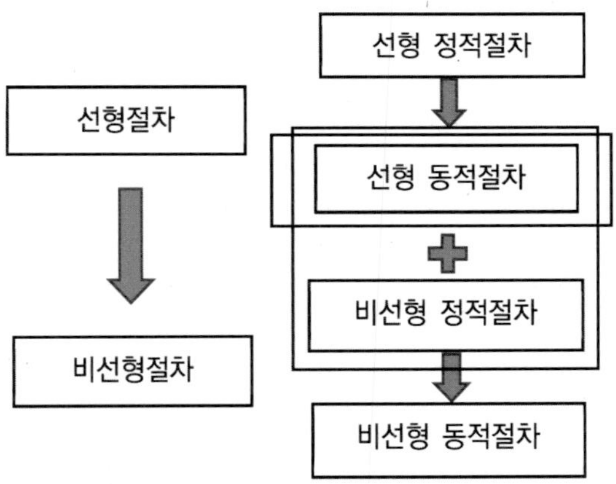

■ 선형절차 VS 비선형절차

전통목구조 내진 해석시 선형절차를 사용 가능한 경우는 크게 3가지 경우에 해당한다. 산정된 중력과 지진하중에 의해 발생하는 부재력(Q_{UD})과 부재의 기대강도(Q_{CE}) 비(Demand Capacity Ratio)가 3.0 이하인 경우와 약층 비정형이 없는 경우, 비틀림 비정형이 없는 경우에 선형해석이 가능하다. 위 3가지 경우에 해당하지 않는 경우는 비선형절차에 따라 내진해석을 진행해야 한다.

약층 비정형은 같은 방향별 인접층간 층전단력에 대한 평균 DCR차이가 125%를 초과하는 경우이다. 전통목구조의 경우 1층과 옥개 즉, 바닥이 없이 지붕이 여러 개로 층을 이루는 경우는 해당 사항이 없다. 전통목구조의 비틀림강도 비정형에 대한 판별은 다음과 같은 과정에 의해 판별한다. 전통목구조를 구성하는 부재별로 축력, 휨모멘트, 전단력에 대해 DCR을 산정한다. 각 층의 부재를 강도의 중심점을 기준으로 수평 수직으로 나누어 각각의 면에 위치한 부재들의 최대 DCR 값의 비율이 1.5를 초과 할 경우 비틀림강도 비정형에 해당한다.

$$DCR = \frac{Q_{UD}}{Q_{CE}} \leq 3.0$$

$$\overline{DCR_i} = \frac{\sum_1^n DCR_i V_i}{\sum_1^n V_i} < 125\%\overline{DCR_j}$$

where:

Q_{UD} = 중력과 지진하중에 의한 부재력

Q_{CE} = 부재의 기대강도

$\overline{DCR}$ = 해당 층 평균 DCR

DCR_i = i층 최대 DCR

V_i = 지진하중에 의해 부재에 발생한 수평전단력(탄성 범위 내 구조 거동) “Total calculated lateral shear force in an element i due to earthquake response, assuming that the structure remains elastic”

n = 해당 층 부재 수

8.3 선형절차

▪ 선형정적절차(Elastic linear design-force based design)

Force based design은 구조설계자와 구조공학자들이 가장 익숙한 방법으로 구조형태와 구조재료에 따른 내진조정인자를 사용하여 설계하중을 조절하여 설계하는 방법이다. 본 방법은 건축물이 1차 모드 진동이 지배적 일 것으로 가정하여 수평하중을 계산하는 방법이다. 건축물의 비탄성거동이 크지 않고, 구조물에 비정형성이 없을 때 본 방법을 사용할 수 있다. 선형정적절차의 지진하중은 의사지진력을 사용한다.

▪ 선형동적절차(RSA, Response Spectrum Analysis)

선형동적절차의 지진하중은 응답스펙트럼해석과 유사하게 각 모드의 영향을 조합하여 구한다. 중 고층 건물의 고차 모드를 고려한 건축물의 거동을 가정하여 수평하중을 계산하는 방법으로 force based design이 정적해석인 반면 RSA는 동적해석에 해당한다. 정적 force based design이 다루지 못하는 건축물의 고차 모드를 고려하여 해석하는 장점이 있다. 하지만 이 또한 linear dynamic 해석으로 건축물의 소성거동을 해석모델에서 구조요소의 입력 값으로 직접 고려하지 못한다는 단점이 있다.

전통 목구조가 DCR이 3.0을 초과하지 않고, 약층 비정형과, 비틀림 비정형이 없는 경우라 할지라도 아래의 경우에 해당할 때 선형정적해석을 사용하지 못하며, 선형동적절차에 의해 해석해야 한다.

1) 건물의 기본 주기 T가 3.5 Ts 보다 클 때(Ts = S_{x1}/S_{xs})
2) 한층의 수평치수가 인접층의 해당 방향 치수의 1.4배를 초과
3) 비틀림 강성 비정형(평면내 평균변위 보다 임의점 최대 변위가 1.5 배를 초과하는 경우)
4) 수직강성 비정형(인접층의 drift ratio가 1.5배를 초과하는 경우)
5) 직교하지 않은 지진력 저항시스템

선형해석에 의한 하중조합은 수직력에 해당하는 중력조합과 수평력에 해당하는 지진하중 조합이 있다. 중력하중 조합에 의한 부재력(Q_G)은 아래의 식으로 표현된다.

$$Q_G = 1.1(Q_D + Q_L + Q_S)$$

$$Q_G = 0.9Q_D$$

Q_D: 고정하중에 의한 부재력

Q_L: 건축구조기준에서 규정된 용도별 활하중의 25%에 의한 부재력

Q_S: 건축구조기준에서 규정된 적설하중의 20%에 의한 부재력. 단, 1.5 kN/m^2 이하일 경우 무시한다.

지진하중에 의한 부재력 Q_E는 다축가진효과를 고려하여 한방향 지진하중과 직교방향 지진하중의 30%에 의한 부재력을 조합하여 산정한다.

$$Q_E = \pm 1.0E_X \pm 0.3E_Y$$

$$Q_E = \pm 1.0E_Y \pm 0.3E_X$$

주요 구조 부재의 부재력을 평가할 때 수직, 수평하중 조합에 대한 부재의 거동, 즉 변형지배 거동과 힘지배거동에 따라 아래식으로 구조 부재의 부재력을 평가한다.

■ 변형지배거동 하는 부재의 부재력 Q_{UD}

$$Q_{UD} = Q_G \pm Q_E$$

where:

Q_E - 지진하중에 의한 부재력(Action due to design earthquake loads calculated using forces and analysis models)

Q_G - 중력하중에 의한 부재력(Action due to design gravity loads)

Q_{UD} - 중력하중과 지진하중의 조합에 의한 부재력(Deformation controlled design action due to gravity loads and earthquake loads)

■ 힘지배거동을 하는 부재의 부재력 Q_{UF}

$$Q_{UF} = Q_G \pm \frac{\chi Q_E}{C_1 C_2 J}$$

$$Q_{UF} = Q_G \pm \frac{\chi Q_E}{C_1 C_2}$$

Q_{UF} : 중력하중과 지진하중의 조합에 의한 부재력

C : $C_1 \times C_2$: 수정계수(ASCE 41-17 참조)

J : 하중전달 감소계수

X: 성능수준에 따른 보정계수, DCR의 최소치를 택한 경우 1.0으로 하고 그렇지 않을 경우 붕괴방지의 성능수준에 대해서는 1.0, 인명안전 혹은 거주가능에 대해서는 1.3을 사용한다.

J는 부재의 항복에 의해 전달되는 하중이 감소되는 효과를 나타낸다. J의 값은 하중전달경로상 부재의 DCR중 최솟값으로 하거나 지진구역 1일 경우 2.0, 지진구역 2일 경우 1.5로 하며, 거주가능 수준의 검토를 위해서는 1.0으로 본다. 하중을 전달하는 횡하중 저항시스템 내의 부재가 항복하지 않을 경우 1.0으로 본다.

수직, 수평 하중조합에 의한 부재별 지배 거동에 따라 산출된 구조부재의 부재력은 부재의 지배 거동에 따라 다음 식에 의해 각각 만족여부를 평가한다.

■ **변형지배거동의 만족여부**

$$m\kappa Q_{CE} \geq Q_{UD}$$

여기서,

m = 부재의 예상 연성능력을 고려한 계수(Component or element demand modifier to account for expected ductility associated with this action at the selected Structural Performance Level)

Q_{CE} = 기대재료강도를 사용하여 산정한 부재의 기대강도(Expected strength of the component or element at the deformation level under consideration for deformation-controlled actions)

κ - The knowledge factors

■ **힘지배거동의 만족여부**

$$\kappa Q_{CL} \geq Q_{UF}$$

여기서,

Q_{CL} - 공칭재료강도를 사용하여 산정한 부재의 공칭강도(Lower bound strength of the component or element at the deformation level under consideration for force-controlled actions)

Q_{UF} : 중력하중과 지진하중의 조합에 의한 부재력

표 8-1. 전통 목구조 주요 부재의 변형지배거동과 힘지배거동에 따른 역학적 거동 검토 인자

	변형지배거동 (Displacement controlled behavior)	힘지배거동 (Force controlled behavior)
모멘트 골조의 - 보 - 기둥 - 접합부	휨모멘트 휨모멘트 접합부의 변위	축력, 전단력
전단벽	휨모멘트, 전단력, 변위(drift ratio)	축력
기둥/동자주/대공/공포	휨모멘트	축력 전단력
보/도리/종량		휨모멘트 전단
접합부	휨모멘트	축력, 전단력

구조부재의 거동은 아래의 형태로 축약할 수 있다. 연성거동을 하는 부재, 반 연성거동을 하는 부재, 취성거동을 하는 부재로 분류할 수 있다. 여기서 연성거동과 반 연성거동을 하는 부재의 경우 e지점 변형 즉 최대 하중에 해당하는 변형(e)의 변형이 항복하중지점의 변형(g) 점 변형의 두 배 이상을 만족할 때 1차 부재의 경우 변형지배거동을 보인다고 분류한다. 그렇지 못한 경우 힘지배거동으로 분류한다. 연성거동을 하는 부재에서 2차 부재는 변형지배거동으로 분류한다. 반 연성거동과 취성거동을 하는 부재의 경우 2차 부재는 파단이 일어나는 지점의 변형이 항복 변형지점(g)의 두 배 이상일 경우 변형지배거동으로 판정한다. 취성거동을 하는 부재의 경우 1차 부재는 힘지배거동으로 간주한다. 힘지배거동으로 판정된 경우는 부재실험을 통해 공칭강도로 판정한다.

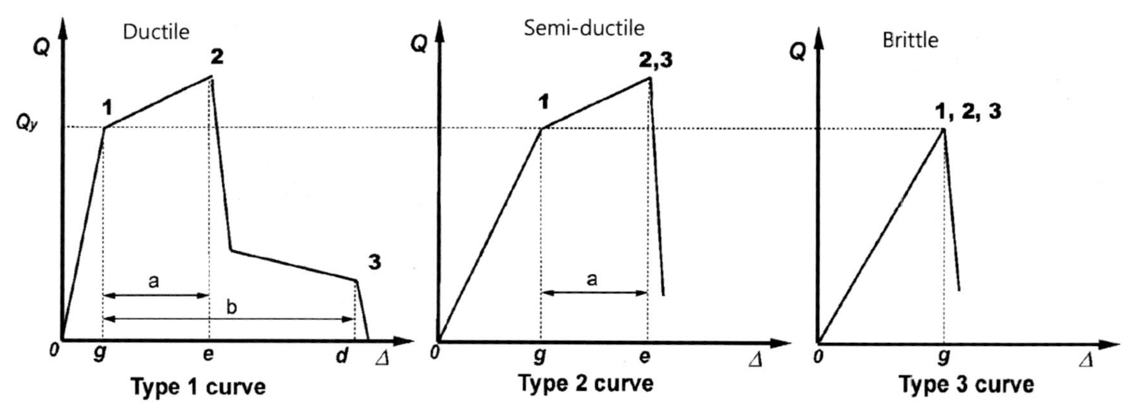

Type 1 (연성거동을 하는 부재)
Primary: e > 2g: deformation-controlled
e ≤ 2g: force-controlled
Secondary: any e/g: deformation-controlled

Type 2 (반 연성거동을 하는 부재)
e ≥ 2g: deformation-controlled behavior
e < 2g: force-controlled behavior

Type 3 (취성 거동을 하는 부재)
Force-controlled behavior

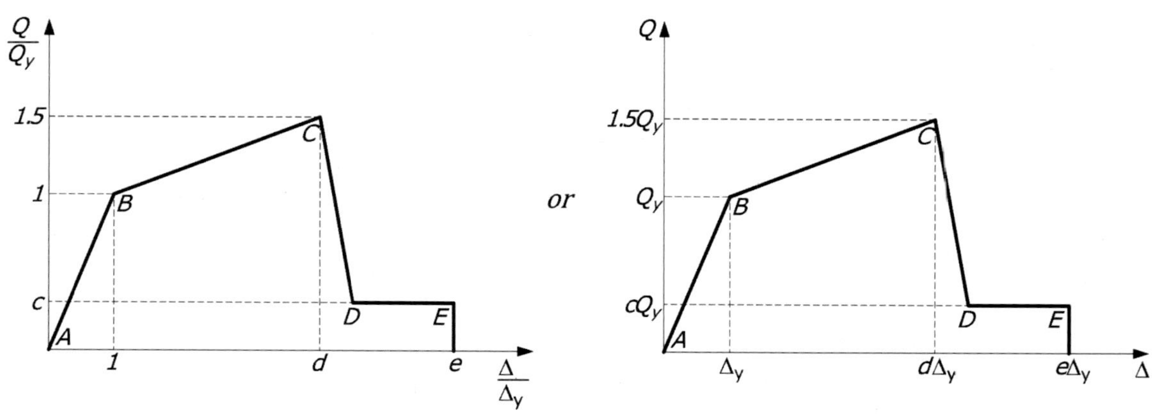

8.4 비선형절차(Non-linear seismic analysis)

■ 비선형정적절차(Push-over analysis)

모드참여율이 90% 이상 층 전단력과 1주기 층 전단력 차이가 130% 이하일 때 사용가능하다. 만약 전단력 차이가 130% 이상 일 때는 비선형정적절차와 선형동적절차 두 평가 절차에 대한 결과 중 보다 보수적인 성능으로 판단한다. 선형동적절차 평가시 규정된 m 계수 1.33배를 증가하여 판단한다. 수직하중 조합은 아래식과 같다.

$$Q_G = Q_D + Q_L + Q_S$$

Q_D : 고정하중에 의한 부재력

Q_L : 건축구조기준에서 규정된 용도별 활하중의 25%에 의한 부재력

Q_S : 건축구조기준에서 규정된 적설하중의 20%에 의한 부재력. 단, 1.5 kN/m^2 이하일 경우 무시한다.

다축가진효과는 각각의 방향에 대하여 독립적으로 해석한 뒤 하중효과에 한하여 주방향의 성능점에서의 하중효과에 직교방향 성능점 변위의 30% 변위를 발생하는 직교방향 하중 효과를 조합하여 평가함으로써 고려한다. 단, 어떠한 한 방향의 하중이 최대 변형과 부재력을 발생시킬 경우 직교방향의 하중은 고려하지 않아도 된다. 평면 비정형이 있는 경우 반드시 정방향과 부방향으로 가력하는 경우 모두를 고려하여야 한다. 대상건물의 +X, -X, +Y, -Y방향의 푸시오버를 각각 수행한 후 각방향 성능점의 100%와 30%에 해당하는 각 조합에 대해 힘지배 거동을 조합하고 그 결과를 아래식을 통하여 평가한다.

부재별 허용기준의 경우 변형지배거동 부재의 통과 여부는 목표 성능에 해당하는 성능점에서 부재의 비선형 변형값과 부재변형 성능기준을 비교하여 검사한다. 힘지배거동 부재의 통과 여부는 중력하중 과 지진하중 조합에 의한 부재력 의 만족여부는 아래식에 따라 판정한다.

$$Q_{CL} \geq \gamma\,\chi(Q_{UF} - Q_G) + Q_G$$

Q_{UF} : 중력하중과 지진하중의 조합에 의한 성능점 또는 목표변위에서의 힘지배거동의 부재력

Q_G : 중력하중조합에 의한 힘지배거동의 부재력

Q_{CL} : 공칭재료강도를 사용하여 산정한 부재의 공칭강도

γ : 하중계수, 파괴시 여러 경간 혹은 층의 붕괴를 유발하는 부재일 경우 1.3, 단일 경간의 붕괴를 유발하는 부재, 혹은 타 부재의 붕괴를 유발하지 않는 경우 1.0

χ : 보정계수, 붕괴방지의 성능수준의 경우 1.0, 인명안전 혹은 거주가능의 경우 1.3
하중계수와 보정계수의 곱은 1.5까지 허용한다.

최대 부재력 보다 부재의 공칭강도가 낮은 경우 보정계수(χ) 및 하중계수(γ)를 적용하지 않고 통과여부를 판명할 수 있다(단, 전단벽의 전단력은 제외).

■ **비선형동적절차**

비선형 동적절차는 지반이 유사한 지진파 즉 유사 지반에 해당하는 인공 지진파 혹은 해외 참고자료를 사용할 수 있다. 지진파 3개를 사용한 경우 결과 중 가장 보수적인 값, 7개 이상의 지진파를 사용한 경우 평균값을 결과 값으로 한다. 별도의 실험을 통해 증명되지 않았다면 비선형동적절차에서 사용되는 선형점성감쇠비는 3%로 한다. 전통목조 구조물이 위치한 장소에서 측정에 의해 산출한 최소 응답스펙트럼 가속도는 평가지진 가속도응답스펙트럼의 1.3배의 80% 이상(가속도 일정 구간), 1.3배의 100% 이상(그외 구간)으로 한다. 현장에서 측정한 지진파의 평균스펙트럼의 최대값이 해당 전통 목구조 기본진동주기의 0.2배 와 1.5배 사이 구간 밖에 있을 경우 최소응답스펙트럼 가속도는 평가지진 가속도 응답스펙트럼의 1.3배의 90%로 정의한다. 두 직교하는 방향의 주기별로 제곱합제곱근 스펙트럼을 산정하여 상호 교차 해석한다.

8.5 전통목구조 구조 안전성 평가 절차 성능기반설계

■ **단계별 목구조물의 안전진단 순서**

건축물 및 건물외 구조물을 성능기반설계법으로 설계하고자 할 때 제시된 최소성능목표 중 2가지 이상을 만족해야 한다. 성능수준은 전체 건축물의 성능수준으로 이를 만족하기 위해서는 제시된 구조물과 비구조요소에 해당하는 성능수준을 모두 만족하여야 한다.

내진등급	성능목표	
	재현주기	성능수준
특	2400년	인명보호
	1000년	기능수행
I	2400년	붕괴방지[1)]
	1400년	인명보호
	100년	기능수행
II	2400년	붕괴방지
	1000년	인명보호
	50년	기능수행

[1)] 내진1등급 건축물의 붕괴방지 검토시에는 허용변형기준값을 1.2로 나눈 값을 혹은 인명보호과 붕괴방지의 중간 수준의 허용기준을 적용

A. 전통목구조의 구조시스템 및 부재 정보 입력

▶ 전통목구조 대상(이름, 크기, 용도, 건축 년도, 최종 보수 년도, 위치)

- 위치(지역, 지역계수, 풍속도, 지상위치, 지반종류)

▶ 구조정보(structure information)

- 구조 도면(평면도, 정면도, 종 단면도, 횡 단면도, 배면도)
- 규모 입력(칸 in x, y, 층수)(단면적 m^2), 평면도

▶ 지붕중량계산방법(W=무게/중력가속도)

a. 김혜원 외(2010)

$Y = -.393x + 581.9$

X : 건축면적(m^2)

건축물의 전체 지붕하중

$Y \times X$

b. 지붕 무게 $6.0kN/m^2 \times$ (X 방향 길이 + X 방향 처마길이 × 2) × (Y 방향 길이 + Y 방향처마길이 × 2)

B. 부재정보(structural member information)

- 평면도에서 기둥 위치, 형태, 지름, 길이, 각 칸 벽체 형식 입력(4면의 벽체 형식)
  보의 위치, 형태, 폭, 춤, 길이
- 각 전통목조건축물 별 X, Y 방향 벽체 조합
- 입면도에서 보 폭, 춤, 길이

▶ 기둥

- 수종(밀도), 강도
- 각 기둥별 지름, 높이
- 함수율, 충해, 환경적인 부후, 미생물에 의한 부후
- 부재의 갈라짐 등(건전도) =>> 역학적 성능

▶ 보

- 수종(밀도), 강도
- 각 보의 크기
- 함수율
- 부재의 갈라짐 등(건전도) =>> 역학적 성능
- 처짐

▶ 벽체부

- 벽체의 형태(구조 수평전단 내력 영향 분석)
- 벽체 부재의 건전성(구조형태에 따른 수평저항성능, 수직저항성능)
- 각 전통목조건축물 별 X, Y 방향 벽체 조합
- 벽체 내력 산정-벽체 조합에 의한 전통목구조 X 방향 전단 내력, Y 방향 전단내력(K_i/θ, M/θ)
- 방법(K_i/θ, M/θ), 항복점, 파단지점

▶ 접합부

- 접합 형식(접합형식 건전성, gap, 뒤틀림, 이격)
  - ㆍ기둥-보 접합부 안쪽은 눈에 보이지 않는 부분으로 기록에 의한 자료를 바탕으로 접합부 구조성능 값을 제시, 아니면, 외부에 보이는 부분을 최대한 반영하여 접합부 구조성능 값을 제시

각 구조 부재의 건전성에 따른 부재성능 산출(위치, 사용년도, 함수율, 강수량, 구조부재 위치에 따른 decay 반영)

- 100% 건전성과 실제 부재별 잔존응력을 반영한 안전성 비교 및 가상 잔존응력을 반영한 수직, 수평요소에 대한 안전성 분석 및 평가기준 반영

▶ 부재성능 산출

- 수종(density), 기둥-보 강성, 모멘트, 벽체 강성, 모멘트, 접합부 강도
- 부재 건전성(잔존응력 분석)
  - ㆍ기둥, 보, 접합부, 벽(상태에 따른 저감계수 결정)

C. 분석

▶ 구조시스템 분석

- 건축물의 shear center 찾기
  - Center point of rigidity
  - Mass center
- 평면도, 입면도에 따른 부재 기울어짐, 결함 표시, 목조건축 시스템의 기울어짐

▶ 평가방법(수평, 수직 비정형)

- 수평, 수직 비정형 분석
- 분석방법(선형탄성해석, RSA, 비선형해석 Push over)
- Load combination
- 건축물 고유주기(T_0, Ts)
- 응답스펙트럼 값과 그래프 표시(5% damped elastic spectrum)

$$\mathrm{T} = 0.0488(h)^{\frac{3}{4}}$$

$$S_a(T) = \begin{cases} 0.6\dfrac{S_{xs}}{T_0}T + 0.4S_{xs} & T \leq T_0 \\ S_{xs} & T_0 < T \leq T_s \\ \dfrac{S_{x1}}{T} & T_S < T \leq T_L \\ \dfrac{S_{x1}T_L}{T^2} & T > T_L \end{cases}$$

$$\mathrm{S} = \mathrm{Z} \times \mathrm{I}$$

$$S_{xs} = S \times 2.5 \times F_a$$

$$S_{x1} = S \times F_v$$

$$T_0 = 0.2\, S_{x1}/S_{xS}$$

$$T_S = S_{x1}/S_{xS}$$

$$T_L = 5\text{초}$$

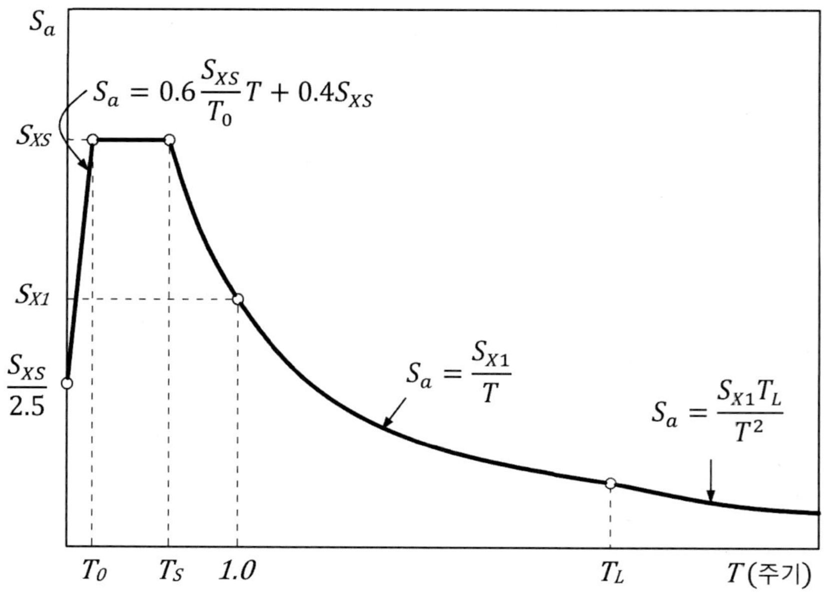

$$V = CS_aW$$

C: 최대 비탄성변위와 선형탄성변위 조정을 위한 수정계수

건물형식	층수			
	1	2	3	4층 이상
전단벽	1.4	1.2	1.1	1
모멘트	1.3	1.1	1	1
조적조	1	1	1	1

▶ 지진력의 연직분포

$$F_x = \frac{w_i(h_x)^k}{\sum_{i=1}^{n} w_i(h_i)^k}V$$

- k : 건축물 주기에 따른 분포계수
  k = 1 : 0.5초 이하의 주기를 가진 건축물
  k = 2 : 2.5초 이상의 주기를 가진 건축물
  단, 0.5초와 2.5초 사이의 주기를 가진 군축물에서는 k는 1과 2 사이의 값을 직선보간하여 구한다.
  h_i, h_x : 밑면으로부터 i층, x층까지 높이

능력스펙트럼(acceleration-displacement response spectra)을 사용하여 해당 전통 목구조의 에너지소산 능력을 고려한 지진 응답스펙트럼을 표현한다.

$$S_a = \frac{4\pi^2}{T^2} S_d$$

구조물의 능력스펙트럼을 표현한다.

구조물의 X, Y 방향별 스펙트럼 가속도와 해당 전단력의 지붕 변위를 사용하여 스펙트럼 변위값을 도출한다.

$$S_a = \frac{V}{\alpha_1 W}$$

$$S_d = \frac{\Delta_{roof}}{\Gamma_1 \times \phi_{roof,1}}$$

$$\alpha_1 = \frac{\left(\sum_{k=1}^{N} m_k \phi_{k1}\right)^2}{\sum_{k=1}^{N} m_k \phi_{k1}^2}$$

$$\Gamma_1 = \frac{\sum_{i=1}^{N} m_i \phi_{i1}}{\sum_{i=1}^{N} m_i \phi_{i1}^2}$$

▶ 성능점 산출

1. ADRS 을 이용하여 성능점을 도출 한다. 즉, 구조물의 에너지소산능력을 고려한 지진응답곡선과 구조물의 능력곡선의 교차점인 성능점을 산출한다.
   - 선택한 di값에 대한 betaeff, ai 값을 도출 항복 ay와 dy, K를 이용하여
   - 해당 di에 T를 구한다.
   - 해당 T에 대한 Sa와 Sd
   - 해당 T에 대한 Sa 와 Sd 가 주기조건 T < Ts면 SRa , T > Ts면 SRv 값을 곱하여 Sa와 Sd 값을 산출한다.
   - 각각의 선택된 di값에 해당하는 바로 앞스텝의 산출된 Sa와 Sd 점을 연결한다.

2. 산출된 성능점을 바탕으로 구조물과 구조요소의 성능을 검토한다.

▶ 등가선형화

$K_e = Q/\Delta = Q/(H/\theta) = Q/(H/H/\Delta)$

$$\mathrm{Te} = 2\,\pi\sqrt{\frac{M_e}{K_e}}$$

M_e: 유효질량 = 지붕하중/중력가속도

$$S_a = \frac{4\pi^2}{T^2}S_d$$

응답전단력(Q_n)

$$Q_n = M_e S_a$$

응답변위 (S_d)

$$S_d = \left(\frac{T_e}{2\pi}\right)^2 S_a$$

응답변위각 (R)

$$\mathrm{R} = S_d/H$$

구조부재의 하중분배와 응력비를 산출하여 역학적 해석과 설명을 통한 테이블화, 각 부재의 응력비를 산출하여 안전성에 따른 해석 및 설명을 테이블화

D. 해석

▶ 구조시스템 안전성 분석

내진등급에 따른 층간변위는 아래 규정된 층간변위 값을 초과할 수 없다.

내진등급	허용층간변위
특	0.010h
Ⅰ	0.015h
Ⅱ	0.020h

▶ 부재 안전성 분석

- 수평하중 수평요소 1차 부재 분석(Deformation controlled)
- 지진력 저항/ 풍력 저항
  · 하중/변위 → 드리프트 레시오 ⇒ 부재 변위 기준 통과 검사
  · 코너 기둥 사개 맞춤 moment-rotation - 성능평가
  · 평주 기둥 moment-rotation hinge - 성능평가
  · 고주 기둥 moment-rotation(산지 파괴) - 성능평가
  · 벽체 거동 moment-rotation - 성능평가
  ⇒ 부재력 측정

- 수직하중 수직요소 2차 부재 분석(Force controlled)
- 부재력 check(shear, compression, compression perpendicular to the grain, bending)
  · 기둥(shear, compression, compression-moment)
  · 보(shear, bending, shear through the thickness)
  · 도리(shear, bending)
  · 접합부
- 주먹장이음 접합부 check(shear, tension perpendicular to the grain)
- 엇갈이산지이음 check(shear, tension perpendicular to the grain)
- 사개맞춤 접합부 check(shear, tension parallel to the grain, moment)
- 산지 접합부(전단력)

▶ DCR

- 부재 응력비, 접합부 응력비, 모멘트 비

DCR≤0.5	거주가능
0.5〈DCR≤0.75	인명안전
0.75〈DCR≤1.0	붕괴방지
1.0〈DCR	붕괴위험

E. 안전성 진단 및 향후 예측

- 건축문화재 안전점검 진단
- 현재 시점 : 안전등급 진단

▶ 목구조물의 안전에 영향을 미치는 인자 조사 및 결함요소와의 인과관계 논리화

• 원인분석
  - 기후, 지형, 위치(배치), 지질학적 요인, 온도, 습도
  - 기후변화 → 부재갈라짐, 비틀어짐, 생물학적 피해, 접합부의 이격, 건물의 기울어짐
  - 구조시스템 결함
  - 부재 결함
  - 정성적 분석
  - 현장, 체크리스트, 사진리스트

• 구조물 건전도 평가
  - 유형에 따른 구조안전성 표 제시
  - 성능 목표에 따른(지진하중에 따른) 안전도 제시(x, y) 총체적인 결과
  - 부재의 건전도에 따른 안전도 제시(하중 흐름과 응력비)

▶ 보강 혹은 보수 방법에 대한 제시

• 미래 시점 : 향후 안전등급 예측
• 원인분석
  - 기후, 지형, 위치(배치), 지질학적 요인, 온도, 습도
  - 기후변화 → 부재 갈라짐, 비틀어짐, 생물학적 피해, 접합부의 이격, 건물의 기울어짐

CHAPTER 09

전통 목구조 구조 안전성 평가 예시

CHAPTER 09

전통 목구조 구조 안전성 평가 예시

- **대상** : 불회사 대웅전(보물 제1310호)
- **시대** : 조선후기(최종 보수년도 1808)
- **지역** : 전라남도 나주

구조정보(structure information)

- 규모 : 1층, 정면 3칸 측면 3칸
- 지붕형태 : 팔작지붕
- 공포형태 : 다포식
- 도리수 : 7개
- 보 개수 : 2개(평방, 창방)

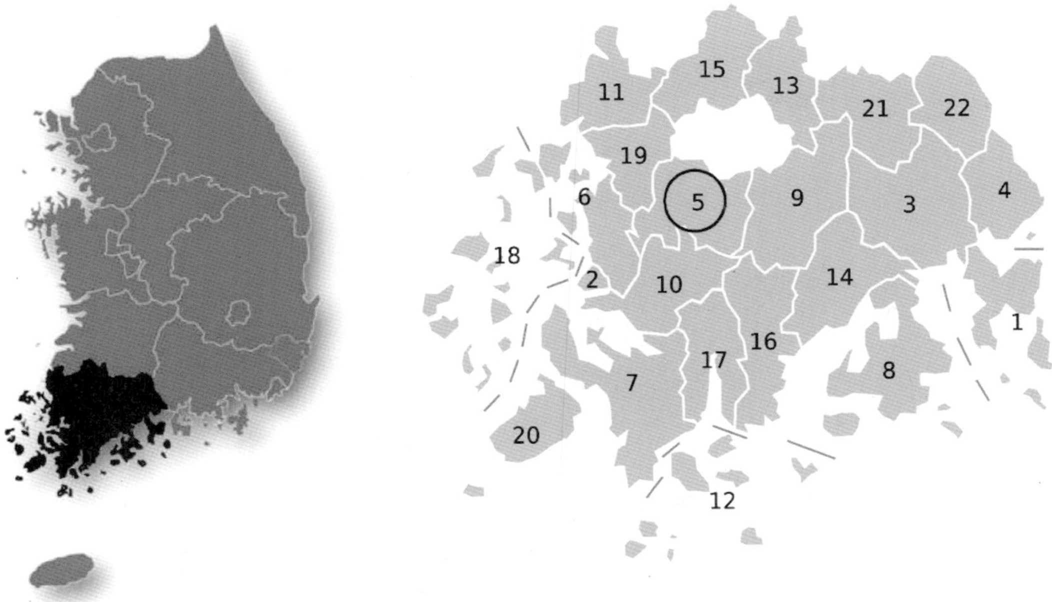

그림 9-1. 전라남도 나주시(5)

그림 9-2. 불회사 대웅전

구조 시스템 정보

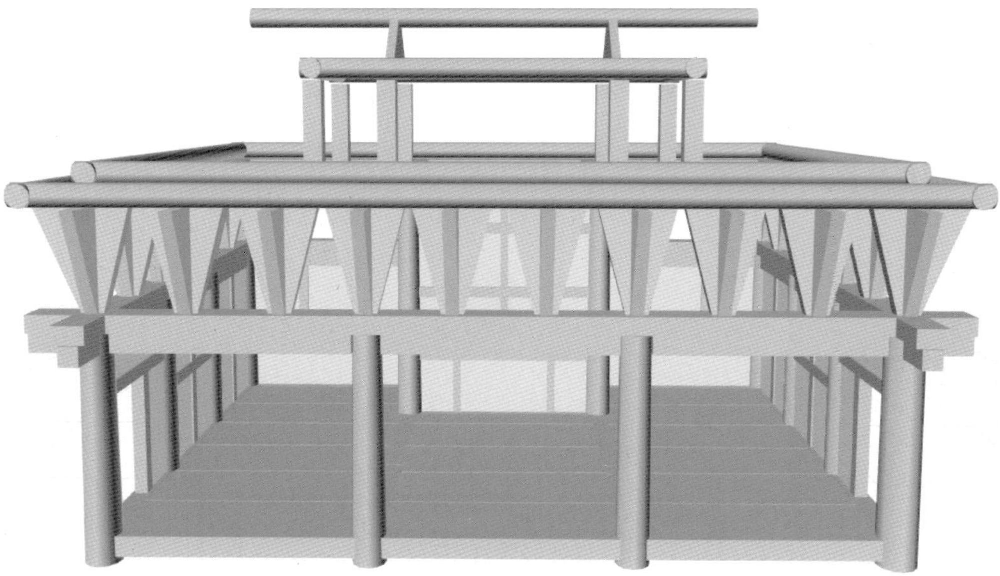

- 규모(단면적 m^2) : 85.3m^2
- 지붕하중 : 1524.7kN
- 정형/비정형 : 비정형

표 9-1. 구조부재 수직위치별 질량

구조부재	수직위치	면적	합산질량(Lumped mass)	
	m	m^2	kg	kN
종도리	8.24		3241	31.8
중도리	6.94	15.4	24445	239.8
주심도리	5.59	85.3	118185	1159.4
평방	3.69	85.3	7573	74.3
기초	0	85.3	1984	19.5
지붕		240.6		
건축물			155428	1524.7

구조 도면(횡단면도, 종단면도)

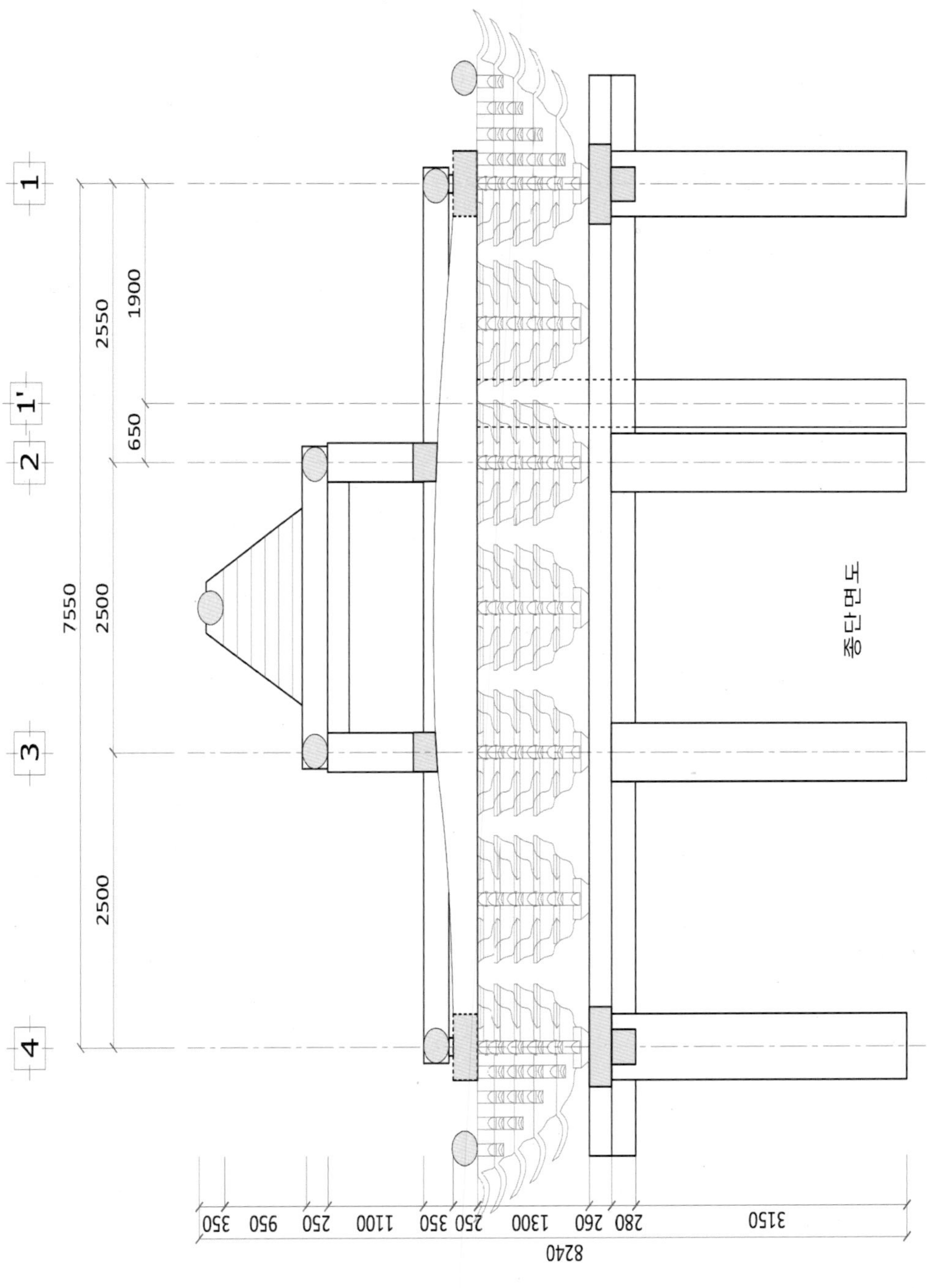

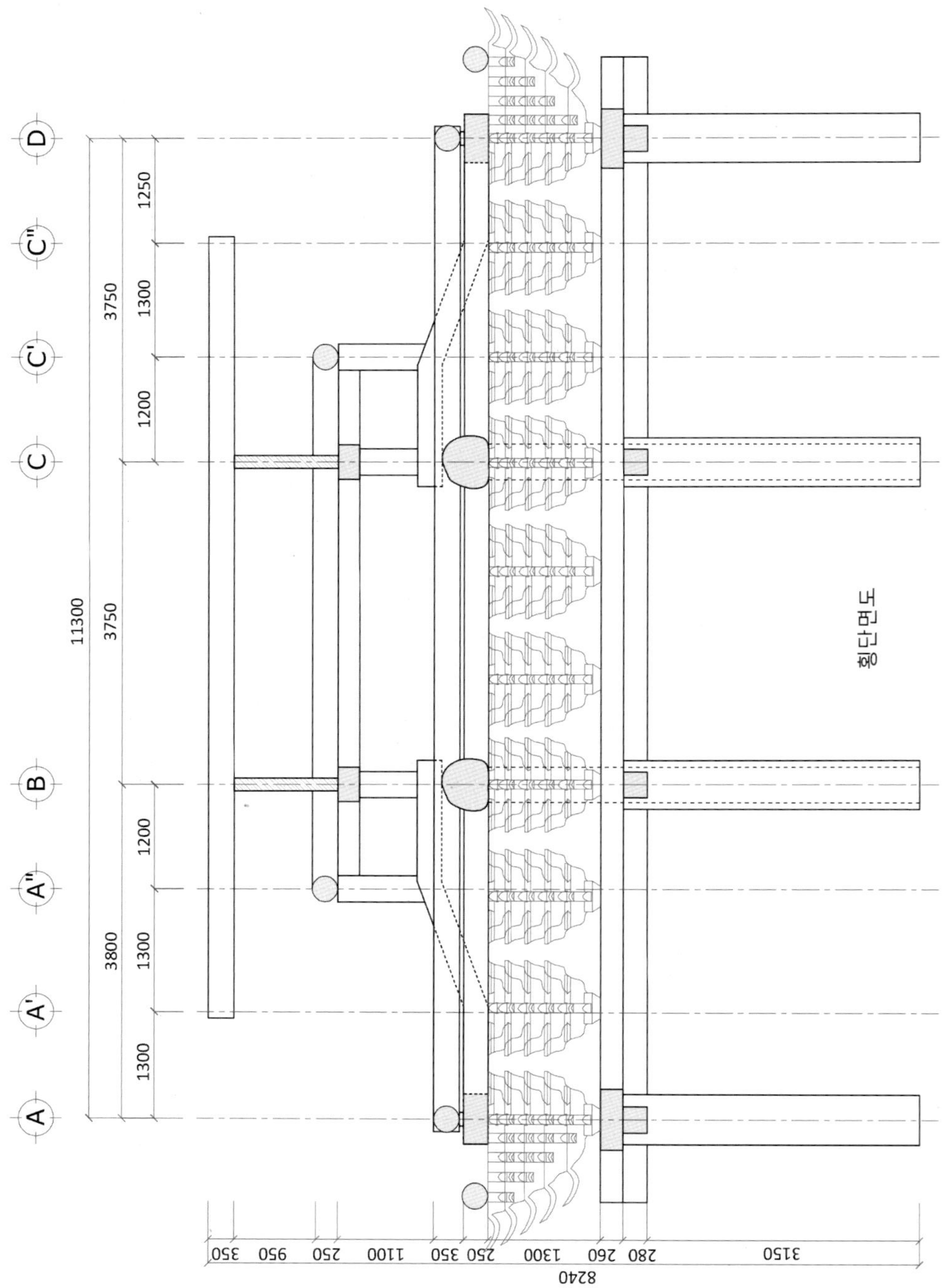

횡단면도
A
A'
A"
B
C
C'
C"
D
11300
3800
3750
3750
1300
1300
1200
1200
1300
1250
8240
350
950
250
1100
350
250
1300
260
280
3150

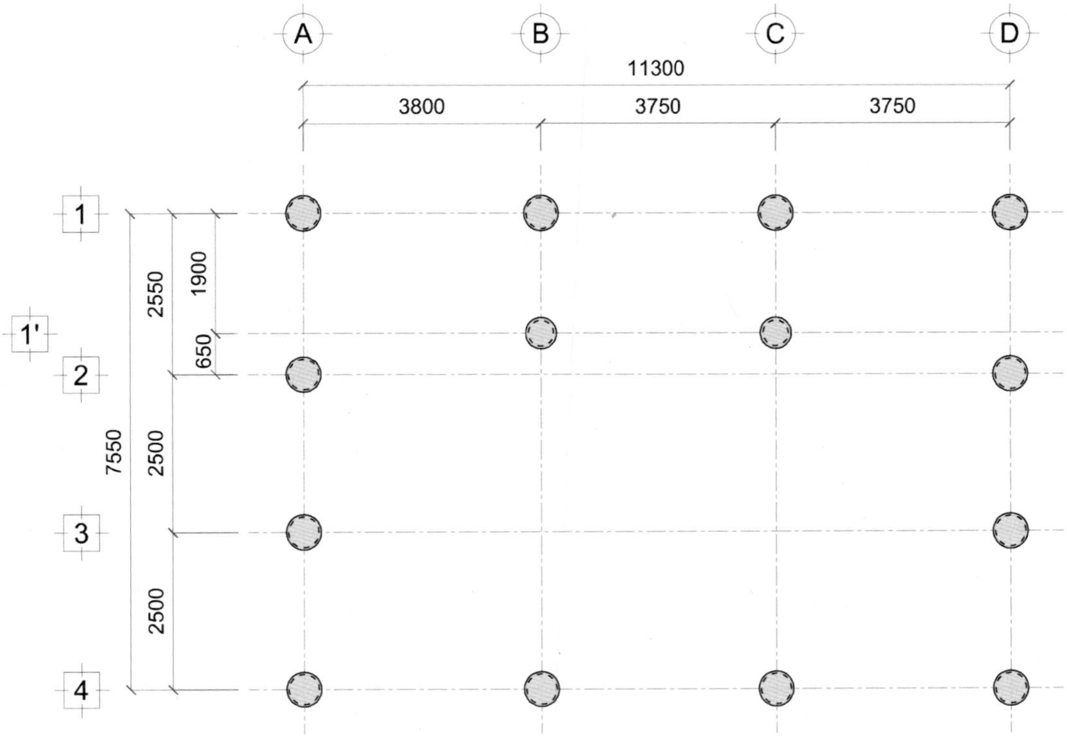

기둥 배열 평면도

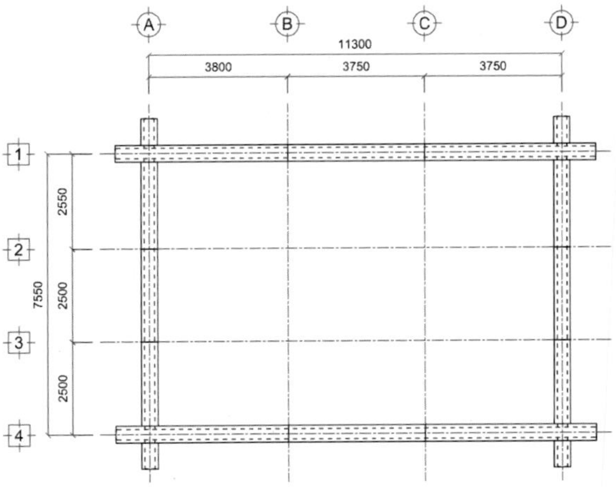

평방과 창방 배열 평면도

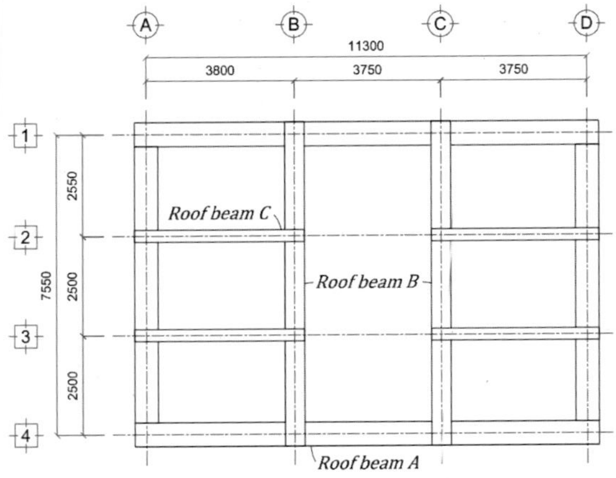

대들보, 장여, 충량 배열도

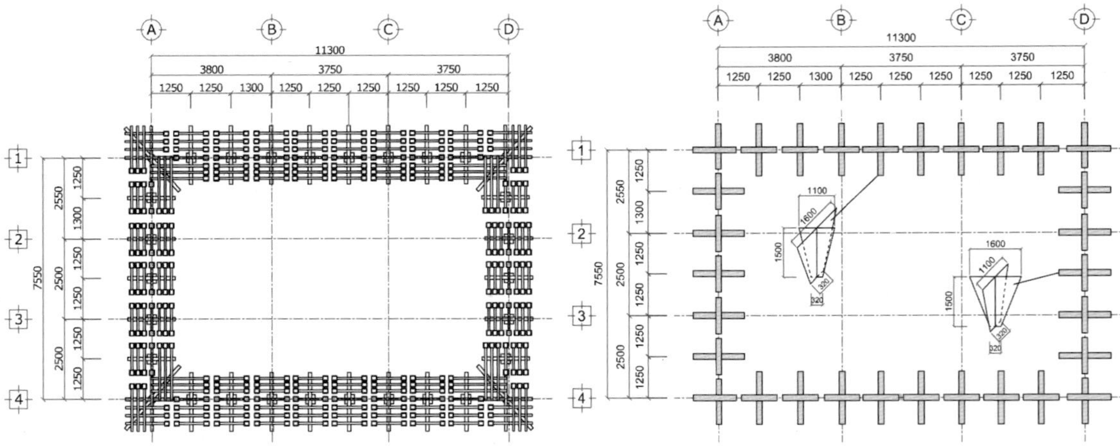

공포 배열 평면도

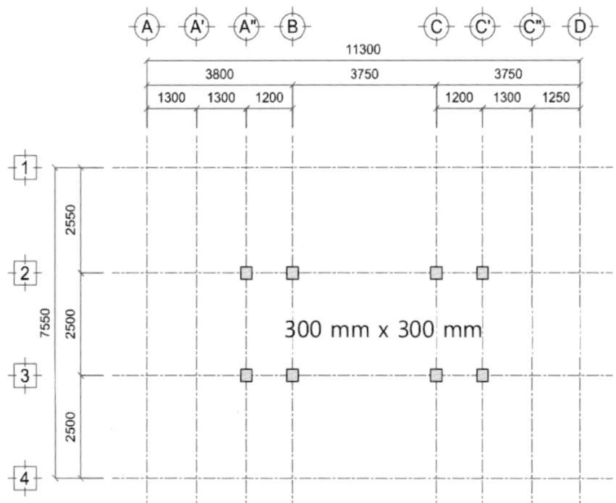

동자주 배열도

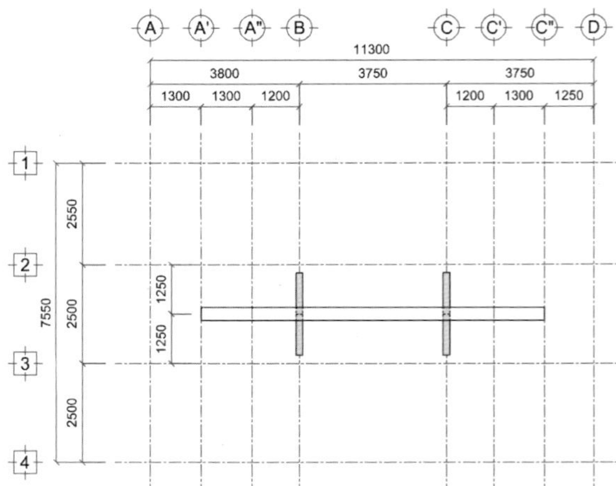

대공과 종도리 배열도

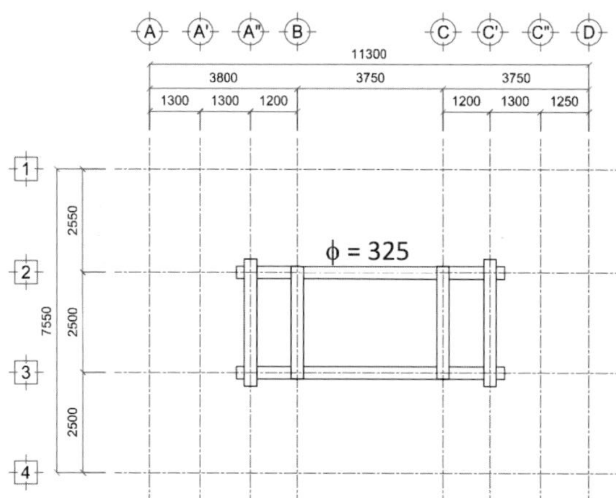

중도리 배열도

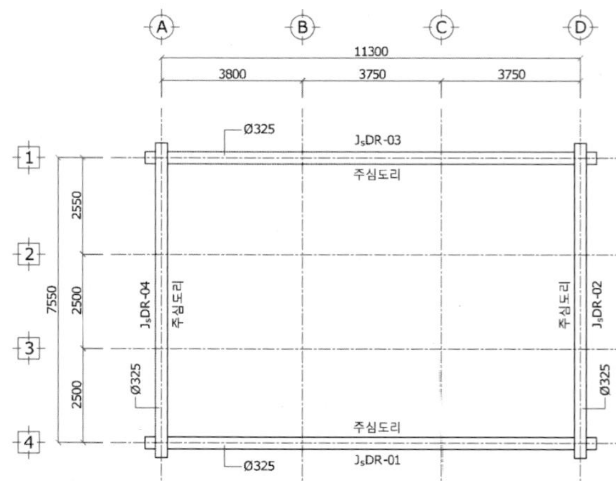

주심도리

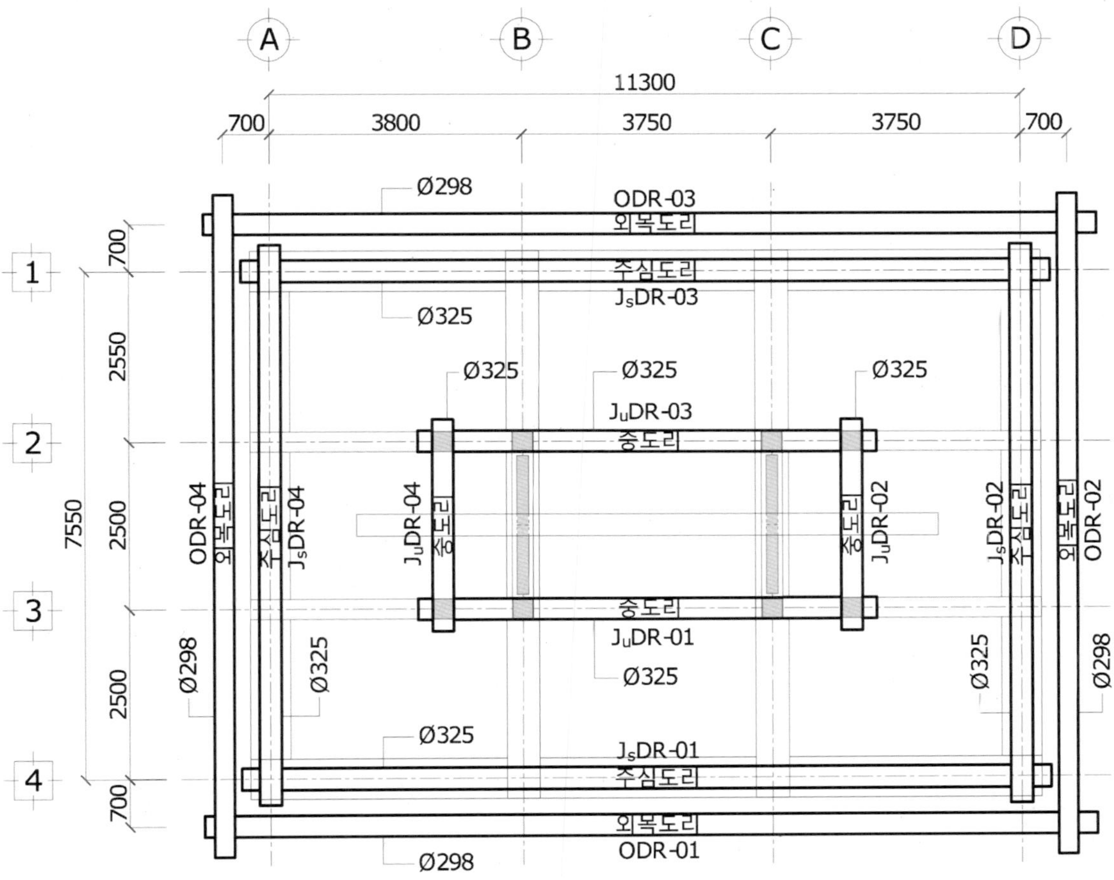

A
B
C
D
11300
700
3800
3750
3750
700
Ø298
ODR-03
외목도리
주심도리
JsDR-03
Ø325
Ø325
Ø325
Ø325
JuDR-03
중도리
ODR-04
외목도리
주심도리
JsDR-04
JuDR-04
중도리
중도리
JuDR-02
JsDR-02
주심도리
외목도리
ODR-02
중도리
JuDR-01
Ø325
Ø298
Ø325
Ø325
Ø298
Ø325
JsDR-01
주심도리
외목도리
ODR-01
Ø298
1
2
3
4
700
2550
7550
2500
2500
700

부재정보(structural member information)

표 9-2. 불회사 대웅전 부재 정보

기둥 부재 크기			
	지름		
부재	상부	하부	참고문헌
	mm	mm	
A1	485	560	Jeong *et al.* (2020)
A2	420	420	
A3	425	465	
A4	460	535	
B1	445	480	
B4	415	500	
C1	395	430	
C4	445	495	
D1	475	535	
D2	390	445	
D3	400	445	
D4	555	580	
B1'	400	500	가정
C1'	400	500	

평방/창방 부재 크기			
부재	폭	춤	참고문헌
	mm	Mm	
평방	450	260	Drawings
창방	275	280	Jeong *et al.* (2020)

대들보/충량/장여 부재 크기			
부재	폭	춤	참고문헌
	mm	mm	
Roof beam A(장여)	500	250	Drawings
Roof beam B(대들보)	480	420	
Roof beam C(충량)	300	300	

평가방법(수평 비정형)

- 분석방법: Push over(CSA)

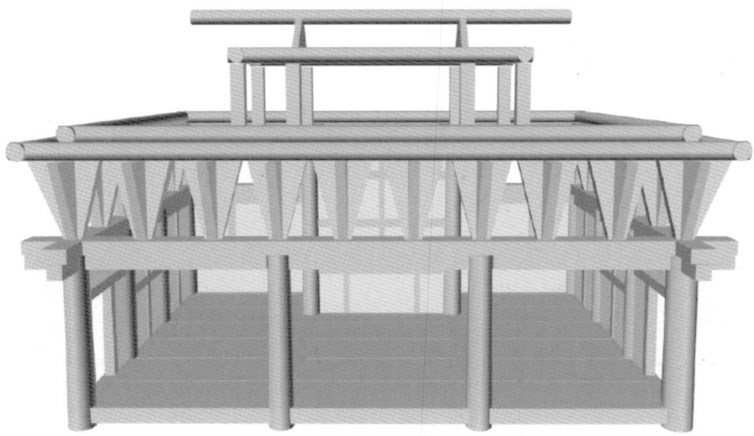

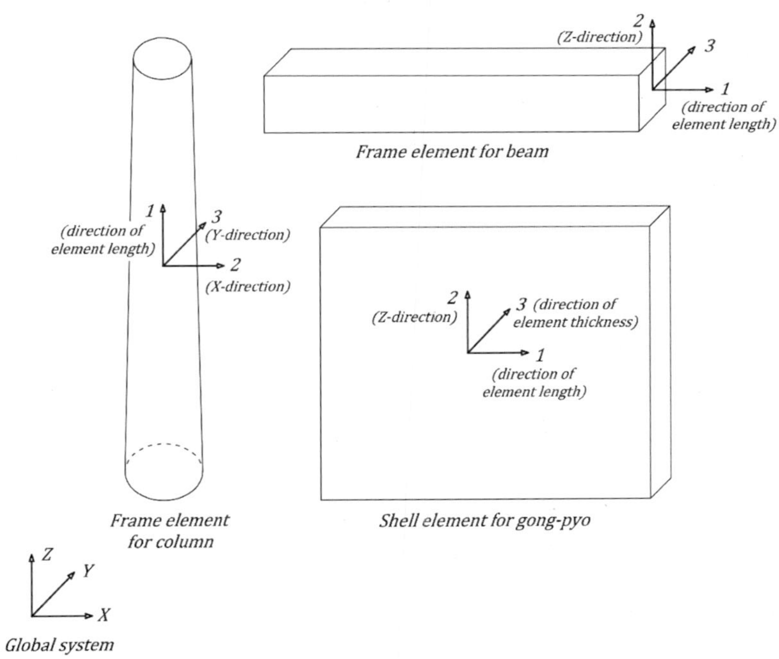

표 9-3. 부재물성

부재	밀도 ρ kg/m^3	탄성계수 E_1 MPa	E_2 MPa	E_3 MPa	전단탄성계수 G_{12} MPa	G_{13} MPa	G_{23} MPa	포아송비 ν_{12}	ν_{13}	ν_{23}	참고문헌
기둥 보	430	9350	325	325	650	650	125	0.3	0.3	0.4	Jeong and Park (2016)
공포	430	325	9350	325	650	125	125	0.3	0.3	0.4	

불회사 구조 모델

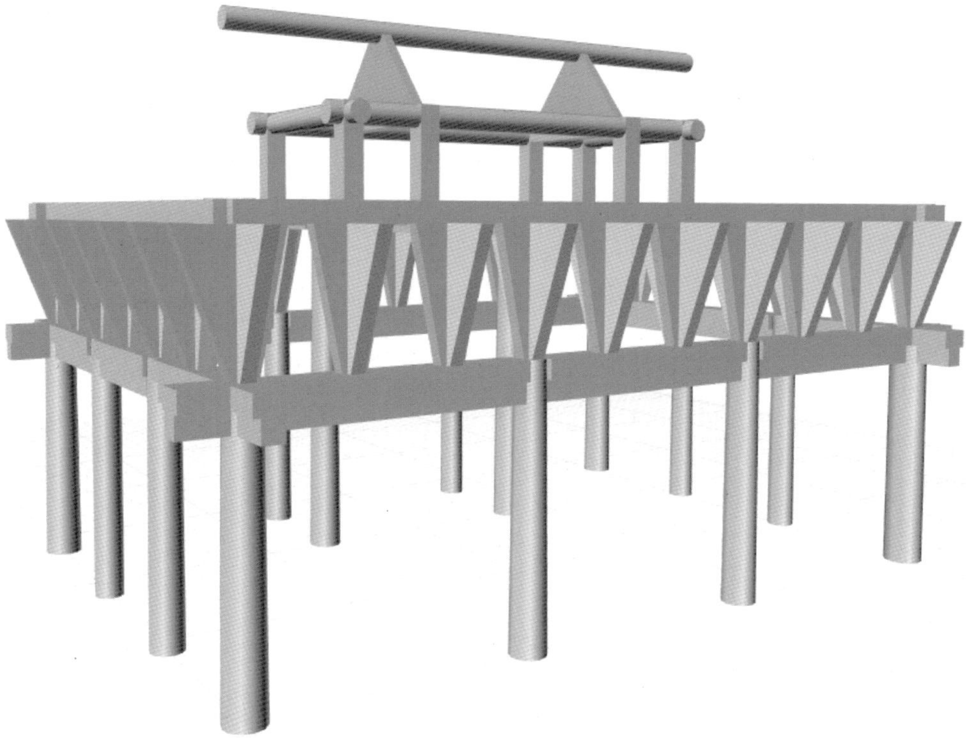

3 차원 불회사 구조

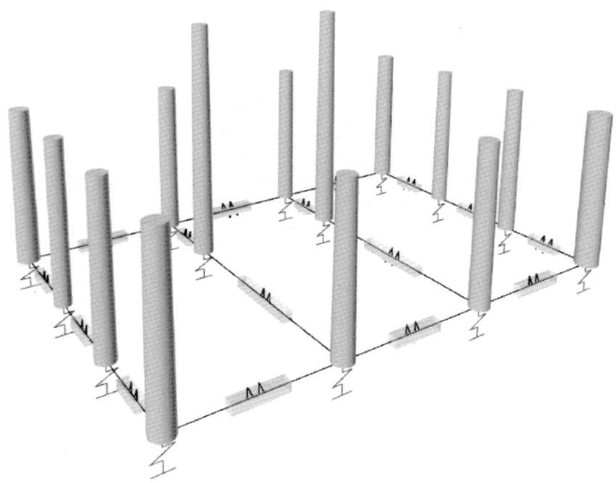

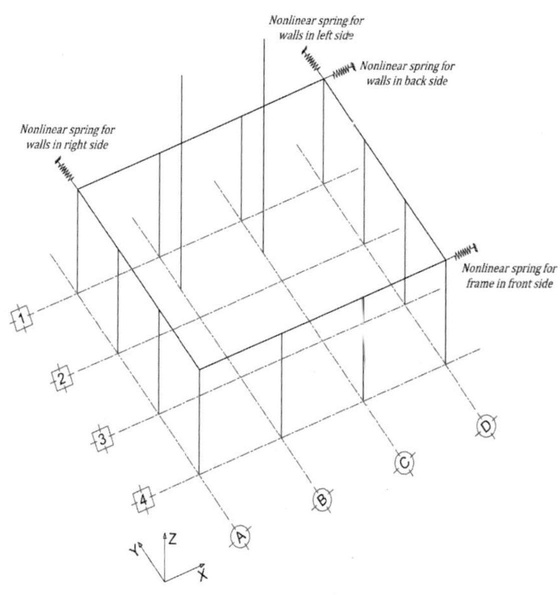

기둥 밑단의 경계 조건은 다음과 같이 X, Y, Z 방향 변위를 rigid-perfectly plastic model로 회전이 발생하지 않는 것으로 가정하였다.

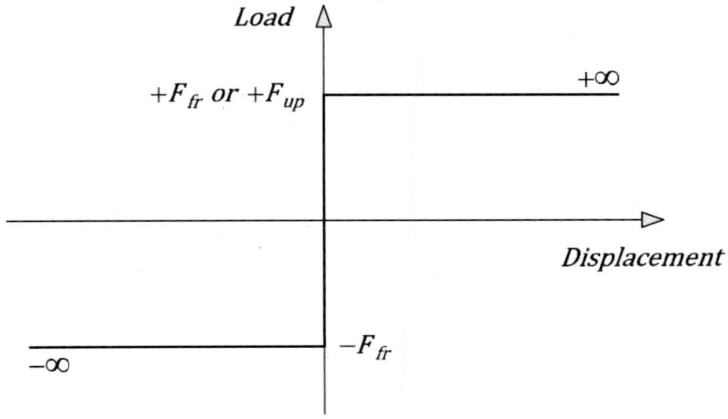

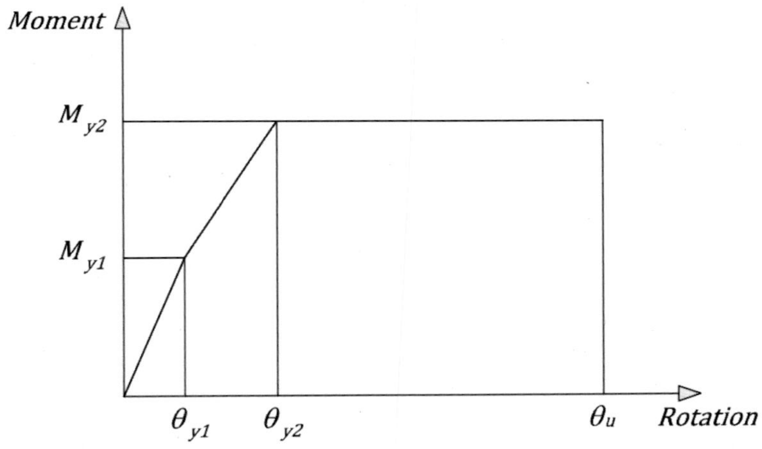

$F_{fr} = \mu \cdot N_c$

$F_{up} = N_c$

where,

F_{fr} = 기둥 sliding에 대한 마찰 저항

F_{up} = uplift 저항

N_c = 기둥에 부여되는 수직하중

μ = 마찰계수(0.4)

기둥 하중 변위 X, Y, Z 방향

X 와 Y 방향 기둥 거동 | **Z 방향 기둥 거동**

기둥 A1, D1, A4, and D4
(우주)

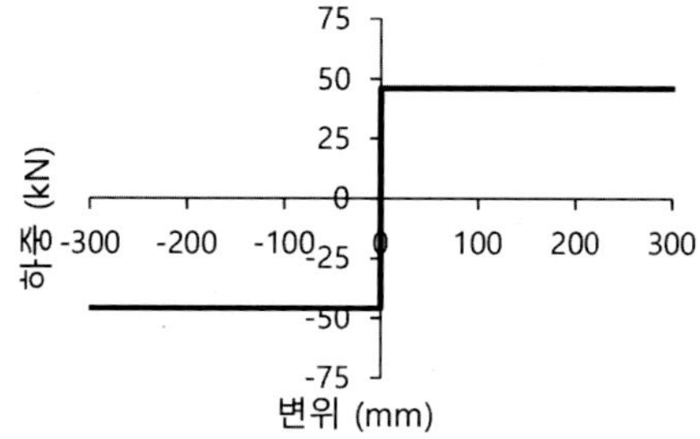

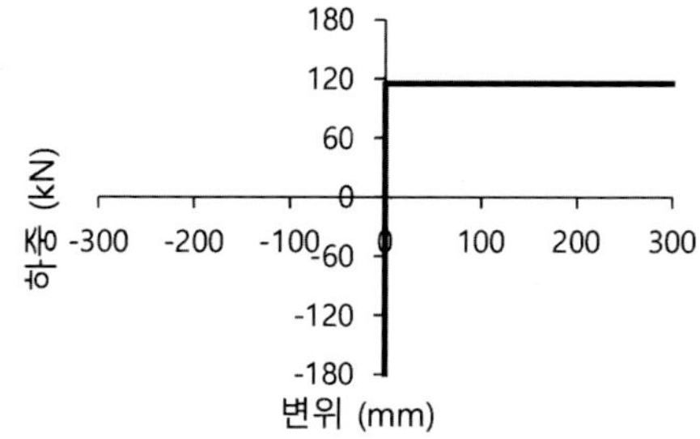

기둥 B4 and C4
(정면 평주)

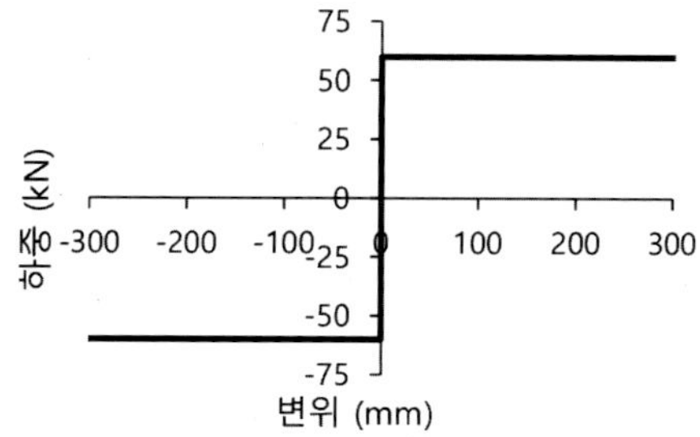

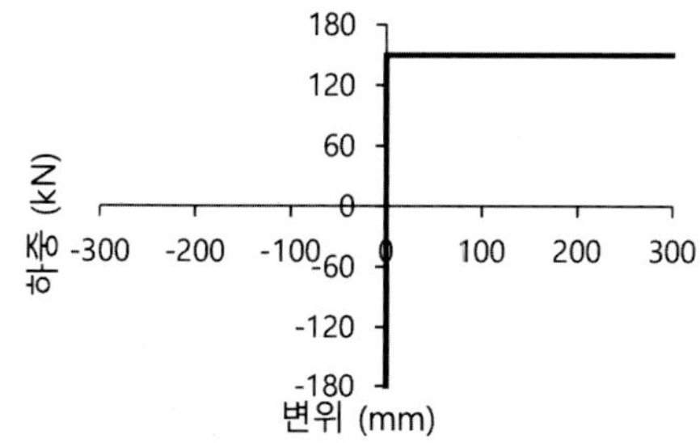

기둥 B1, C1, A2, A3, D2, and D3
(좌측, 우측, 배면 평주)

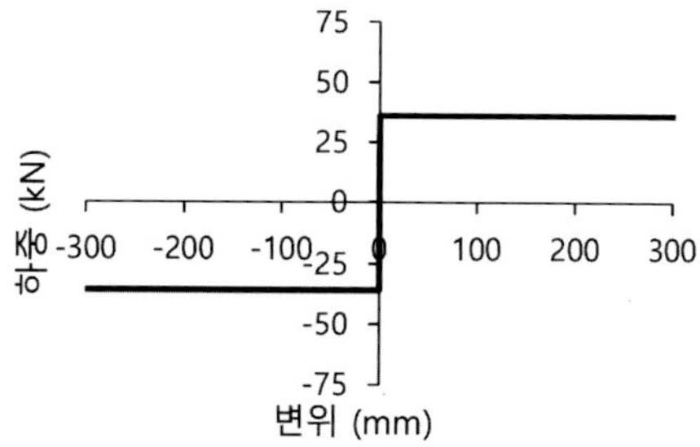

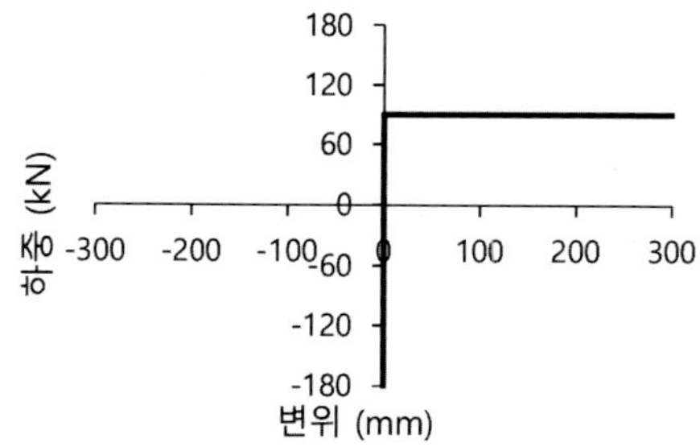

기둥 B1' and C1'
(내주)

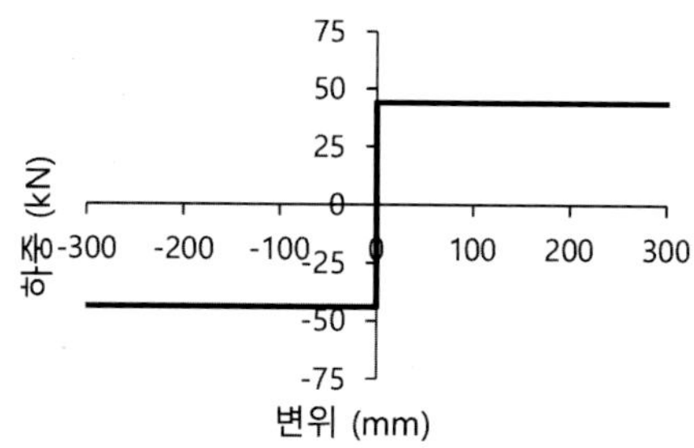

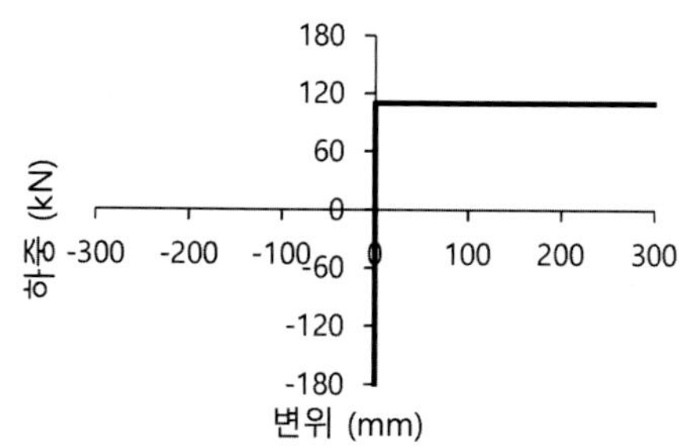

벽체 수평 하중 변위

정면 벽체 조합

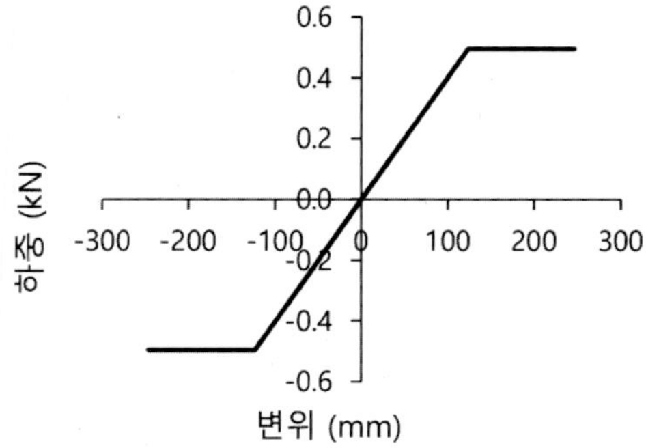

정면 벽체 하중 변위 곡선

좌측면 벽체 조합

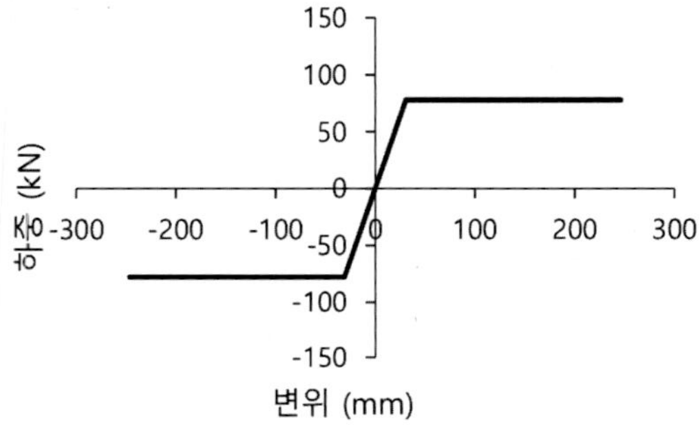

좌측면 벽체 하중 변위 곡선

우측면 벽체 조합

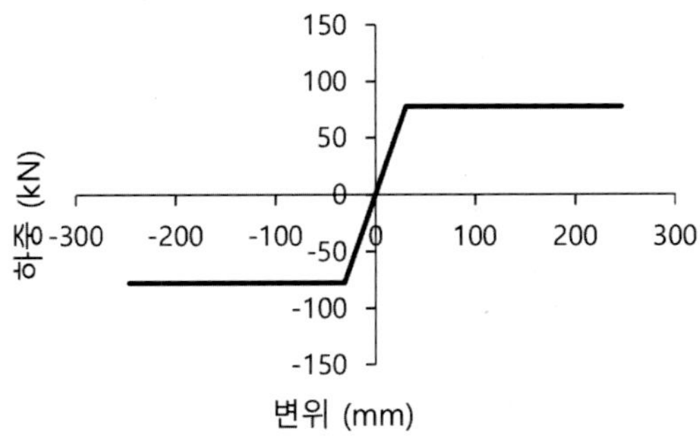

우측면 벽체 하중 변위 곡선

배면 벽체 조합

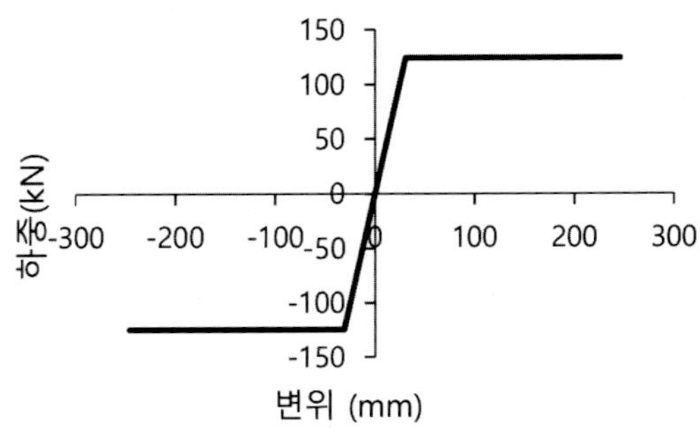

배면 벽체 하중 변위 곡선

하중

■ 수직하중

지붕 하중에 의해 종도리, 중도리, 장여에 발생하는 수직 길이하중

$q_i = w \cdot W_i$

여기서,

w = 지붕하중(6.0 kN/m^2)

W_i = 부재별 tributary width

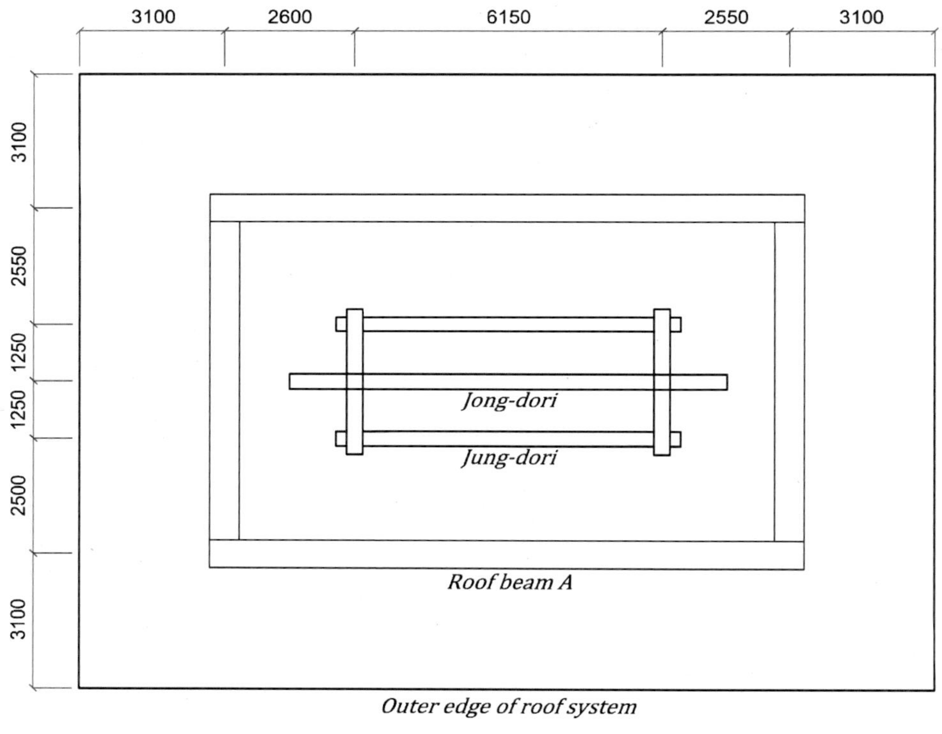

표 9-4. 지붕 하중에 의해 종도리, 중도리, 장여에 발생하는 수직 길이하중

부재	Tributary width	길이하중
	m	kN/m
장여	4.40	26.4
중도리	1.90	11.4
종도리	1.25	7.5

■ 수평하중

- Effective ground acceleration : S = 0.22g
- Site class : S_D(stiff soil - more than 20 m depth to rock)
- Site coefficients : F_a = 1.36, F_v = 1.96
- Design spectral accelerations : S_{DS} = 0.499g(4.89 m/s^2), S_{D1} = 0.287g(2.82 m/s^2)

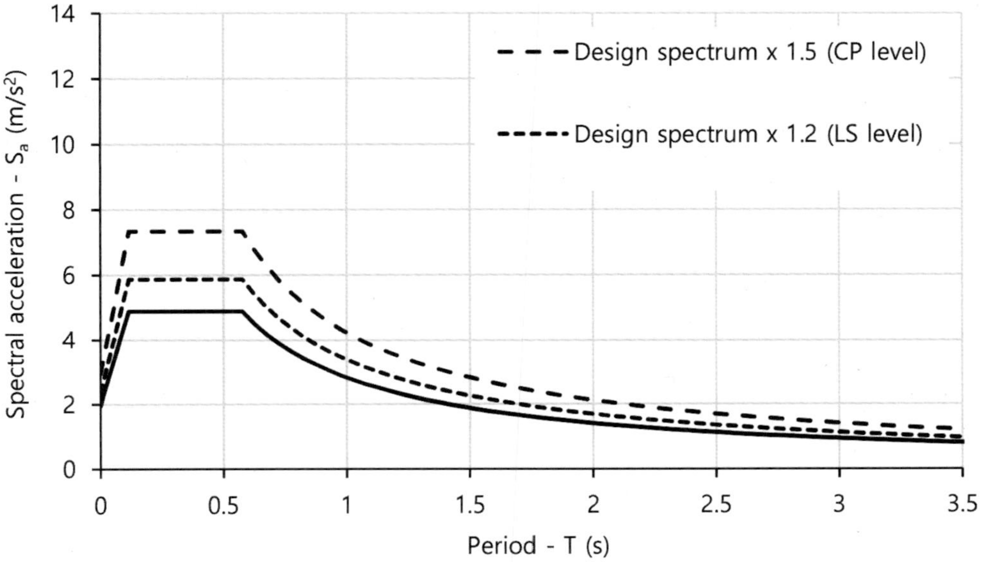

Response spectrums

분석

표 9-5. 수평변위와 층간 상대변위

하중방향	성능점					
	T_{eff}	S_a	S_d	F_{base}	d_{roof}	ξ_{eff}
	s	m/s2	mm	kN	mm	%
X	0.52	4.84	33.2	743.3	41.1	13.8
Y	0.52	5.00	34.5	747.6	38.6	12.5

부재	수직 높이	수평변위		층간변위	
		X 방향	Y 방향	X 방향	Y 방향
	mm	mm	mm	%	%
종도리	8240	41.1	43.0	0.22	0.14
중도리	6940	38.3	44.8	0.18	0.05
주심도리	5590	35.9	45.4	0.22	0.45
평방	3690	31.7	36.9	0.43	0.50
기초	0	16.0	18.5	0.00	0.00

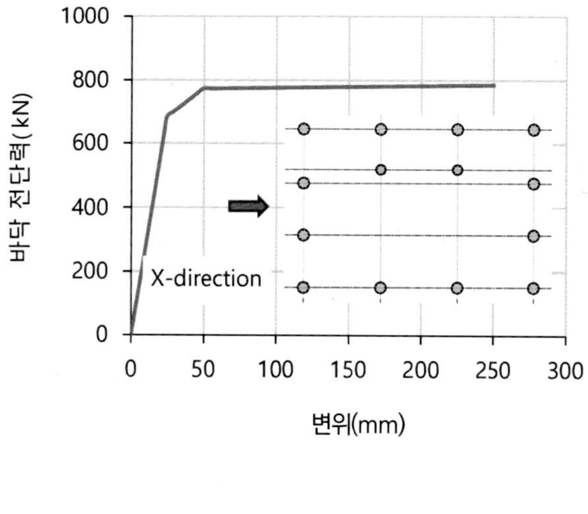

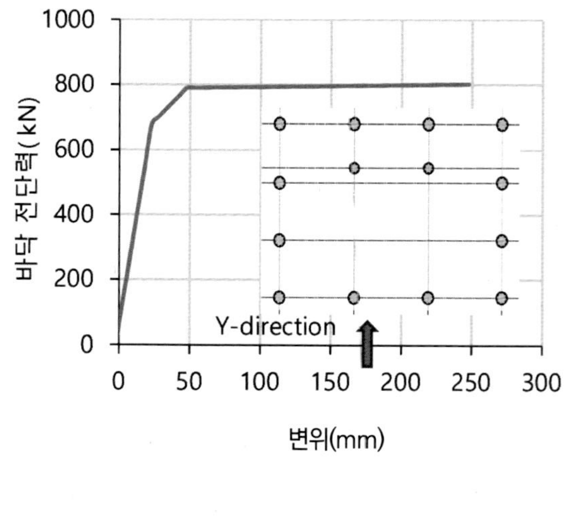

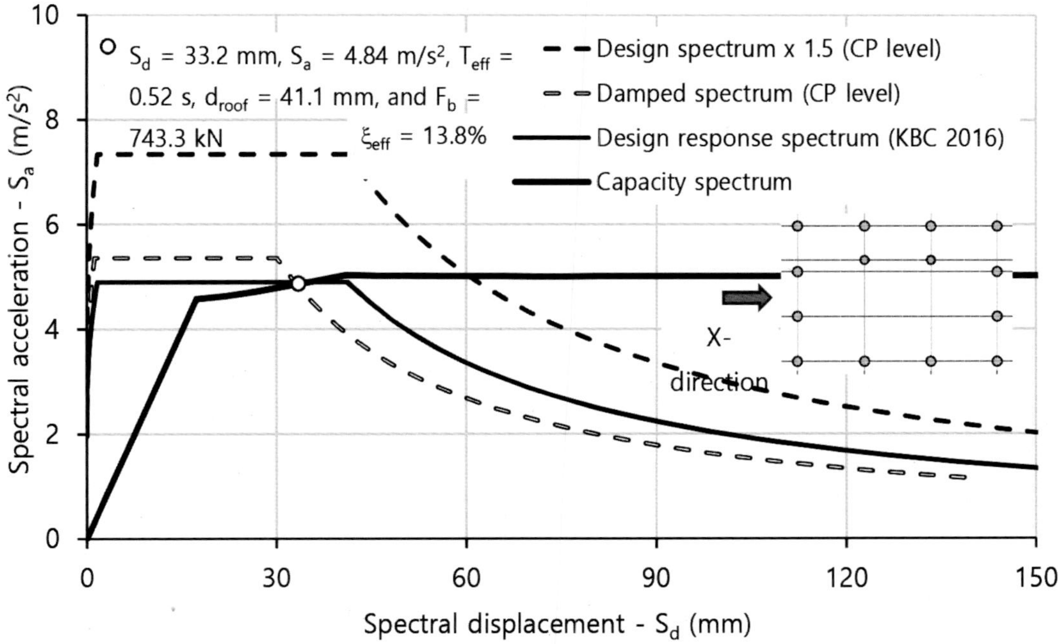

Sd = 33.2 mm, Sa = 4.84 m/s², Teff = 0.52 s, droof = 41.1 mm, and Fb = 743.3 kN
ξeff = 13.8%
Design spectrum x 1.5 (CP level)
Damped spectrum (CP level)
Design response spectrum (KBC 2016)
Capacity spectrum
X-direction
Spectral acceleration - Sa (m/s²)
Spectral displacement - Sd (mm)

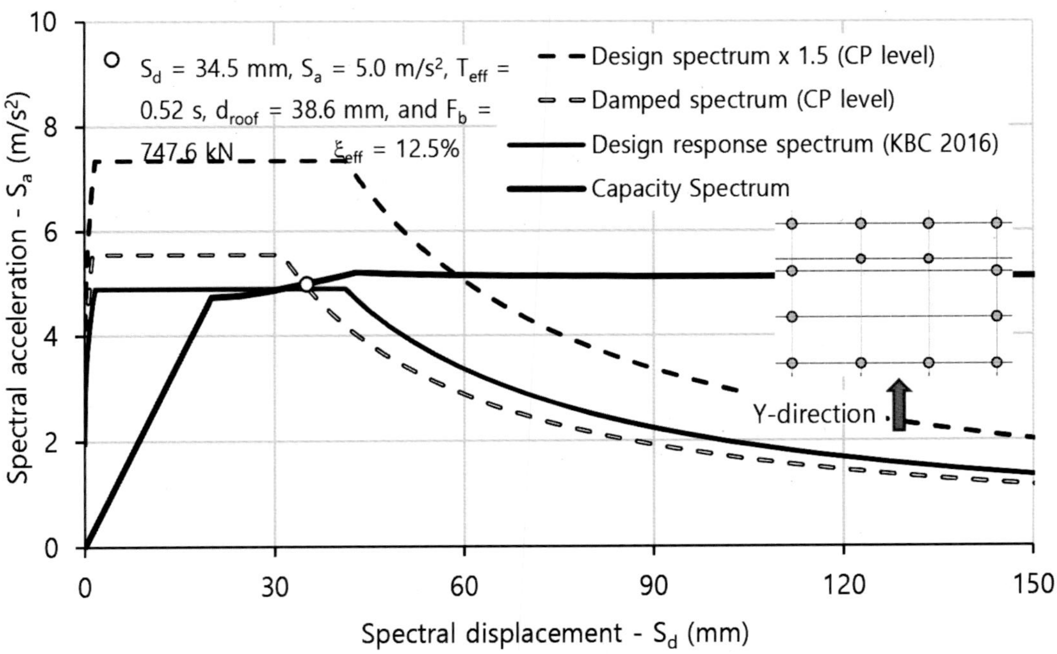

Sd = 34.5 mm, Sa = 5.0 m/s², Teff = 0.52 s, droof = 38.6 mm, and Fb = 747.6 kN
ξeff = 12.5%
Design spectrum x 1.5 (CP level)
Damped spectrum (CP level)
Design response spectrum (KBC 2016)
Capacity Spectrum
Y-direction
Spectral acceleration - Sa (m/s²)
Spectral displacement - Sd (mm)

■ 구조 부재 수직 위치별 수평변위와 층간 변위

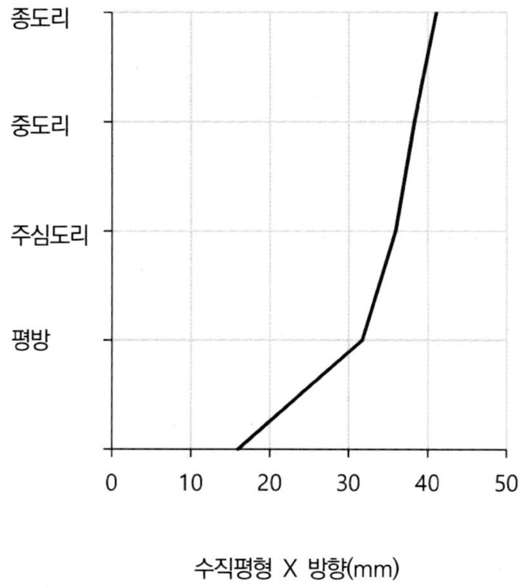

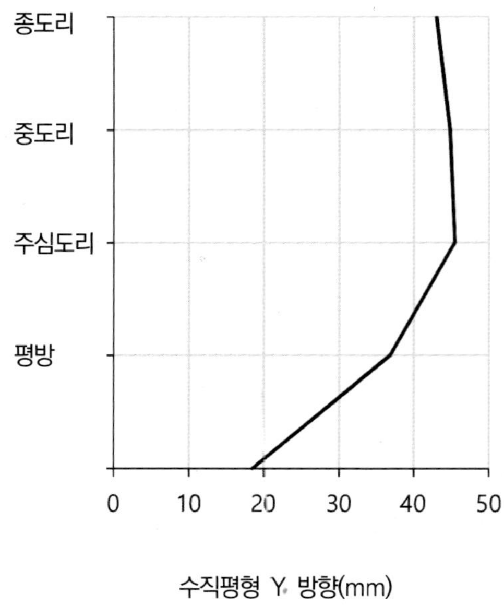

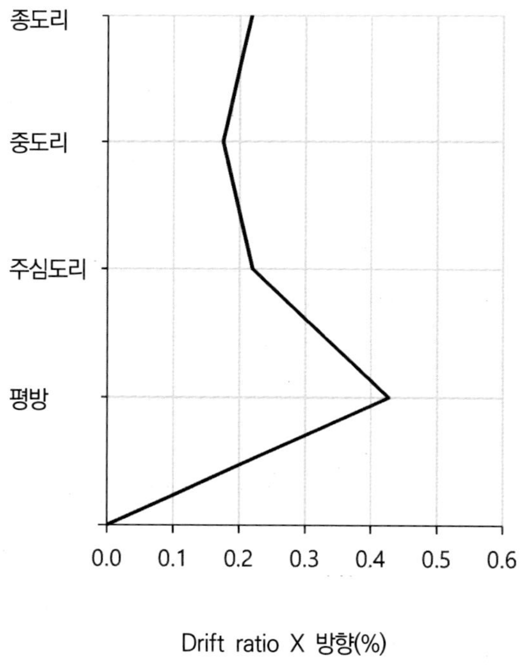

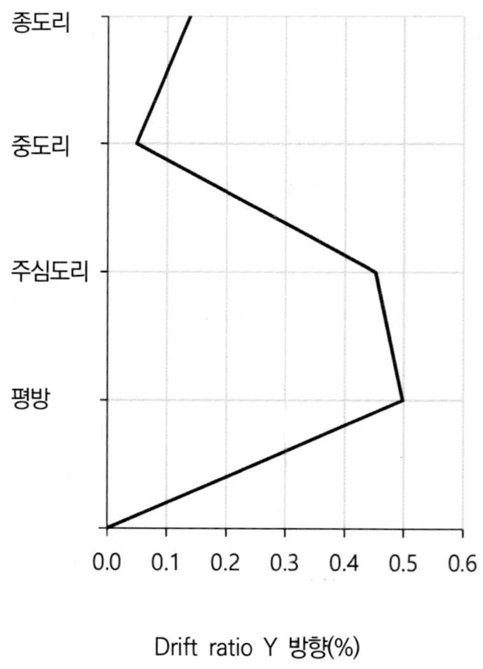

■ 기둥 창방 부재 축하중, 모멘트, 전단력 분포

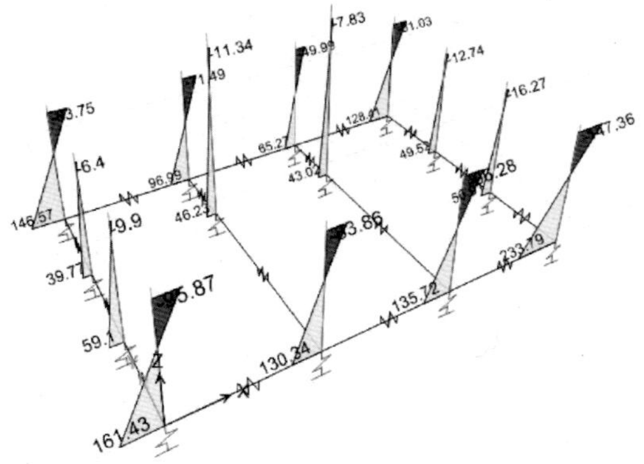

(a) X 방향(kN.m)

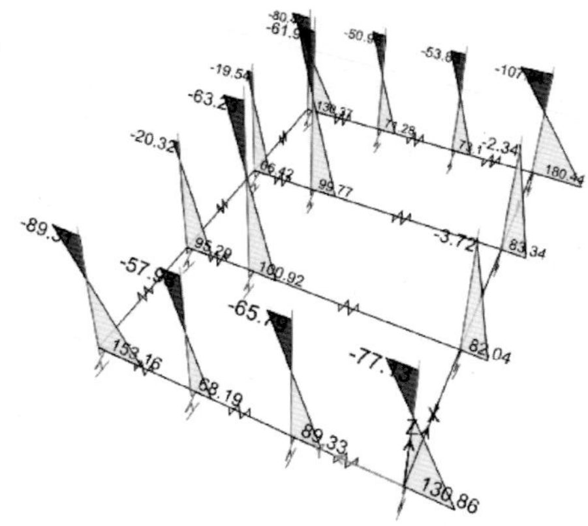

(b) Y 방향(kN.m)

기둥 모멘트 분포(붕괴방지)

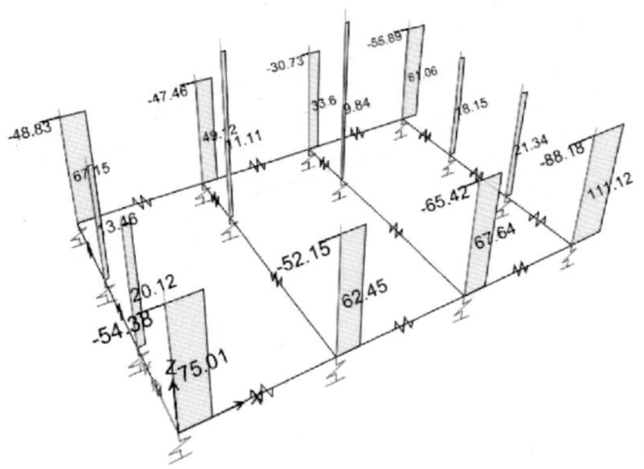

(a) X 방향(kN)

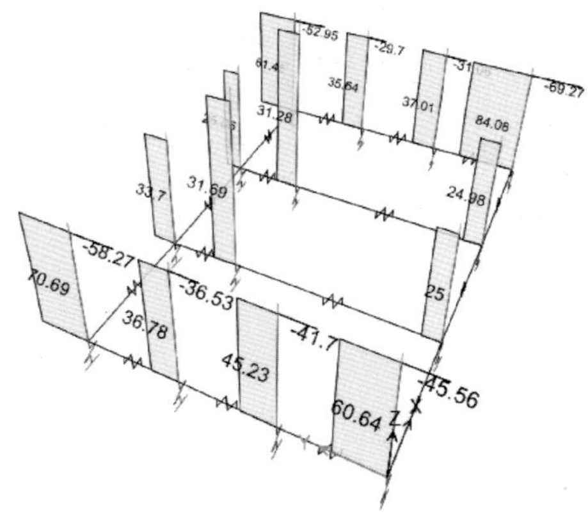

(b) Y 방향(kN)

기둥 전단력 분포(붕괴방지)

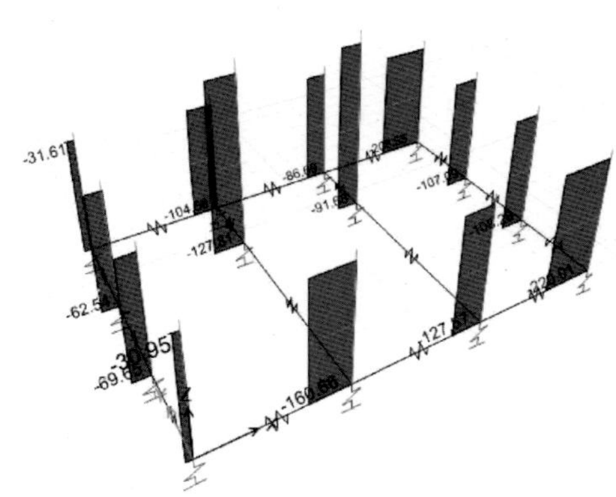

(a) X 방향(kN)

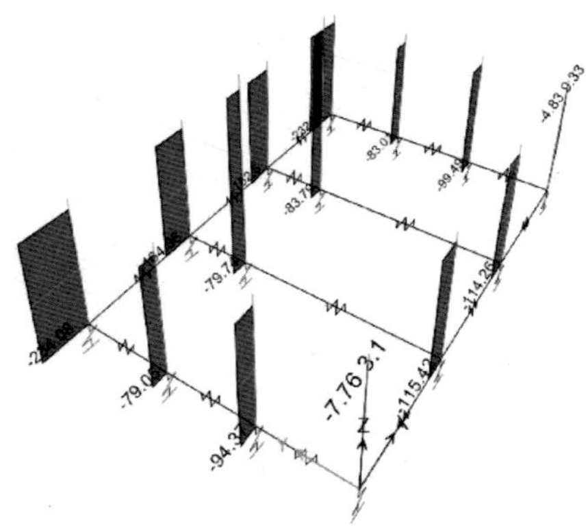

(b) Y 방향(kN)

기둥 축하중 분포(붕괴방지)

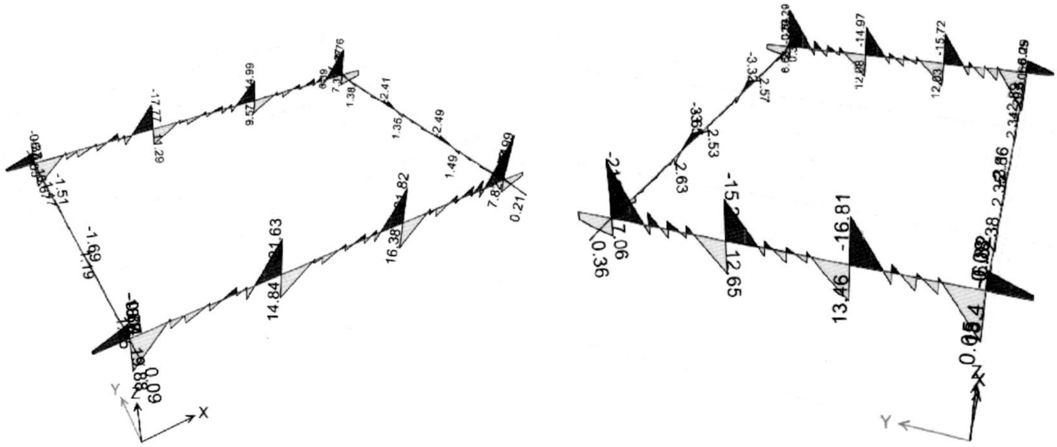

(a) X 방향(kN.m) (b) Y 방향(kN.m)

창방 모멘트 분포(붕괴방지)

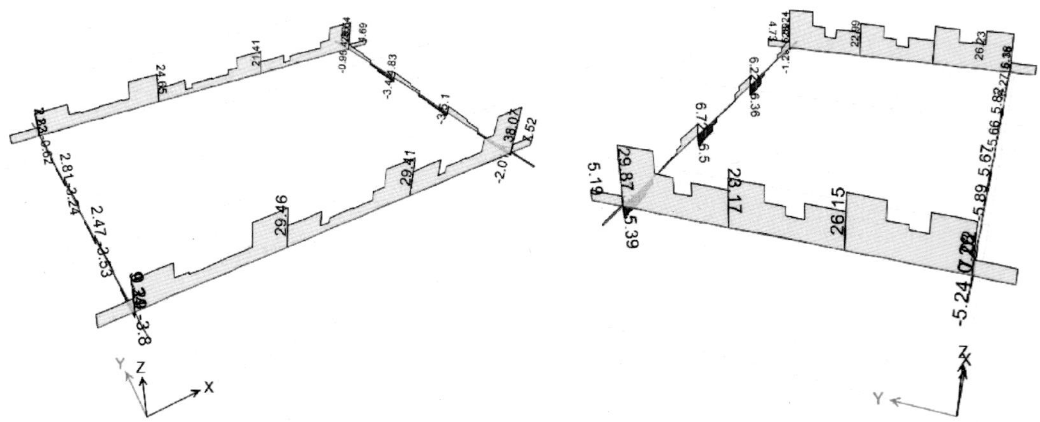

(a) X 방향(kN) (b) Y 방향(kN)

창방 전단력 분포(붕괴방지)

해석

표 9-6. 기둥과 동자주 부재력 검토

기둥	기둥 상부 모멘트			기둥 하부 모멘트			전단력			축하중		
	moment	stress	utilization	moment	stress	utilization	force	stress	utilization	force	stress	utilization
	kN.m	MPa	%	kN.m	MPa	%	kN	MPa	%	kN	MPa	%
A1	89.3	8.0	**50.5**	153.2	8.9	**56.2**	70.7	0.4	**8.5**	234.1	1.3	**8.9**
A2	58.0	8.0	**50.5**	68.2	9.4	**59.3**	36.8	0.3	**5.9**	83.7	0.6	**4.2**
A3	65.8	8.7	**55.3**	89.3	9.0	**57.3**	45.2	0.3	**7.1**	94.4	0.7	**4.7**
A4	95.9	10.0	**63.5**	161.4	10.7	**67.9**	75.0	0.5	**10.0**	113.9	0.7	**4.8**
B1	71.5	8.3	**52.3**	97.0	8.9	**56.5**	49.1	0.3	**7.0**	164.9	1.1	**7.4**
B4	83.9	12.0	**75.7**	130.3	10.6	**67.2**	62.5	0.5	**10.3**	160.7	1.2	**8.3**
C1	50.0	8.3	**52.3**	66.4	8.5	**53.8**	33.6	0.3	**6.1**	152.6	1.2	**8.7**
C4	96.3	11.1	**70.5**	135.7	11.4	**72.1**	67.6	0.4	**9.7**	150.1	1.0	**6.7**
D1	81.0	7.7	**48.7**	130.4	8.7	**54.9**	61.5	0.3	**7.7**	232.0	1.3	**9.2**
D2	51.0	8.8	**55.4**	71.3	8.2	**52.2**	35.6	0.3	**6.6**	107.1	0.9	**6.3**
D3	53.8	8.6	**54.2**	73.1	8.4	**53.5**	37.0	0.3	**6.5**	108.3	0.9	**6.0**
D4	147.4	8.8	**55.6**	233.8	12.2	**77.3**	111.1	0.5	**10.2**	220.0	0.9	**6.4**
B1'	63.2	10.1	**63.7**	100.9	8.2	**52.0**	31.7	0.3	**5.6**	127.8	1.0	**7.1**
C1'	61.9	9.9	**62.4**	99.8	8.1	**51.5**	31.3	0.2	**5.5**	109.9	0.9	**6.1**
Short C				22.4	8.5	**53.5**	28.7	0.4	**9.0**	68.8	1.0	**6.8**

표 9-7. 공포와 대공 부재력 검토

부재	전단력			축하중		
	힘	stress	utilization	force	stress	utilization
	kN/1m	MPa	%	kN/1m	MPa	%
공포	5.8	0.03	**0.7**	550	3.1	**21.4**
대공	1.3	0.01	**0.2**	25	0.2	**1.2**

표 9-8. 창방, 대들보, 종량, 중도리, 종도리 부재력 검토

부재	휨 모멘트			전단력		
	moment	stress	utilization	force	stress	utilization
	kN.m	MPa	%	kN	MPa	%
창방	29.0	8.1	**51.1**	38.1	0.7	**16.5**
대들보 (roof beam B)	90.3	6.4	**40.5**	121.0	0.9	**20.0**
충량 (roof beam C)	44.3	9.8	**62.3**	30.6	0.5	**11.3**
중도리	19.6	5.8	**36.8**	26.0	0.3	**7.0**
종도리	9.6	2.8	**18.0**	17.2	0.2	**4.6**

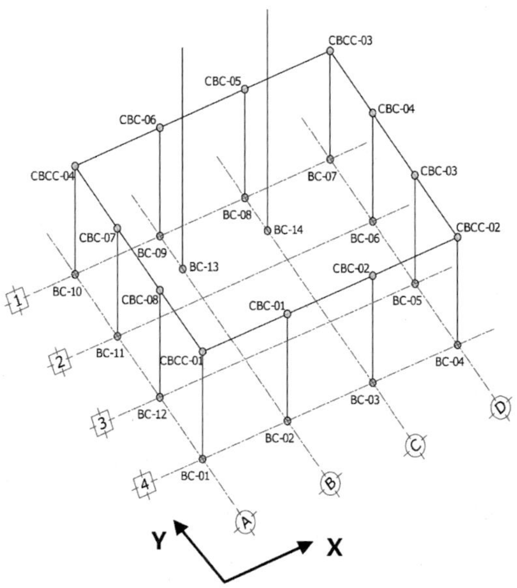

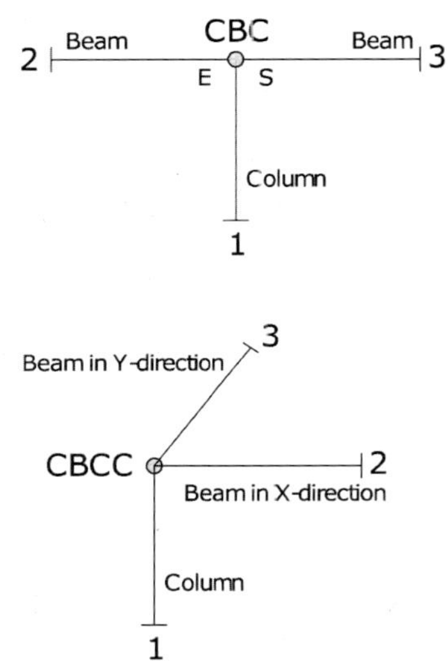

표 9-9. 접합부 부재력 검토

접합부	Section 1						Sections 2 and 3					
	휨 모멘트			전단력			휨 모멘트			전단력		
	moment	stress	utilization	force	stress	utilization	moment	stress	utilization	force	stress	utilization
	kN.m	MPa	%	kN	MPa	%	kN.m	MPa	%	kN	MPa	%
CBCC	147.4	8.8	**55.6**	111.1	2.8	**63.2**	29.0	8.1	**51.1**	38.1	1.5	**33.0**
CBC	96.3	11.1	**70.5**	67.6	3.3	**72.4**	21.8	6.1	**38.4**	29.5	1.1	**25.5**

전단력 검토는 접합부 부분의 맞춤과 이음 접합을 위한 단면 손실을 감안하여 계산하였음(section 1의 경우 평주는 창방 보 폭 크기만큼 감소 귀주의 경우 가로지르는 창방 보 폭 크기만큼 감소, section 2,3의 경우 창방 보 폭 50% 단면을 가정하여 계산함, 축력에 대한 응력비는 1.2%, 섬유직교방향에 대한 응력비는 8.6%로 계산됨)

참고문헌

ASCE 41-17(2017) Seismic evaluation and retrofit of existing buildings, American Society of Civil Engineers(ASCE).

ATC-40(1996) Seismic evaluation and retrofit of concrete buildings, Applied Technology Council(ATC). Redwood City, California, USA.

AWC 2015. National design specification for wood construction. American Wood Council, Washington, DC

Jeong, G. Y., M. J. Park, J. S. Park, K. H, Hwang. 2012. Predicting load carrying capacity of dovetail connection using the stochastic finite element method. *Wood and Fiber Science.* 44(4): 430-43.

Jeong, G. Y., J. K. Song. 2017. Evaluation of structural properties of dovetail connections under tensile load using three methods of data analysis. *Journal of Materials in Civil Engineering.*

Jeong, G. Y, J.H. Kong. 2018. EVALUATE BEARING PROPERTY OF WOOD PEG CONNECTION. *Wood and Fiber Science.* 50(1): 20-32.

Jeong, G. Y., J.H. Kong, S. S. Lee. 2018. Determination of moment carrying capacity of sagae connection using different methods. *Engineering Structures.* 159: 46-54.

Jeong G. Y. 2021. Tensile Properties of Utgulisanji Connection. *International Journal of Architectural Heritage.* 15(2): 313-320.

Kim *et al.* 2010. 역량스펙트럼과 구조 내진성능 판정지표를 이용한 전통 목조건축물의 내진성능 평가. 대한건축학회 논문집 구조계 29: 3-14.

Korean Building Code Center. 2016 Korean Building Code, Chapter 3: Design Load, English Version. 2018.

Miller J.F., Schmidt R.J., Bulleit W.M. 2010. New yield model for wood dowel connections. *J Struct Eng.* 126(10): 1255-1261.

Sandberg L.B., Bulleit W.M., Reid E.H. 2000. Strength and stiffness of oak pegs in traditional timber-frame joints. *J Struct Eng.* 126(6): 171-723.

장기인, 2005. 목조(한국건축대계 5). 보성각.

국립산림과학원, 2008. 한국산 유용수종의 목재성질.

정연상, 2010. 맞춤과 이음. 고려.

국립문화재연구소, 2014. 전통 목조건축 결구법. 국립문화재연구소.

정기영, 2017. 전통접합부 설계 매뉴얼. 전남대학교출판부.